天才的回响：生命科学大师与他们塑造的世界

〔以〕奥伦·哈曼，〔美〕迈克尔·R.迪特里希　编著

吕瑞清　译

致萨姆·西尔弗__坦，一个梦想家和朋友

———— 奥伦·哈曼

致迪克·莱____好的革命者

———— 迈克尔·R.迪特里希

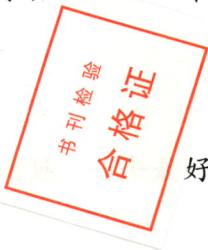

目　录

OREN HARMAN & MICHAEL R. DIETRICH

奥伦·哈曼，迈克尔·R. 迪特里希

前言

需要做梦

培养生命科学中的新奇性

　　梦想家在生物学领域并不总是被善待。其"远见卓识"的地位往往是事后才被赋予的，而且通常是在这种"远见卓识"已经取得一定成功后。即使被赋予了"远见卓识"的地位，他们也常常被贴上"空想家"的标签。以林恩·马古利斯（Lynn Margulis）的讣告为例，讣告把她誉为一位有远见卓识的人。这个评价非常中肯，因为她所倡导的"内共生"理论，是一种全新的进化理论，改变了生物进化的基本原则。无论是"内共生"理论本身，还是她本人对这个"非常规"理论孜孜不倦的追求，都极具传奇色彩[*1]。在她去世之后，古生物学家和地质学家安德鲁·诺尔（Andrew Knoll）仍记得，她是一个"才思敏捷的人——思想极为丰富，有很多令人振奋的原创理念，也有很多富有争议、异想天开的想法。"作为一个普通人，"林恩可能会激怒她的同事，但她的一些理论确实改变了我们对生命的看法。"[*2]令人愤怒但富有原创性、鼓舞人心却充满争议：科学创新的代价总是如此高昂，对创新的认可总是需要如此艰难的斗争吗？

《天才的回响：生命科学大师与他们塑造的世界》探讨的就是那些天才的生物学家们，他们的伟大思想超越了同时代同行们的"普通"科学，却得不到重视。他们所拥护的理论、实践或科学应用都极具前瞻性和预见性，虽然有时充满幻想，有时甚至像堂吉诃德般的不切实际，但总的来说这些想法不乏挑战性，甚至是威胁性和破坏性。我们的目标是了解这批从19世纪开始，就帮助人类塑造现代生物学的科学家们，研究他们为何能提出那些新奇、富有挑战性甚至突破想象力极限的划时代理论。

《天才的回响：生命科学大师与他们塑造的世界》是我们的"三部曲"的最后一部。第一部是《生物学中的"异教徒"》(*Rebels, Mavericks, and Heretics in Biology*)（耶鲁大学出版社，2008年），第二部是《局外科学家：生物学创新之路》(*Outsider Scientists*: *Routes to Innovation in Biology*)（芝加哥大学出版社，2013年）。我们在这里介绍的一些科学家可能被认为是"反叛者"，因为他们违反了相关领域内被广泛认可的原则，有些科学家甚至被称为"门外汉"，因为他们没有受过像生物学家一样的训练。但"梦想家"有自己独特的定义。我们"三部曲"的最后一部就是从孕育生物学理论、方法和实践创新的条件，探讨使"梦想家"变得独特的原因。诚然，与"反叛者"相比，准确地定义"梦想家"似乎并不容易。因为，反叛者攻击明确的目标，而门外汉专门指那些从其他领域进入生物学领域的人。

"梦想家"的创新与其他任何有创造力的生物学家的创新的区别在于，"梦想家"的创新在他们的领域是真正新颖的。这一点非常重要。因为，我们所谓的"梦想家"从理论、模型、方法、实践或科学应用方面提出设想并阐明具有彻底颠覆性的新理论。这不仅是对某一领域的现有特征的修订或者细化，而且拓宽了该领域的边界。从这个角度来讲，我们的"梦想家"常常被认为是激进、空想甚至是反叛的，他们激起的反应从嘲笑到惊讶、从怀疑到愤怒，无所不包。

虽然我们在分析中包含了"革命性"的范畴，但创新并不需要像科学哲学家托马斯·塞缪尔·库恩(Thomas Samuel Kuhn)所设想的那样具有革命性[1]。生物学家并不认同库恩对科学革命的看法,理由很充分:生物学不同于物理学[*3]。库恩认为革命产生于解决问题的危机中,只有在现状需要另一种选择时,持不同意见和创造新事物才是正当的。但这似乎过于局限,即使是描述生物学的大部分历史,在我们看来,这是通过不必要的保守方法来生产新奇[*4]。正如这本书的章节所揭示的那样,深刻变化的源泉是多元的,生物学产生新颖性的方式比库恩和他的追随者所想象的要多得多。

为了扩大"革命性"的范围,我们参考了很多其他学者的论著,其中包括汉斯-约尔格·莱茵伯格(Hans-Jörg Rheinberger)、林德利·达顿(Lindley Darden)、彼得·加里森(Peter Galison)、保罗·塔加德(Paul Thagard)等人,他们一直在描述不符合库恩定律的科学变革和创新形式[*5]。虽然后库恩时代的共识仍然难以达成,但人们开始不拘泥于旧范式,逐渐接受新框架。无论是概念在某一方面以扩展、替换、消除和重组等任意一种方式改变,形成新的框架,它们都不需要任何库恩式的革命性。概念上的改变,只采取一种形式的改变,已经形成了框架,但这些行动都不需要具有任何库恩意义上的革命性[*6]。《天才的回响:生命科学大师与他们塑造的世界》立足于原始文献资料,在更广泛的科学意义上,深入探究历史上对生物学不同领域产生巨大影响的创新性和变革性,而不仅仅局限于渐进式的变化[*7]。

这一系列努力,使我们能在生物学领域广泛地探索一系列产生多样性的方式方法,以及其中所涉及支持这些方式和方法产生的条件。简单地说,这本书就像一本主题式的微历史书。它的主题来源于一个问题,那就是:是什么造就了生物学中的这些大师们?[*8]是什么促使这些大师

1　译者注:托马斯·塞缪尔·库恩,美国物理学家、科学史学家和科学哲学家,代表作为《哥白尼革命》和《科学革命的结构》。其最有名的著作《科学革命的结构》(The Structure of Scientific Revolutions,1962年),为当代的科学思想研究建立广为人知的讨论基础;无论是赞成或是批评,都可以说其是最有影响力的科学史家及科学哲学家,其著作也被引用到科学史之外的其他广泛领域中。纽约时报认为,库恩此本著作让典范(paradigm)这个词汇变成当代最泛用的词汇之一。

们开辟了一条创新之路？ 是他们的个性、他们所受的教育训练、他们的合作者、支持他们的机构，还是培植他们得以产生创新性的人文环境，为他们提供了一片能够让他们产生奇思妙想和新理论的沃土，让梦想家们在一个时常不被接纳或迷茫的科学环境中，坚定不移地拥护这些奇思妙想和新理论？

　　无论我们的梦想家们是通过对已知事实进行新的推断，还是通过对共识假设的相关性和中心地位提出挑战；无论是提出尚无明确答案的问题，还是将一个领域的重点转移到一个全新的领域，其基本特征都是颠覆公认的观点和实践，开拓未知的边界。 但我们并不是认为所有革命性都一定会产生观念上的转变，或者说所有的创新性都是一种智力上的不可逆性导致的。 相反，我们所关注的是产生生物学中这些创新性的环境本身，无论这些创新性最终是否被当时的社会所接受[*9]。

　　当然，梦想家永远不会离开科学家群体。 梦想家似乎更像一种召唤，在特定的科学生态中产生的召唤。 基于我们在上文所作的限定，梦想家仅仅是科学家的极少数。 但无论是由于他们的大胆、盲目、无视公认的认知，还是由于他们独特而罕见的思考能力，像孩子（珍妮·古道尔）、水生物（蕾切尔·卡逊），甚至像虫子（尤金·罗森伯格）一样的思考能力，这极小一部分人的影响却是革命性的，尽管情况并非总是如此。 但毫无疑问，这些人最令人着迷的就是，在他们的制度背景、知识环境和历史时间中，他们是如何将自己的思维从同时代人公认的科学中抽离出来，为重要问题引入创新性的替代方法。 哈姆雷特哀叹道："去睡觉吧，可睡觉就会做梦，这就是问题。"哈姆雷特被恐惧所折磨，即使在死亡中也无法摆脱烦恼[2]。 但梦想家和空想家们却抛开忧虑，心甘情愿地走出科学共同体，只身进入全新的领域——并不知道是否会有人紧随其后[*10]。

　　《天才的回响：生命科学大师与他们塑造的世界》比较分析了生物

2　译者注：《哈姆雷特》第三幕第一场，哈姆雷特王子的独白，原文：To sleep: perchance to dream: ay, there's the rub。

学中具有历史意义的新奇事物，无论它们是被纳入科学共识的范畴，还是被摒弃，抑或是被淘汰，抑或仍然被拒之门外。不同的历史背景、制度环境和特定时期的研究状况如何让这些新奇的东西在一个科学共同体中发生呢？这就是我们想要探究的问题。就像我们在这个三部曲中的前两部作品一样，我们的目标不仅仅是制作一组杂乱无章的草图，而是要收集一套证据，让我们深入了解一类独特的生物学家的集体历史作用。传记这种形式，并非为"伟人"们著书立传，"马后炮"式让他们名垂青史，而是将其作为人类科学史，知识分子的社会史、科学史的背景，为未来人类社会的发展提供警示和参考。科学家们，虽然有不少独来独往的，但大体上，他们从来都不是在真空中工作。梦幻般的、有远见的思维总是在特定的共性环境中发生并围绕着特定的共性环境进行协调[*11]。

然而，怀疑论者可能会说，"梦想家"和"空想家"，甚至"革命家"的分类太过分散，对学习自然科学的学生没有任何价值。毕竟，成为一个梦想家、远见家或革命家有很多方法：如何将所有这些方法都归入通用的标题之下，而不去注意其中必然存在的许多细微差别呢？对于这些持怀疑态度的人，我们的回答是：我们同意，这些类别是笼统的，但它们在科学上的理论有用性，并没有因为它们所涵盖的干预范围广泛而被削弱，反而是被丰富了。为什么呢？这是因为，《天才的回响：生命科学大师与他们塑造的世界》不是关于那些成功说服科学界的思想家，也不是那些必然使我们更接近绝对"真理"的思想家。这样的设定不仅限制了分类，而且背叛了对知识进步的胜利主义的描述。在某种程度上，我们可能永远无法掌握绝对真理，我们必须提醒自己，我们今天所说的"真"很可能明天就会变成"假"。但科学方法永远都是我们最忠实的、经得住时间考验的方法，不断突破人类的认知极限，修正昨日的"真理"。"梦想家"也并非要我们在事后选出赢家，他们是推动我们认知世界的一群人[*12]。

本书最想呈现给读者的，或者更确切地说，小说主题想要凸显的，是一种新颖的科学思维模式。这种思维模式，无论是通过戏剧性的、梦幻般的方式进行大胆思考，还是选择提出一个非正统的，甚至不被承认的问题，都往往颠覆了常规的思维模式。一位梦想家、空想家抑或是预言家，并不意味着一定要比别人先看到"真理"，而是能够以有别于同领域其他人的"另类"观点，从根本上推动该领域，无论这个观点是"对"还是"错"。正是个人、知识分子、制度和历史环境的交融，才使人们对其走上这样的道路产生了兴趣。而且，类别越广，所处的环境越丰富，越能说明问题。

因此，在以概念变化为主题关注科学内部创新的基础上，我们拓宽了本书的涉及范围，以便捕捉科学范畴内的创新型社会应用和科学管理、科学资助的新形式。事实上，本书中的梦想家并非都是正统的科学家。我们有意识地从更宽泛的概念下，在更广泛的领域进行了搜寻，以尽可能丰富地分析这一现象及其在生物学史上的重要意义。正如我们认为不同的实验案例所证明的那样，梦想一直是现代生物学变革的重要动力。将僵化的、狭义的分类强加于科学创新的媒介，只会模糊这一现象的细微差别和共性。如果我们要开始理解梦想家、空想家和革命者在科学社会学和知识进步中的作用，我们最好尽可能广泛地界定我们的术语，让模式和主题不是从表面上，而是从方方面面被深入探究。

本书结构

本书的章节按照大致的时间顺序排列，从19世纪开始一直到21世纪，但特别强调了20世纪的重要代表。为了使这些章节能够彼此联系，我们将它们按主题分成了六个部分：（1）"进化学家"；（2）"医学家"；（3）"分子生物学家"；（4）"生态学家"；（5）"动物行为学家"；（6）"分类学家"。每一部分的主题虽然不全面，但是具有象征性和对比性。

没有哪位历史学家会把让-巴蒂斯特·拉马克（Jean-Baptiste Lamarck）、恩斯特·海克尔（Ernst Haeckel）和彼得·阿历克塞维奇·克鲁泡特金（Pyotr Alexeyevich Kropotkin）作为进化生物学的代表。但是，把理查德·布克哈特（Richard Burkhardt）对拉马克的动物学体系的梦想的分析、罗伯特·J.理查兹（Robert J. Richard）对海克尔关于系统发育树的悲剧性浪漫主义愿景的反思、奥伦·哈曼（Oren Harman）对克鲁泡特金对自然界和政治中的互助的双重主张的考察放在一起看，就会发现这些都是对拉马克的分析。本书通过对18、19和20世纪初进化论思想的不同层面的洞察，阐明了这一领域内可能出现的各种超越"流言蜚语"的思想路线。

玛丽·伍达德·莱因哈特·拉斯克（Mary Woodard Reinhardt Lasker）、乔纳斯·索尔克（Jonas Salk）和米娜·比塞尔（Mina Bissell）组成了本书的第二部分。作为生物医学研究人员，索尔克和比塞尔分别对小儿麻痹症和癌症进行了开创性研究。夏洛特·德克罗斯·雅各布斯（Charlotte DeCroes Jacobs）对索尔克研究的描述不仅突出了他开发脊髓灰质炎疫苗的新方法，而且突出了他的想法在生物医学领域中所遇到的强烈阻力——的确，这种阻力如此之强，以至于索尔克只好秘密测试他的脊髓灰质炎疫苗。安雅·普拉提尼斯基（Anya Plutynski）分析了比塞尔关于细胞和环境之间"动态互惠"的观点，展示了比塞尔的方法如何推动癌症研究人员认识到细胞微环境在疾病形成和发展中的重要作用。相比之下，柯尔斯滕·加德纳（Kirsten Gardner）对玛丽·拉斯克的描述却引起了我们的注意。玛丽·拉斯克不仅是一位癌症研究人员，而且是一位灵巧的组织者和倡导者，她成功地倡导了联邦生物医学资助和国家卫生研究院（National Institutes of Health）的成立。小儿麻痹症研究者激起了人们的热情；癌症研究者打开了人们的眼界；而倡导者则打开了人们的心扉，打开了人们的腰包。这三位都是梦想家，他们的眼光远远超出了"地平线"。

第三部分讲述了分子生物学革命性的影响。该部分包括莫林·O.奥马丽（Maureen O'Malley）笔下的W.福特·杜尔特尔（W. Ford Doolittle），布鲁诺·斯特拉瑟（Bruno Strasser）笔下的玛格丽特·德霍夫（Margaret Dayhoff）和路易斯·坎波斯（Luis Campos）笔下的乔治·丘奇（George Church）。德霍夫创建了第一个分子序列数据库，为现代生物信息学奠定了基础。杜尔特尔将他的多元分析方法应用于内含子、自私的DNA和生命树本身。而醉心于现代分子生物学技术的丘奇，则幻想着让猛犸象或尼安德特人从灭绝中复活。

在第四部分，珍妮特·布朗（Janet Browne）描述了蕾切尔·卡逊（Rachel Carson）在环保运动兴起过程中的影响；迈克尔·R.迪特里希（Michael R. Dietrich）和劳拉·洛维特（Laura Lovett）描述了约翰·托德（John Todd）所构建的生态系统。卡逊从科学的角度，普及反杀虫剂，特别是DDT（双对氯苯基三氯乙烷，一种常用杀虫剂）的案例，把科学带到了公众面前。托德对DDT的研究使他变得激进并最终离开学术界，致力于可持续粮食生产和生物修复的"生命技术"的研究。与这些以社会为导向的努力相比，菲利普·霍尼曼（Philippe Huneman）对史蒂文·哈贝尔（Steven Hubbell）的分析揭示了其从概率的角度对生态学进行的根本性重构。哈贝尔的中性生态学采用了中性的分子进化理论，创造了一个新的理论大厦，直接挑战了公认的生物多样性和生物地理学理论。

本书第五部分涉及生物的行为学研究，分别由戴尔·彼得森（Dale Peterson）笔下的瓦莱丽·珍妮·莫里斯-古道尔（Valerie Jane Morris-Goodall）、里克·格鲁什（Rick Grush）笔下的弗朗西斯·克里克（Francis Crick）和马克·博雷洛（Mark Borrello）笔下的大卫·斯隆·威尔逊（David Sloan Wilson）组成。严格意义上，克里克和威尔逊并非动物行为学家，但我们把他们列在这个标题下，因为他们的研究涉及了行为的维度，而且他们的工作也确实给我们带来了新的启示。虽然同时代的很多人认为，动物认知和人类意识的奥秘难以被破解，但珍妮·古道尔对坦桑尼亚的岗贝河国家公园的黑猩猩所进行的不经意的、直接的个人观察，与克里克的理论和知识性方法形成了鲜明对比。两人都在该领域留下了浓墨重彩的一笔。威尔逊在社会达尔文主义到社会生物学的传统基础上，在美国纽约宾汉姆顿市应用进化论思维改善生活质量。但博雷洛认为他的城市设计方法不过是用达尔文主义的术语对社会心理学进行重新包装，这个梦想太过天真和盲目，不可能有任何成功的希望。

第六部分汇集的是系统生物学家，他们代表了那些寻求全面系统性理解生物和自然的人。达西·温特沃斯·汤普森（D'Arcy Wentworth Thompson）在20世纪初描述了植物和动物形态的发育系统；20世纪70

年代，詹姆斯·洛夫洛克(James Lovelock)从行星相互作用出发，提出了"盖亚假说"；尤金·罗森伯格(Eugene Rosenberg)和伊兰娜·奇尔波 - 罗森伯格(Ilana Zilber-Rosenberg)以全基因组理论为基础全面论述了共生关系。蒂姆·霍尔德(Tim Horder)在关于汤普森的章节中阐述了培养汤普森的条件，他将经典著作和生物学结合在一起，写成了一本关于生物形式的开创性论文，但这篇论文经不起时间的考验。塞巴斯蒂安·杜特鲁伊(Sébastien Dutreuil)所写的关于洛夫洛克的章节，揭示了洛夫洛克退出学术界后，对地球化学的新探索，在赢得众多追随者的同时，也吸引了许多批评者。埃胡德·拉姆(Ehud Lamm)一章展示了罗森伯格夫妇天才而宏大的学术理论，是如何在当时的学术环境中诞生的：卡在珊瑚礁时被一个经验问题所困，创造性地从其他学科得到借鉴，像虫子一样思考并成功解决问题。尽管三部分存在明显差异，但这三个例子都说明了一个共同的原则：推进一个新愿景的达成需要大胆的想象力的飞跃。

我们承认这本书所包罗的仅仅是一部分"梦想家"，但像这样的任何作品确实都无法做到尽善尽美。比如法国人雅克·杜·沃坎松(Jacques du Vaucanson)，他造出了第一个机器人并追随卢克雷提乌斯的脚步，认为生命不过是物质的机械运动；或者是玛丽·斯托普斯(Marie Stopes)的战后梦想"生殖理性"，她甚至被编进了童谣中(有些匪夷所思)：

> "珍妮，珍妮，珍妮，
>
> 充满了希望，
>
> 读了一本书，作者是玛丽·斯托普斯，
>
> 但她看起来有些迷糊，
>
> 她一定是拿错了书。"

约书亚·莱德伯格(Joshua Lederberg)在创建宇宙生物学时，对其他星球上难以想象的生命形式进行设想，就像21世纪神经科学家塞巴斯蒂安·承现峻(Sebastian Seung)用河流和河岸类比视觉产生的神经结构一样。在某种程度上，本书中的各章节都是我们从历史和主题角度不断斟酌的结果。我们的候选名单远远超出了这里所包含的对象，诸如萨拉·赫迪（Sarah Hrdy）、查尔斯·达文波特（Charles Davenport）、杰拉尔德·埃德尔曼（Gerald Edelman）、克雷格·文特尔（Craig Venter）、伊娃·贾布隆卡（Eva Jablonka）等科学家以及其他许多人。我们期待着有更多的人被纳入本书的范畴并希望《天才的回响：生命科学大师与他们塑造的世界》将引发一场更深远的对话。

梦想的解析

那么，我们能学到什么？

首先，有这样一个发人深思的广泛共识：科学领域的梦想家们不一定都是科学家，科学显然也不局限于学术追求。生物学包括科学知识的进步以及科学的管理、制度化、支持和应用方式的发展。因此，所谓的"梦想"，不一定由科学理论和实践构成，它还涉及科学的社会化应用以及科学本身的结构化。例如，玛丽·拉斯克的研究，在癌症研究领域产生了革命性的影响，但她不仅是一位癌症生物学家，而且是一位强大的倡导者、组织者和募捐者。约翰·托德的活体机器是应用生态学的重要创新，这些创新是在学术科学之外，作为非营利和营利性企业的一部分实现的。从概念上和生物学角度来说，活体机器只是一种集合体，而托德的梦想却是把它们改造并应用到现实世界的废物处理上。

本书中描述的一些梦想家还促进了某些领域的深刻变革，比如蕾切尔·卡逊对人类与环境关系的重新定义。诚然，乔纳斯·索尔克的梦想以及珍妮·古道尔的梦想，分别对小儿麻痹症患者和我们对动物认知的方法产生了巨大的影响。但是，正如我们之前提到的，并非所有的梦想家都是成功者。汤普森从异速变换的角度对发育的设想虽然产生了重要的影响，但这一理论并未被后来的实验加以证实。詹姆斯·洛夫洛克和他的"盖亚假说"（Gaia hypothesis）至今仍被许多科学家认为是"怪异的"，完全错误的，但他提出了一个关于地球及其"稳态"的全新观点，让那些反对者们也不得不用更精确的定义来反驳他的观点。克里克关于意识的关联性，已经被后来的脑科学发展所取代。威尔逊在进化论中所主张的群体选择理论，仍远未被接受；事实上，威尔逊设想从群体选择理论中吸取经验和教训，同那些破坏人类环境的各项举措作斗争。但很多一流的进化学家和社会学家却不以为然，他们认为这只是利用概念强行制造的斗争，简直荒谬至极。拉马克的观点在他那个时代并没有得到生物学家的拥护，但在查尔斯·达尔文 (Charles Darwin) 的《物种起源》出版后的几十年，拉马克的观点逐渐被提及 (尽管是有选择性的)，只是在20世纪势头又开始减弱。虽然，以前很多人普遍认为他的观点无论在经验上，还是在理论上都是错误的，但是现在，人们的态度正在发生变化。

在梦想家的成功/失败轴上，还存在着另一个连续体，实际上更接近于二元对立。虽然许多梦想家以富有成效、积极的变革性方式将他们的梦想加以利用，但梦想家的梦想也有其黑暗的一面。许多伦理学家反对乔治·丘奇的再生和灭绝的梦想，认为这位特别的生物学家的梦想将变成我们所有人的噩梦。更多的时候，一个特定的愿景，虽然一开始具有创新性，但随后可能带偏整个领域。从后来者的角度来看，这样的例子不胜枚举。汤普森以牺牲生物化学和形态学为代价而倡导的生物几何学，海克尔提出的浪漫胚胎学以及克里克以牺牲整体的方法来减少意识，都是带偏其所在领域科学的典范。

无论对其影响力的判断如何，这些干预措施几乎总是属于一类：组合式的新奇事物，这些新奇事物来自对多个领域的思想和实践的原创性和创造性的整合或组合，换句话说，它们是在迄今独立的领域之间建立起大胆的、令人惊讶的联系。无论是在相关领域还是对相关领域的思考，完全的新奇感都非常少见，而且是一种过于浪漫的新奇感的观点。毫无疑问，玛丽·拉斯克倡导的美国联邦资助结构和全国性的协调抗击一种叫作癌症的疾病 (而不是很多)，重新改写了现有的生物政治格局。乔纳斯·索尔克试图让世界摆脱一种看似难以治愈的儿童疾病——小儿麻痹症。这在他那个时代，就像乔治·丘奇承诺在21世纪利用合成生物学的工具创造新的生命形式一样，是非常奇妙的想法。这两个人以及玛丽·拉斯克，都摆脱了同时代的人对疫苗研究、合成生命研究和实验室界限的种种"适当"束缚。珍妮·古道尔是另一位梦想家，她不畏惧从一个全新的角度看问题，但也许是在不知不觉中，未受过专业且系统教育的她，保留了其天生的纯粹信念。她对动物行为的系统性和直接观察，深刻动摇了我们关于行为和道德起源的传统认知。珍妮·古道尔、丘奇、索尔克和玛丽·拉斯克都对各自领域产生了巨大的影响，但他们划时代的变革性，并非凭空产生，而是植根于当时的知识、实践和技术以及各自领域的历史。总之，任何新奇的东西都不会凭空产生。

说实话，纯粹的独创性只是一种罕见的东西，而且这个定义本身也有争议：什么是独创性？相信没人能提供一个准确的定义（如果你不相信，请闭上你的眼睛，试着想象一个全新的颜色）。新颖性似乎更多的时候是由不同来源的材料的组合或重新排列或重铸而成的。这些页面中的许多代表人物将多个领域的想法和实践结合在一起，在他们的研究领域内进行了真正的原创性创新，有些是科学的，有些则不是。丘奇用再生术，索尔克用灭活病毒做疫苗，珍妮·古道尔用拟人化的方法，玛丽·拉斯克把医学推向媒体和政府，这些都是例子。还有更多的例子。与丁尼生的格言以及其他人的假设相反，俄国无政府主义者克鲁泡特金描绘了一幅进化论的图画，将进化论视为合作与信任的游戏，而不是残酷的竞争。尽管这对进化论来说很新奇，但哈曼表明，克鲁泡特金作为一个公开承认进化论的无政府主义者，他的政治思想对他的合作愿景有着深刻的影响。用他的话说，克鲁泡特金的"社会正义和自然秩序的梦想是相辅相成、相互加强和相互支撑的，而不是决定性地相互产生。"

玛格丽特·德霍夫的梦想是将计算、分子信息和分子生物学，以分子系统学的形式整合在一起，就像很多未发现关联的其他领域一样，虽然它们都从属于科学领域。尽管詹姆斯·洛夫洛克的"盖亚假说"具有政治和社会生活层面的意义，但他劝诫我们将地球视为一个有生命的、会呼吸的、有机的系统，根本原因在于他开发了测量大气化学物质的技术。在林恩·马古利斯等生物学家的帮助下，他将其与关于生态系统的想法结合在了一起。伊拉娜·齐尔博-罗森伯格和尤金·罗森伯格同样受到马古利斯的启发，提出了共生的整体生物体的想法，让我们重新认识到，自己不仅仅由人体的细胞组成。埃胡德·拉姆曾在他的小说中这样描述罗森伯格夫妇的新颖，甚至可以说是梦幻般的理论："调皮捣蛋，像虫子一般思考，是营养学也是社会学的研究，更是一次想象力的飞跃，而这些溢美之言都无法准确地形容他们的理论。"诚然，罗森伯格家族走向全息体的思维链确实是从他们的实验系统失败开始的，但他们的创新并不植根于难以解决的异常，而是精心培育的创造性混搭。

梦想的动力

梦想家们虽然有异于常人的一面，但是和常人一样，他们也深深地扎根于制度、文化和历史之中。这样的社会结构在某种程度上，或者说制度的某些方面，可以促进创新力的产生。当然，这些特征并非普遍存在。因此，一些梦想家积极寻找那些能够实现人员和思想跨学科流动的环境，而这对于一部分人来说，就意味着深入基层，或完全离开学术界。另一些人则试图让自己周围围绕着年轻、不那么受约束的合作者，以便直接培养创造力。尽管一些梦想家几乎故意对他们所处的时代充耳不闻，但另一些人却对政治的调子表现出一种特殊的敏感性，他们能分辨出几乎听不见的韵律，或者他们在通过科学带来社会变革的过程中，成了时代的弄潮儿。

例如玛丽·拉斯克，正如伯克哈特所指出的："在无脊椎动物学领域，她第一次开始阐述关于有机进化的想法时，并没有在无脊椎动物学领域待很久——还不到六年。"从入行时间看，她是个彻头彻尾的新手，但是长久以来的训练，使她习惯将事物建立在宽泛的、解释性的理论体系中，无论是好是坏。她自己也清楚，类似的惯性思维并不会得到同行的赞许。因此，她的理论研究本身就具有冒险精神和创新精神。当时，玛丽·拉斯克的健康每况愈下，她确信自己几乎无法动摇批评者的信心，就索性放手一搏。她富有远见卓识的行为并不是源于任何顽固的坚持，而是因为一个成熟的科学家进入一个新的领域，相对不受传统的约束，而获得了制度上的安全感。作为分子生物学的奠基人之一，克里克在经历了备受赞誉的职业生涯之后，也是如此。瑞克·格拉西（Rick Grus）认为克里克的创新之源在于他"能够从一个领域的专家们目前所接触的一个现象的方式中退后一步，看到现象本身。" 克里克在索尔克研究所的地位稳固，他可以放心地忽略以前对意识的研究，带来一套来自信号处理和优化滤波的数学工具并以此获得了革命性的理解，即使最终被取代了。

正如我们在《局外科学家：生物学创新之路》一书中所展示的那样，进入一个新领域是一条很好的创新之路，但我们在这里所考虑的一些梦想家在其领域内已经有了很好的基础，他们通过构建富有创造力的合作关系，为他们的工作带来了跨学科的创新。 例如，杜尔特尔通过将哲学家带入他的实验室小组，加强了他对从哲学角度看待科学的兴趣。米娜·比塞尔积极寻求跨学科合作，无论是原则上还是将其作为一种研究策略。 普拉提尼斯基还展示了比塞尔如何招募女学生，尤其是"那些可能因为怀孕、有小孩或非英语母语人士而没有在（当时）更有名望的实验室找到'家'的学生"。 比塞尔欢迎他们来到她的实验室并与"同样聪明、有抱负的女性或母亲以及科学家"建立了联系；这种安全和支持性的空间培养了年轻的实验室成员的新鲜、突破常规的思维。 在学术界之外，玛丽·拉斯克的成功很大一部分要归功于她的合作者和人脉网络。 用柯尔斯滕·加德纳的话说："她身边有很多盟友，他们提供了聪明的建议和必要的支持，有同情心强的朋友支持她的事业，也有一些有用的支持者，他们往往拥有有影响力的政治席位或董事会席位。" 虽然这不是玛丽·拉斯克宏伟、梦幻般的想法的直接来源，但她围绕自己所创建的社区是她成功的重要因素，因为它提供了阐述和实现她生物医学研究和资助愿景的结构。

第三类梦想家要么完全离开了学术界，要么从一开始就没有进入学术圈。 在他们为自己创造的不那么"严谨"的空间里，他们并没有完全独立于科学界，但肯定也没有受到那么多的约束。 珍妮·古道尔从路易斯·里基（Louis Leakey）的秘书到野外生物学家的转变，描绘了一条独立于学术界的道路并直接说明了她以当时无与伦比的方式进行野外观察的独特能力（或许还有里基自己非正统的慧眼）。 约翰·托德决定离开他所在的伍兹霍尔海洋研究所，开始组建营利性和非营利性的公司，这是他实现梦想的重要一步，即改变我们的生活方式、用水方式和废物处理方式。学术界无疑是他的想法的重要孵化器，但他意识到，创办企业是实现其梦想的唯一有效的手段，可以让他的想法在世界范围内付诸实践。詹姆斯·洛夫洛克决定离开学术界，这同样使他能够在更少的约束下进行创新并将他的信息更直接地传递给公众。没有了科学期刊的过滤和阻碍，他的研究接触了不同的受众并采取了不同的基调，最终也削弱了他在学术界的公信力。玛格丽特·德霍夫则在美国国家生物医学研究基金会（National Biomedical Research Foundation）的支持下继续研究她的序列图集。美国国家生物医学研究基金会是由罗伯特·S.莱德利（Robert S. Ledley）创建的一个非营利性研究机构，旨在推动计算机化，该基金会支持戴霍夫的梦想，但却给它带来了沉重的财政负担，这让《蛋白质序列与结构图谱》(Atlas of Protein Sequence and Structure)与重视信息自由分发的科学精神形成了鲜明对比。最后，乔纳斯·索尔克，当科学机构拒绝了他的用灭活病毒制造的小儿麻痹症疫苗，而选择了竞争对手的减毒活疫苗时，他却这样向公众表示：他觉得，公众已经出资资助了他的研究，所以他们有权选择用哪一种疫苗。直到他死后，由于媒体报道所引起的公众压力，索尔克才得以平反。

也许这并不奇怪，许多梦想家，对他们所处时代的文化格调都有着敏锐的嗅觉。而这也从另一层面证实创新与社会政治的形式密不可分。克鲁泡特金离开俄国，直到大革命之后才返回俄国。他回国的时机看似有些晚，但他对自然界的互助性和政治上的无政府状态的倡导，与当时的动荡不安产生了共鸣，现在看来也很有先见之明。在他之前，海克尔捕捉到了一代人的浪漫之风，在他的系统进化树和生物遗传学中，提供了一个悲壮而又鼓舞人心的自然观——这种观感可以说是时代的标志，尤其是在德国。蕾切尔·卡逊和后来的詹姆斯·托德的环保主义也可以被视为政治热情的一种时尚，这种热情已经在日益注重环保的西方社会暗流涌动。卡逊经常被认为是这场运动的先锋。然而，如果不是她首先洞察到这场运动的苗头，她也不可能成为这场运动的急先锋。乔治·丘奇是一个令人着迷的象征性人物：他嗅出了现代人对控制创造的暧昧味道——厌恶和吸引——他忠实地代表了这个时代，激起了人们的愤怒和兴奋。

梦想家其人

彼得·梅达瓦尔（Peter Medawar）爵士曾经写道："在科学家中，有的是收藏家、分类家，有的是强迫性的整理者；有的是性情上的侦探，有的是探索者；有的是艺术家，有的是工匠。"[*13]这句话也适合本书中的梦想家、远见家和革命家。他们并非从一个模子刻出来的，他们有各自的特点，以不同的形式在各自的领域发光发热[*14]。海克尔对自然世界的看法可能和洛夫洛克对地球的看法一样浪漫，但很难想象有更多截然相反的科学实践的个性和风格——第一个是理想主义的和富于表现力的，第二个是经验主义的和务实的。同样，克鲁泡特金和珍妮·古道尔的描述方法与史蒂文·哈贝尔的技术方法形成鲜明对比，又与杜尔特尔的哲学倾向形成鲜明对比。乔纳斯·索尔克和米娜·比塞尔都试图减轻人类的痛苦，但后者的环境方法几乎与前者的内部主义、还原主义完全相反。两人也不会走同一条路：一位会被嘲笑为堂吉诃德，自负，甚至更糟——缺乏独创性；另一位在早期被誉为杰出的梦想家。

克鲁泡特金和威尔逊被认为是两个世纪的代表人物，他们都强调了合作在进化中的作用，但一个走向了俄国的无政府主义，而另一个则拥抱了美国小镇的资本主义。汤普森看到了生活的模式——这就是他的愿景。乔治·丘奇梦想着奇妙的、新的基因嵌合体，同时回想起失落的尼安德特人的过去。与其说他想识别模式，不如说他想创建新的模式。通过比较，伊拉娜·齐尔博·罗森伯格和尤金·罗森伯格研究的是生物体内部，而不是它们之间的东西。他们的梦想似乎在告诫我们，在我们开始通过杂交创造新物种之前，似乎更应该先弄清楚物种是如何聚集在一起形成新的嵌合体的。梦想家有各种各样的形状和大小。一个人的梦想可能是另一个人平凡的现实，也可能是他们最怪异的噩梦。

本书中所讲述的梦想家们，尽管有很多不同之处，但他们往往都有一些共同的特点。第一个共同的特点是其愿意质疑正统，有时是根植于根深蒂固的怀疑主义。第二个是对自己的想法或观点的持久坚持。第三个是寻找能让他们追求自己愿景的机构和环境的能力。莫林·O.奥马丽将杜尔特尔的研究议程描述为"通过检查其假设和隐含的局限性，致力于质疑正统，从而推动了他的研究议程"。事实上，杜尔特尔"过着双重生活：作为一个科学家和一个'嵌入式'哲学家，他挑战了各种假设（'解构式'）并提供了新颖的、有时是过激的解释（'玩味的猜测'）"。乔治·丘奇同样被路易斯·坎波斯描述为刻意地质疑权威——在他的案例中，实际上是为了冲击一个他在例子中展现的建制。当这种怀疑主义与自信或执着相结合时，梦想家就可以承担起捍卫自己的新观点的艰巨任务。例如，索尔克被描述为"很少表达自我怀疑"，表现出"强烈的韧性""一次又一次地重复他的观点"。夏洛特·德克罗斯·雅各布斯说："许多人发现这种顽固的态度让人疲惫不堪"。米娜·比塞尔的特点也是"坚持不懈"，虽然她也有"好奇心以及愿意提出问题的意愿"。根据安雅·普卢蒂斯基的说法："正是这些问题让她在研究中挑战了癌症致病的主流观点并打开了更广阔的视野。"罗伯特·J.理查兹在讲述海克尔对自然界完美的梦想时，同样反映了他对达尔文进化论的宗旨的执着和渴望，即尽可能全面地阐明达尔文进化论的宗旨。在成为德国首屈一指的达尔文理论的拥护者时，海克尔提出了他的生物遗传定律，将达尔文主义与一元论有力地结合在一起，使生物交流深刻形象化。尽管欺诈和丑闻的指控接踵而至，但海克尔依然坚定不移，这也许是由于他几乎完全将自然与爱融为一体。

其实，很多我们所熟悉的梦想家也非常善于沟通。但这种清晰表达变革愿景的能力本身并不是梦想家的共同特征，只是那些能够成功吸引学术界和公众关注的梦想家的共同特点。而后者存在非议，因为公众的赞誉可能为他们提供了不必要的科学可信度。雅各布斯在谈到乔纳斯·索尔克时写道："科学家们指责他通过寻求媒体的关注，越过了可接受的学术行为的界限。"索尔克能够与媒体建立起一种关系并利用这种关系获得公众的支持和赞誉，被雅各布斯认为是其引发科学怨恨的核心动机。用她的话说："不能低估嫉妒的作用，这是许多成功的梦想家所经历的'血的教训'。"洛夫洛克、珍妮·古道尔、卡逊、托德，甚至是克鲁泡特金都把自己的案例公之于众，都取得了很好的反馈，但他们并不是为了获得公信力，而是为了社会变革。[*14]

令人惊讶的是，本书中的许多梦想家都宣称相信科学是一种社会力量，而其中一些人更是持有深刻的政治信念，他们并没有将其与科学分开。社会与科学的交织是一个反复出现的主题，无论是在克鲁泡特金将合作性从自然界延伸到人类社会的梦想，还是在威尔逊关于达尔文式城市的愿景、托德关于可持续水处理的生态系统的集结或者是珍妮·古道尔关于动物与人类之间更友好关系的梦想，科学与社会、人类与自然都是一个反复出现的主题。生物学领域的创新并非总是与社会变革挂钩，可一旦它涉及"社会"这一主题，那它所引起的变革可能是极为巨大的。俗话说得好："梦想也是计划的一种。"

结语

喜剧演员史蒂夫·赖特（Steven Wright）曾声称自己是一个边缘的幻想家："我能看到未来，但只能靠边站。"有时，梦想家们确实看到了我们的未来，有时他们试图创造未来，有时又表现出惊人的盲目性。他们几乎总是把不同的东西——不同的学科、新的技术、新的应用——用前人所没有的方式联系在一起。然而，无论我们的梦想家们如何不同，他们的不同叙事都表明，新奇并不一定是为了将科学界从死胡同中解脱出来，也不一定代表科学社会关系的进步。梦想家、空想家和革命家们对生物学的基础提出了挑战，无论好坏，他们倡导新的应用。他们在学术界内和学术界外蓬勃发展，常常创造出适合自己的环境来培养创造力。梦想家们既是对时代的挑战，也是对时代的反映，他们既执着又恼人，同时具有原创性、说服力和启发性。梦想家可不是闹着玩的。就像永不磨灭的幽默和仁慈的变革之风，愿它们为我们所有人的利益而持久存在。

备注

1. Dorian Sagan, ed., *Lynn Margulis: The Life and Legacy of a Scientific Rebel* (White River Junction, VT: Chelsea Green, 2012); Satish Kumar and Freddie Whitefield, eds.,Visionaries: The 20th Century's 100 Most Inspirational Leaders (White River Junction, VT: Chelsea Green, 2006).

2. Andrew H. Knoll, "Lynn Margulis, 1938-2011," *Proceedings of the National Academy of Sciences* 109 (2012): 1022.

3. Paul Hoyningen- Huene, *Reconstructing Scientific Revolutions: Thomas S. Kuhn's Philosophy of Science* (Chicago: University of Chicago Press, 1993), 174, 233. See also L. Soler, H. Sankey, and P. Hoyningen- Huene, eds., *Rethinking Scientific Change and Theory Comparison: Stabilities, Ruptures, Incommensurabilities*? (Dordrecht: Springer, 2008), especially Thomas Nickles, "Disruptive Scientific Change," 349 – 77; Ernst Mayr, "Do Thomas Kuhn's Scientific Revolutions Take Place?," in *What Makes Biology Unique? Considerations on the Autonomy of a Scientific Discipline* (Cambridge: Cambridge University Press, 2004), 159 – 69; John C. Greene, "The Kuhnian Paradigm and the Darwinian Revolution in Natural History," in *Perspectives in the History of Science and Technology*, ed. D. H. D. Roller (Norman: University of Oklahoma Press, 1971), 3 – 15; and Peter Godfrey- Smith, "Is It a Revolution?" (essay review of E. Jablonka and M. Lamb, *Evolution in Four Dimensions*), *Biology and Philosophy* 22, no. 3 (2007): 429 – 37.

4. For an account of piecemeal change in biology, see Sylvia Culp and Philip Kitcher, "Theory Structure and Theory Change in Contemporary Molecular Biology," *British Journal for the Philosophy of Science* 40 (1989): 459 – 83.

5. Hans-Jörg Rheinberger, *On Historicizing Epistemology* (Palo Alto, CA: Stanford University Press, 2010). Lindley Darden offers an alternative account of theory change in genetics that extends beyond Kuhn in *Theory Change in Science: Strategies from Mendelian Genetics* (New York: Oxford University Press, 1991). Peter Galison updates (and unravels) Kuhn in *Image and Logic: A Material Culture of Microphysics* (Chicago: University of Chicago Press, 1997). See also Paul Thagard, *Conceptual Revolutions* (Princeton, NJ: Princeton University Press, 1992); and W. Patrick McCray, *The Visioneers: How a Group of Elite Scientists Pursued Space Colonies, Nanotechnologies, and a Limitless Future* (Princeton, NJ: Princeton University Press, 2016).

6. Thagard, Conceptual Revolutions; Alan C. Love, ed., *Conceptual Change in Biology* (Dordrecht: Springer, 2015).

7. Michael North, *Novelty: A History of the New* (Chicago: University of Chicago Press, 2013).

8. A kindred project is Andrew Pickering, *The Cybernetic Brain: Sketches of Another Future* (Chicago: University of Chicago Press, 2011). On microhistory, see Jill Lepore, "Historians Who Love Too Much: Reflections on Microhistory and Biography," *Journal of American History* 88 (2001): 129 – 44; Soraya de Chadarevian, "Microstudies versus Big Picture Accounts?," *Studies in History and Philosophy of Biological and Biomedical Sciences* 40 (2009): 13 – 19.

9. Note that we are not asking what

circumstances contributed to the acceptance of their ideas. Certainly not all imagined innovations will gain acceptance within a scientific community, but even a novel proposal that is ultimately rejected by most can become an object of extended discussion, refinement, and testing.

10. David Hull offered a model of innovation by evolution instead of revolution in *Science as a Process: An Evolutionary Account of the Social and Conceptual Development of Science* (Chicago: University of Chicago Press, 1988). While we are using the language of revolution to refer to significant innovations, we are open to thinking broadly about the processes of scientific innovation.

11. As Joseph Rouse notes, disagreement is common within a field. Rather than view a field or a paradigm as monolithic, he suggests that a field provides common ground, a set of common beliefs that act to create a sense of shared community. See his "Kuhn's Philosophy of Scientific Practice," in *Thomas Kuhn*, ed. Thomas Nickles (Cambridge: Cambridge University Press, 2003), 109. Kuhn also recognized that consensus was not necessary and reframed part of his analysis of disagreements regarding theory choice in terms of judgments based on shared values. See Thomas Kuhn, "Objectivity, Value Judgement and Theory Choice," in *The Essential Tension* (Chicago: University of Chicago Press, 1977). For subsequent work, see Helen Longino, *Science as Social Knowledge: Values and Objectivity in Scientific Inquiry* (Princeton, NJ: Princeton University Press, 1990). On communities and social order, see Barry Barnes, "Thomas Kuhn and the Problem of Social Order in Science," in Nickles, *Thomas*

Kuhn, 122–41.

12. K. Brad Wray, *Kuhn's Evolutionary Social Epistemology* (Cambridge: Cambridge University Press, 2011).

13. Peter B. Medawar, "Hypothesis and Imagination," in *The Art of the Soluble* (London: Methuen, 1967), 132.

14. Despite the many differences between them, the men and women of *Dreamers, Visionaries, and Revolutionaries in the Life Sciences* may describe a shared persona or collective cultural identity— a mask that they may have worn, to borrow Daston's metaphor (Lorraine Daston and H. Otto Sibum, "Introduction: Scientific Personae and Their Histories," *Science in Context* 16, no. 1/2 [2003]: 1–8). Focusing exclusively on the persona of the "dreamer," however, would shift our gaze to the manner in which each scientist navigated his or her identity and place within a community in the wake of a novel proposal— to the reception and interpretation of their dreams and themselves as dreamers, rather than to the conditions that made those dreams possible. That said, some of the figures we consider here did seem to embrace and cultivate a persona of a visionary, such as George Church, James Lovelock, and James Todd.

第一部分

进化学家

RICHARD W. BURKHARDT JR.
理查德·W. 伯克哈特 JR.

让－巴蒂斯特·拉马克

生物学的先驱

乔治·居维叶（Georges Cuvier），是一位杰出的比较解剖学家[1]。他曾任法国巴黎科学院的"终身秘书"，在担任秘书的近30年里，他分别为39位科学家写了悼词。39位科学家中的最后一位，是居维叶在法兰西科学院和自然历史博物馆的同事——动物学家让－巴蒂斯特·拉马克。不幸的是，居维叶还没来得及宣读拉马克的悼词，就仙逝了。这份悼词最终还是由他人代为宣读。可是，悼词公之于世后却引起了一场不小的风波。因为，居维叶指出拉马克的事业是科学研究的反面教材。时至今日，居维叶给拉马克作的悼词仍被认为是科学界有史以来最残酷的"悼词"之一[*1]。

居维叶首先赞扬了拉马克在动植物分类领域的重要科学贡献。但是，居维叶所不能容忍的是拉马克的研究方法。他指出拉马克喜欢在完

1　译者注：比较解剖学，是从解剖学角度比较生物的相似之处与不同之处的一门学问，其通过比较的方法对比不同机体的结构特征并观察分析其相互间的异同，从而了解生物进化的发展规律。它与演化生物学及种系发生学（种族的演化）有紧密的关系。

全想象的基础上，建造宏伟的解释性建筑物，而这些大厦，按照居维叶的说法，就像古书中那些被施了魔法的城堡——一旦魔法被打破，城堡就会烟消云散。现在看来，如果当时居维叶能够维护这些魔法城堡，无疑对之后的科学发展大有裨益。可是，居维叶并没有那样做。他非但没有认可拉马克的科学贡献，还指出拉马克的研究严重偏离了科学，他甚至提出重建被拉马克误导的"系谱学"。此外，他还通过展示拉马克想推翻拉瓦锡[2]化学体系的不切实际的企图，以及他关于气象和地质的各种想法与关于生命的起源和延续的理论，说明拉马克的系统建设理论有多荒谬。尤其是关于生命的起源和延续的理论，居维叶说，这种理论可能会让诗人觉得有趣，或者吸引那些形而上学者，"但是对于任何一个解剖过一只手、一个内脏或一根羽毛的人来说，这套理论都是胡扯。"[*2]

在摒弃了拉马克的有机体进化理论（以及一般意义上的变异）的同时，居维叶也把自己置于了历史的错误一边。至少在生物演化领域，他站错队了。最讽刺的是，居维叶还是那个世纪头三十年里最杰出的三位动物学家之一。他通过对动物器官系统的比较研究，改变了动物分类学。他在脊椎动物古生物学方面的开创性工作，以一种前所未有的方式解读了地球上生命的历史。居维叶在动物学以及脊椎动物古生物学的研究，使用进化论来解释生命似乎变得更加合理，从这个角度来说，居维叶强烈反对拉马克的理论也情有可原。但是，我们的主要目的并非比较拉马克和居维叶各自的理论对生物学的贡献，而是通过考量拉马克的思维方式以及它如何帮助拉马克产生一个关于不同生命形式是如何形成的广泛、大胆而新颖的猜想。拉马克坚持认为，自然界始于最简单的生命形式，然后随着时间的推移，这些最简单的生命形式开始依次发展出所有其他的生命形式——从最小的单细胞生物一直到人类。这个对生

2　拉瓦锡，全名安托万-洛朗·德·拉瓦锡（Antoine-Laurent de Lavoisier），近代化学之父。他提出规范的化学命名法，撰写了第一部真正现代化学教科书《化学基本论述》（*Traité Élémentaire de Chimie*）。他倡导并改进定量分析方法且用其验证了质量守恒定律。他创立氧化说以解释燃烧等实验现象，指出动物的呼吸实质上是在缓慢的氧化。这些划时代贡献使得他成为历史上最伟大的化学家之一。不过之后，因政治原因不幸在法国大革命中被送上断头台而死。

物学有着深远意义的猜想，比达尔文理论早了半个世纪。这一猜想也非常适合拉马克这样一个人，他不仅将自己定位为一位自然主义者，而且自认为其是一名自然主义哲学家。

拉马克出生于1744年，他年轻时是一名士兵。但随后他在"七年战争"[3]中负伤，早早地结束了他的军旅生涯[3]。随后，他去了巴黎，在那里他成了一位小有名气的植物学家。布丰伯爵[4]为他提供了一个在皇家植物园工作的机会。1793年，法国大革命达到高潮，皇家植物园被重建为法国国家自然历史博物馆，当时拉马克已经快49岁了。机构的转变也改变了拉马克的职业生涯。他被任命为"昆虫、蠕虫和微观动物"的教授。多亏了拉马克，我们现在才称这一类动物为无脊椎动物。他欣然接受了新职位。新职位主要有两项职责：教授无脊椎动物学的年度课程以及对博物馆收集的无脊椎动物进行分类排序。此外，他还承担了博物馆里一系列的行政职务，从他对博物馆的贡献来看，这个时期的他非常忙碌。

如果拉马克仍然是一名植物学家，他可能永远不会相信有机体的变异，但新职位为他打开了新世界的大门。这种"新"包括两个方面，一方面是无脊椎动物的识别和排序，建立无脊椎动物的分类体系；另一方面是教授学生关于这些动物的知识并向学生解释无脊椎动物学的重要性。许多年后，当他回忆起最初接受这个工作时的情景，他觉得他应该被安排管理那些更有趣的动物，他说："我实际上更擅长向人们展示狮子的生活方式而非蚯蚓的。"[4]不过，拉马克在开始教学后不久就感到，对无脊椎动物的研究能给人以深刻启发。因为，无脊椎动物表现出的动物性和机体构成之间的密切关系给他留下了深刻的印象。他进一步解释：无

3　译者注：七年战争发生在1754—1763年，而其主要冲突则集中于1756—1763年。七年战争由欧洲列强之间的对抗所驱动。英国与法国和西班牙在贸易与殖民地上相互竞争。日益崛起的普鲁士，正同时与奥地利在神圣罗马帝国的体系内外争夺霸权。

4　乔治-路易·勒克莱尔（George-Louis Leclerc），布丰伯爵，法国博物学家、数学家、生物学家、启蒙时代著名作家。布丰伯爵的思想影响了之后两代的博物学家，包括达尔文和拉马克。他更被誉为"18世纪后半叶的博物学之父"。

脊椎动物的种类可以按照一系列不断增加的复杂性来排列，这与自然界在创造所有不同形式的生命时所采取的实际过程相适应。

作为动物学家的拉马克，在18、19世纪之交取得了一系列重大发现，包括他关于有机体变化的大胆猜想。毫无疑问，这是他生物学梦想蓬勃发展的时期。而知晓他这些初步理论的并非他的同行们，而是拉马克自己的学生。1800年，他在博物馆开设的无脊椎动物学课上，首次提到了他的新理论。1802年，拉马克在一节大学公共课上首次阐述了有机体的多样性。在1803年，他把物种进化作为导论课中的重点。那些年，选修他课程的学生，虽然在年龄、出身和职业意向方面差别很大，但数量非常可观（1802年有132人，1803年有71人）*5。拉马克知道他的新奇且独特的观点会对学生产生强烈的冲击，因此他要求同学们在作出判断之前，仔细思考这些观点以及与之相关的所有事实。他敦促学生们说："等你们在充分研究并遵循了与此有关的所有事实之后再作判断吧，一切都取决于你们自己。"*6

拉马克之所以这样要求学生，是因为同事们的态度。其实，在向学生介绍他的理论之前，他曾向同事们介绍了他关于化学和气象的想法，可同事们却一脸不屑。他认为同事们过于看重自己的想法和声誉，不愿以开放的心态迎接新想法。*7

我们也可以从两次公开活动中理解拉马克的消极情绪。这两次活动发生在拉马克首次阐述有机体变异理论的当天。这一天是1802年5月17日［共和历十年的花月（floréal）5二十七日］，也是拉马克无脊椎动物学的开课日，上课时间是当日中午十二点半。现在来看，这天无疑是生物学史上的一个里程碑。拉马克上完课以后，参加了博物馆每周一次的行政会议。自1801年7月以来，他一直负责监督博物馆陈列室的工作。因此，他在当晚的会议上报告了博物馆动物陈列室的最新进展。报告的

5　译者注：花月是法国共和历的第八个月。它一般（对于某些年份有一两天的差异）对应公历的4月20日至5月19日，同时它大致涵盖了太阳穿越黄道十二宫金牛座的时期。花月的前一个月是芽月，下一个月是牧月。

主要内容是一个令人高兴的消息——博物馆的"野象"已经完全从一直严重的消化问题中恢复过来。讽刺的是，虽然我们知道拉马克的同事们对这个消息表示满意（并选择给帮助治好大象的兽医寄来感谢信），但我们对拉马克的学生们对他当天早些时候给他们的精彩讲座的反应一无所知。同样具有讽刺意味的是，拉马克很可能没有对他的同事们说过他在这天早些时候给学生们讲过的话。每周一次的集会是专门处理博物馆的事务，而不是讨论科学理论，拉马克无论如何也不会期望他的同事们欣然接受他的新理论。[*8]

另一方面，拉马克却非常希望他向同学们提出的新观点不要被误解。为此，他甚至决定尽快把他的讲稿付梓出版并且对讲稿进行详细补充，以便学生们更好地理解其观点。不知不觉中（正如他后来解释的那样），他的手上已经有了一本小书，而他从来没有打算写这本书。就在他的课程开课两个月后，他向博物馆赠送了一本他的新书《活体组织研究》(Researches on the Organization of Living Bodies)。除了最初的讲稿，这本书还包括一个很长的第二节——他所谓的"直接一代"（即"自发一代"）和运动流体对活体的影响，加上"一些与人有关的考虑"，一个关于"物种"一词含义的"附录"以及一个标题为"神经流体研究：初步探索"的章节。[*9]

显然，拉马克并不是一个在让人知道他的思想之前就深谋远虑的人。即使这样，他在1802年写作的《活体组织研究》并不代表他当时的全部野心。他希望为被他命名为"生物学"的新学科奠定基础，这个新学科被认为是"陆地物理学"三部分中的一个部分，另外两个部分是"气象学"和"水文地质学"。但由于自身的健康问题以及其他的科学职责，他打算把"生物学"先放一放，而在此之前"水文地质学"已经发表[*10]。一个月后，他再次以健康问题为由，要求博物馆解除他的职务[*11]。

在接下来的十五年里，尽管健康状况不佳，但拉马克更充分地阐述了他对"生命的多样性是如何产生的"这一问题的理解。他在1809年的《动物学哲学》(Zoological Philosophy)和1815年的《无脊椎动物的自然史》(Natural History of the Invertebrates)的引言中，对生命的多样性作了更充分的解释。他的《动物学哲学》的副标题进一步证明了他的解释目标的广度。他提出了关于动物的自然史的思考；关于动物组织的多样性和它们所具有的能力的多样性；关于维持它们的生命并产生它们所做的运动的物理原因；最后，关于在一些[动物]中产生感觉的[物理原因]和在那些具有这种感觉的动物中产生智力的[物理原因]**6**[*12]。

现在，我们要把注意力集中在拉马克关于有机变异性思想的基本理论上。理论的苗头产生于1800年，是他对动物结构和动物习性之间关系的标准观点的总结。他说，习性是身体及其各部分形态的反映，而不是相反。他解释说，鸭子和鹅的蹼脚、栖息的鸟类的弯曲的爪子、岸上鸟类的长腿和脖子——所有这些都不是因为最初物种被创造出来的，而是长期保持的习性的结果。按照拉马克的说法，环境的变化会促使动物产生新的习性。随着时间的推移，这些新的习性导致了结构的变化和新能力的获得，最终自然界渐渐达到了我们现在所看到的状态[*13]。

在1802年提出的广义理论图景中，拉马克提出环境对习惯和结构的影响次之于增加复杂性的一般趋势。他认为这个过程是从最简单的生命形式的非生物物质"直接产生"开始的。这些形式由于微妙的液体（主要是热能和电）通过它们的物理作用而变得越来越复杂。微妙的液体，然后是可想象的液体，在生命形式中形成通道和器官并逐渐复杂化，构成动物的一般特征。而偏离动物一般特征的那些特征，是多样化环境影响的结果。一个系列的动物类型之所以与其代表动物不同，也是由于受到不同环境的制约，因此，即使是同类动物，由于所处环境的差别，也应进行"横向比较"并对此加以区分。拉马克解释，自然界中流体运动的建设性作用、无限多的生活环境以及无限多的时间，使自然界可以"直接生成"种类庞杂的生命形式[*14]。

此后，1809年和1815年，拉马克又继续提出了以两种不同因素为特征的有机变化理论。他在《动物学哲学》中写道：我们现在看到的所有动物的状态，一方面是组织结构不断增加的产物，趋向于形成有规律的

6　译者注:《动物学哲学》一书中副标题概述。

渐变，另一方面是众多不同情况的影响，不断地破坏组织结构增加渐变的规律性[*15]。

拉马克的"双因素"理论，充分解释了不同的生命形式为何没有统一的变化模式，而是表现出众多的类型。解释物种变化并非拉马克理论的主要目的，然而拉马克清楚他必须首先解决物种变化问题。因此，虽然他早就在前一年给他的学生介绍了他的理论，但是在1803年，他还是把导论课的重点放在了"自然史的大问题——'物种'是什么?"这一问题上[*16]。

拉马克明白，当他提出物种可变理论时，他就触及了当时科学和宗教的敏感神经。但他争辩说，物种的稳定仅仅是一种表象，是忽略了大自然在漫长进化时间里所造成的巨大影响力的结果。至于物种与自然一样古老，是"造物者的杰作"之类的说法，拉马克认为:"除了造物者的愿望之外，什么也没有存在。"但他提出，只有通过观察，人们才能确定"造物者"是否遵守上述法则[*17]。

拉马克对他的理论非常自信，他觉得这套理论甚至能解决当时最为棘手的问题。"有人会敢于将系统构建的精神 [esprit de systême] 推到极致吗?"他问道:"没错，是自然界以多样化手段、诡计、狡猾、预防措施和耐心，惊人地创造了各种物种。我们可以很容易在动物界找到各种自然界鬼斧神工的例子。比如，我们在自然界所观察到的昆虫，难道不比单纯靠人力创造产生的昆虫复杂几千倍吗? 并且迫使最固执的哲学家承认，这里需要并且仅有万物至高造物主的意志是必要的，也足以带来如此多令人赞叹的事物?"

拉马克并没有被吓倒。他认为，自然界既然能产生各种各样的动物类型——无论是特殊类型，还是如工业化批量生产一般的普通类型——那么，它就应该能生产理性。这个观点并非反宗教的，因为它只是自然能力的反映，也是"造物主"意志的反映。此外，如果"造物主"以这样的方式运作，而非在造物时把精力放在所有创造之物的细节以及创造之物随时间的推移而发生的所有变化上，那么这样智慧的"造物主"本身就非常值得人们钦佩[*18]。

读者们可能会对上述观点感到惊讶，因为拉马克的理论设想真的非常大胆，而且如果你们要是了解了一个与之相关的思想——获得性遗传——你们会更加惊讶。获得性遗传[7]确实是拉马克有关"有机体变化理论"的重要组成部分（拉马克并没有用到这个术语，因为这个术语当时还没被创造出来）。然而，有趣的是，拉马克并不认为这个想法的提出意味着自己思想的进步。确实，这个想法本身并不能代表拉马克的伟大，甚至不算他思想的一部分。拉马克有更大的野心，他把上述发现描述为一个普遍的自然规律："（它）是如此引人注目，如此经得起事实的检验，以至于没有一个观察者能说服自己去否认它的真实性。"[*19]

　　拉马克在《动物学哲学》一书中以两个"定律"的形式进行了概括：

　　第一定律：在每一种尚未达到发育末期的动物身上，对任何器官的更频繁和更持久的使用，都会逐渐加强这一器官的作用，使其发育、壮大并具有一定的力量比例——与使用时间成正比；然而，这种器官的不断"废弃"将不知不觉地削弱它，使它退化，能力变弱，最终消失。

　　第二定律：自然中的个体，因其种群长期以来所处的环境的影响，而获得或失去某些功能。对某一器官或某一部分的频繁使用或不断"废弃"的影响，都会通过世代相传的方式在其后代的新个体中保存下来，只要这些后天的变化是两性的或产生这些新个体的个体所共有的。[*20]

　　的确，拉马克时代的其他思想家相信获得性遗传（一些现代生物学文献表明，达尔文也相信这一点）。与拉马克同时代的乔治·居维叶的弟弟弗雷德里克·居维叶强烈支持这一观点[*21]。但是，其他学者都没有像拉马克那样，认为后天获得的性状遗传能够发展到产生新物种的程度。即使拉马克没有声称自己创造了获得性遗传这一概念，他也曾声称自己是第一个认识到"这一定律的重要性以及它对导致动物惊人多样性的原因的揭示"的人。他说，对他来说，认识到这一规律的重要性比他向科

7　获得性遗传，即生物在个体生活过程中，受外界环境条件的影响，产生带有适应意义和一定方向的性状变化并能够遗传给后代的现象。例如长颈鹿进化出长颈是由于它们长期以高大树木上的树叶为食的结果，这一获得性优势通过遗传在后代中传递下去。

学所揭示的"纲、目、多属、多种"更重要[22]。

如果仅从人与动物的组织方式来区分的话，那么很容易表明，人的特征和人的种类都是人的行动和习性的远古变化的产物，而这些变化已经成为人种个体特有的习惯[23]。拉马克推测，如果一些类人动物，如安哥拉的猩猩（即黑猩猩），从树上下来，获得了行走的习惯，随着时间的推移，它就会直立起来。如果它不再把牙齿当作武器，而只是用来咀嚼，那么它的面部就会变得更宽，吻部也会更短。随着它的种群规模的扩大，它的需求也会扩大，导致它的成员通过手势交流，最终通过声音交流。因此，这种生物会进化出说话的能力。

拉马克在讨论了最先进的生命形式与最接近的竞争者之间的差距。他解释说，这种差距的产生和维持，是由于最高形式的生命将其竞争者赶到了不适合它们进一步发展所需的各种习惯的环境中去，从而产生和维持了这种差距。因此，人们无法发现一种类人猿类生物正在变成人类的过程。

这里作出一些说明，那就是我们在强调拉马克的观点时，没有盘点他论点中的所有细节，也没有考究他在支持他的论点时引用的各种证据，这些证据包括动物在驯化下的变化、附属器官、鼹鼠的失明、物种的地理变异等。他的证据很难说是决定性的，因此说服别人相信他的观点，并非像说服他自己那么容易。尽管如此，他的例证并非没有作用，他的观点也没有被人遗忘。这也是居维叶会在拉马克悼词中表现出敌意的原因之一。早在19世纪30年代初，居维叶就提出了关于物种变异的一些新观点，吸引了一大批拥护者，拉马克的新理论让他感到不快[24]。居维叶认为，只要他表现出对拉马克理论不屑一顾的态度，或者在私下嘲讽拉马克的思想，那么拉马克的理论就会很快地自行消失。可是，在有机体变异的双因素理论提出之时，拉马克可能并没有很多"信徒"，但在拉马克逝世之际，物种变异的思想之潮迅速袭来，似乎每个人都打算不再相信居维叶的权威性[25]。

居维叶坚持认为拉马克在生物学领域的理论建设与他在其他领域的不成功的理论建设如出一辙，这一点我们也承认。这些不同的建构确实在风格和范围上有家族式的相似之处。然而，拉马克的进化论观点并不依赖于他在其他领域的理论建构。居维叶试图通过联想来谴责拉马克的进化论思想，但他的努力最终失败了，因为拉马克在他关于自然过程不断产生生物的观点中，已经看到了生物学的根本。居维叶是一位严肃、严谨、人脉广泛的动物学者，他无法想象，独来独往的梦想家拉马克竟然做了一件大事。但拉马克清楚，自己的发现的重要意义。在1806年，他就告诉他的学生们，了解生命体是如何逐渐形成的，可以解释"大自然最伟大的秘密"[*26]。

拉马克符合本书关于梦想家或空想家的设定吗？在考量这个问题时，我们要注意到其自身的一些特点。首先是拉马克的年龄。1800年，当拉马克第一次提出他那革命性的观点时，他已经五十六岁了。在此之前，没有任何证据表明他为提出这个观点进行了相当长一段时间的努力和准备。人们往往认为，科学中伟大的突破性概念主要是由年轻科学家提出的。可事实似乎并非如此。在某些情况下，一位科学家从一个领域转到一个新的领域，其所经历的过程可能跟一个刚刚开始职业生涯的年轻科学家类似。当拉马克首次阐述他关于有机体进化的想法时，拉马克进入无脊椎动物学领域的时间还不到六年。

不过，当拉马克进入无脊椎动物学领域时，无脊椎动物学本身是一个全新的学科。那时候还没有无脊椎动物这个名词，只是一系列形态各异、功能不尽相同的动物的统称。可是，这个新兴的领域反而成了思想家寻求理解自然界广泛规律和原则的处女地。有一些思想家比拉马克更加了解该领域内的某些方面，比如拉马克的助手皮埃尔·拉特里尔（Pierre Latreille）就是昆虫学的权威人物。居维叶在18世纪90年代中期进行的比较解剖学研究也是这样，他的比较解剖学研究引发了人们对动物界分类的重新思考。卡尔·冯·林奈（Carl von Linné）曾将无脊椎动物划分在"昆虫和蠕虫"这一名词之下，显然这个划分并不那么令人满意。随后，拉马克出色地完成了对这一名词之下的动物的分类，这不仅要归功于他在博物馆的职位，也要归功于他的不懈努力，让这些动物的多样性变得有意义。

此外，拉马克想做大事的动力也源自该领域内的某些特定因素。当他被任命为博物馆的教授时，他唯一擅长的无脊椎动物学的部分是海螺学，他是一个热心的贝壳收藏家。他对贝壳的详细了解，使他在18世纪末有了信心，能够对如何解释贝类化石和活体生物之间的差异这一需要迫切解决的问题发表看法。拉马克怀疑有一天会发现大多数化石形式的活体代表，但他不愿意相信一场全球性的灾难，就像居维叶提出的脊椎动物那样，使整个动物领域都受到了冲击，他选择了第三种：过去的（物种）形式已经转变为现在的（物种）形式[*27]。

这就是拉马克第一次提出物种变化概念的背景吗？现有的证据并不足以让我们还原事情的原貌。但毋庸置疑的是，除了上述原因，还有两个因素对拉马克提出更广泛的有机体进化理论至为重要。一个是，拉马克成功地将不同类别的无脊椎动物排列成一个随复杂程度不断增加的单一系列，这促使他认为，自然界的不同生命形式也遵循类似的演化过程。关于"构成最简单生命形式的本质是什么"的思考以及得出"非生物物质可以自发或'直接'产生最简单形式的生命"的结论，对他提出有机体进化理论也具有同等重要的意义。正如他在1802年对他的学生们说的那样，其概念意义是深刻的。"一旦迈出了'承认直接生成'这艰难的一步，就没有任何重要的障碍妨碍我们认识自然界不同产物的起源和秩序。"[*28]

我们还认为，拉马克的远见卓识也从他的过往经历中汲取了灵感和能量。他的这项研究促使他思考无脊椎动物对理解自然规律的重要性。此外，这还为他提供了一个现成的讲台来阐述他的观点，也为他提供了一个可以展现自己的舞台，他希望听众能够以开放的心态欣赏他。[*29]

19世纪之初，拉马克的研究成果呈"井喷"之势，与上述因素不无关系，特别是他在博物馆任"教授"一职。此外，我们在上文中提到的他职业生涯轨迹的三个特点：1）长期以来养成的习惯，无论结果如何，都习惯地建立一个宽泛的理论大厦；2）与其他科学家共事的经历，使他相信，其他人并不那么容易接受他的宽泛性理论；3）他的身体健康状况日益下降，年龄也在不断增长，这使他怀疑他作为一个有成效的科学家的

图 1　拉马克画像

时间和精力很可能已经用完了。这些因素综合在一起，促使他不断地鞭策自己。

拉马克不会认为自己是一个梦想家。他会发现这种描述太过贬损，太过暗示他是一位观点缺乏事实依据的科学家。但他确实认为自己的思维方式很特别。他认为自己的抱负和思维能力超过了那些满足于从事识别和区分物种工作的一般自然学家。很多人认为积累更多的事实经验是科学唯一确定的前进道路的说法，他却强烈反对。他认为自己能够把最近发现的"重大"事实汇集在一起并用它们"发现未知的真相"。[*30]

拉马克的理论中，对生物学影响最大的就是，他大胆提出的新观点，即"最简单的（自然界的）产物相继产生了其他所有的产物——包括它们的所有不同的功能[*31]。人类也一样。"拉马克对这个观点深信不疑。可他并未说服同时代的人。事实上，他们中很少有人被这一观点所吸引，甚至是其部分被吸引。然而，在这之后，学术界就是另一番景象了。拉马克的观点使该领域变得不一样，让后来者不再和他一样饱受非议，虽然只是在某种程度上减小了非议的力度。达尔文在拉马克《无脊椎动物自然史》第一卷批注道："拉马克通过唤醒主体，或通过用如此之少的事实写出如此之多的东西，是否做了更多的好事，或者说是伤害，这一点值得怀疑。[*32]"然而，就在达尔文发表《物种起源》（Origin of Species）（并因此再次重塑了该领域）几年之后，查尔斯·莱尔（Charles Lyell）在给达尔文的一封信中表示，考虑到拉马克写作的时期，特别是拉马克走了"整个兰格"的方式，他对拉马克坚持其理论的执着表示钦佩[*33]。莱尔的评论是一种很好的方式，可以把拉马克看作一位生物学的远见卓识者，他在思考有机变化的广义理论最终必须包含的内容时并没有退缩——即使拉马克所提出的理论与今天关于有机变化如何发生和继续发生的观点有根本性的区别。

备注

1. Georges Cuvier, "Éloge de M. Lamarck," in *Recueil des éloges historiques*, 3 vols. (Paris: Firmin Didot 1861), 3:179-210.

2. Cuvier, "Éloge de Lamarck," 3:200. All translations in the present paper are the author's own.

3. The primary biography of Lamarck remains Marcel Landrieu, *Lamarck, le fondateur du transformisme* (Paris: Société zoologique de France, 1909). For assessments of Lamarck by historians of science, see especially Richard W. Burkhardt Jr., *The Spirit of System: Lamarck and Evolutionary Biology* (1977; repr. Cambridge, MA: Harvard University Press, 1995); Pietro Corsi, *The Age of Lamarck: Evolutionary Theories in France, 1790-1830* (Berkeley: University of California Press, 1988); and Goulven Laurent, ed., *Jean-Baptiste Lamarck, 1744-1829* (Paris: Editions du CTHS, 1997). Most of Lamarck's theoretical writings, plus additional bibliographical information on Lamarck, are to be found on the invaluable website, "Jean-Baptiste Lamarck: Works and Heritage," at www. lamarckcnrs. fr.

4. Jean-Baptiste Lamarck, "Discours d'ouverture pour le course de 1816," in *Inédits de Lamarck*, ed. Max Vachon, Georges Rousseau, and Yves Laissus (Paris: Masson, 1972), 28.

5. Max Vachon, "Lamarck Professeur," in *Lamarck et son temps: Lamarck et notre temps* (Paris: J. Vrin, 1981), 248. Pietro Corsi and others have undertaken to identify all the students inscribed on the registers for Lamarck's courses. For the state of this project, see "Lamarck," www.lamarckcnrs.fr.

6. Jean-Baptiste Lamarck, "Discours d'ouverture d'un cours de zoologie, prononce en prairial an XI . . . sur la question, qu'est-ce que l'espèce parmi les corps vivans?," in *Discours d'ouverture des cours de zoologie donnés dans le Muséum d'Histoire Naturelle (AN VIII, AN X, AN XI et 1806)*, ed. A. Giard (Paris, 1907), 92. Phrasing this slightly differently in 1806, Lamarck told his students that, insofar as they were beginners in the study of nature, they should not let themselves be swayed by authorities one way or the other with respect to his views (121).

7. Burkhardt, *Spirit of System*, 40-45.

8. Meeting of 27 *floréal an 10*, "Procès-Verbaux des Assemblées des professeurs," Archives Nationales de France, AJ/15/103, 57. Hereafter this series is cited as AN, with the appropriate document reference.

9. Jean-Baptiste Lamarck, *Recherches sur l'organisation des corps vivans* (Paris: Maillard, 1802).

10. Pietro Corsi suggests that the reason Lamarck shelved his "*biologie*" was not so much his ill health but instead the increasingly conservative political climate that made Lamarck's materialistic and atheistic tendencies more dangerous for him. See Pietro Corsi, "*Biologie*," in *Lamarck, philosophe de la nature*, ed. Pietro Corsi, Jean Gayon, Gabriel Gohau, and Stéphane Tirard (Paris: Presses Universitaires de France), 37-64.

11. His request was made on 5 *fructidor an 12*; see AN, AJ/15/103, 128.

12. Jean-Baptiste Lamarck, *Philosophie zoologique*, 2 vols. (Paris: Dentu, 1809); *Histoire naturelle des animaux sans vertèbres*, 7 vols. (Paris: Déterville, 1815-1822).

13. Jean-Baptiste Lamarck, *Système des animaux sans vertèbres* (Paris: Déterville 1801), 15.

14. Lamarck, *Recherches*.

15. Lamarck, *Philosophie zoologique*, 1:221.

16. Lamarck, "Discours d' ouverture, an XI," in *Discours d'ouverture des cours de zoologie*, 85-105.

17. Lamarck, "Discours d' ouverture, an XI," 94-95.

18. Lamarck, "Discours d' ouverture, an XI," 100-101.

19. Lamarck, *Histoire naturelle*, 1:200. For more on Lamarck and this concept, see Richard W. Burkhardt Jr., "Lamarck, Evolution, and the Inheritance of Acquired Characters," *Genetics 194* (2013): 793-805.

20. Lamarck, *Philosophie zoologique*, 1:235.

21. See Richard W. Burkhardt Jr., "Lamarck, Cuvier, and Darwin on Animal Behavior and Acquired Characters," in *Transformations of Lamarckism: From Subtle Fluids to Molecular Biology*, ed. Eva Jablonka and Snait Gissis (Cambridge, MA: MIT Press, 2011), 33-44.

22. Lamarck, *Histoire naturelle*, 1:191.

23. Lamarck, *Philosophie zoologique*, 1:349-57.

24. See Pietro Corsi, "Before Darwin: Transformist Concepts in European Natural History," *Journal of the History of Biology* 38 (2005): 67-83.

25. See Burkhardt, *Spirit of System*, 199-200.

26. Lamarck, "Discours d' ouverture de 1806," in *Discours d'ouverture des cours de zoologie*, 120.

27. See Burkhardt, *Spirit of System*, chap. 5.

28. Lamarck, *Recherches*, 121-22.

29. In publishing his *Philosophie zoologique*, Lamarck explained that it was his experience in teaching that had shown him how useful such a book would be for zoology at its present stage of development (i).

30. Lamarck, "Avertissement," in *Recherches*, iv.

31. Lamarck, *Recherches*, 38.

32. Darwin' s annotation appears on the next to last page of his copy of volume 1 of the second edition of Lamarck' s *Histoire Naturelle*. The copy is in the University Library, Cambridge.

33. Katherine M. Lyell, ed., *Life, Letters and Journals of Sir Charles Lyell, Bart* (London: John Murray, 1881), 2:365.

Robert J. Richards
罗伯特·J. 理查兹

恩斯特·海克尔

梦想的转化

  恩斯特·海克尔是德国乃至全世界范围内，达尔文最重要的支持者[*1]。在19世纪末至20世纪初，从他的著作中学习进化论的人，比从任何其他地方学习（包括直接阅读达尔文的著作）的人都要多。他的书《世界之谜》（*Riddles of the World*）在第一次世界大战前售出了40多万册，被翻译成包括世界语在内的许多种语言。伟大的生物学历史学家埃里克·诺登斯基尔德（Erik Nordenskiöld）在20世纪初的著述中提出，海克尔的《自然史》（*Nnatürliche Schöpfungsgeschichte*）是世界上最好的介绍达尔文进化论的书[*2]。

  除了是一位杰出的科学家，海克尔还是一位相当有成就的艺术家。他的二十多本技术专著和几本畅销书中都配有插图，这些插图为他专著中介绍的理论增加了说服力。而达尔文的《物种起源》只有一幅普通的线条图。可是，海克尔的插图曾在专业生物学家和宗教反对者中引发一场争议，直到今天，这场争议仍在持续。如果你想找到专业生物学家和宗教正统派之间长期敌意的根源，你可以研究一下海克尔的著作。与达尔文温和的态度不同，海克尔毫不留情地抨击他所认为的宗教迷信，

38

尤其是当宗教与生物学结合在一起的时候。当然，教会对他的态度也是毫不留情。

可是，海克尔的"异教徒"的名声并没有挫伤学生们的热情。他在位于德国中部城市耶那的一所小型大学，培养了一批世纪之交的著名生物学家。这些生物学家包括奥斯卡·赫特维希（Oskar Hertuig）、理查德·赫特维希（Richard Hertwig）、威廉·鲁（Wilhelm Roux）、汉斯·德里什（Hans Driesch）。

海克尔对生物学的影响一直持续到今天。他在生物学中引入了许多至今仍然可行的概念，包括细胞核包含遗传物质的观点以及系统发育、个体发育和生态学的概念。他是最早使用进化树解释物种进化的科学家之一。进化树连同海克尔强调的系统发育发展观点，极大地改变了进化生物学的研究方向，特别是当新发现的物种必须适应生命之树不断繁殖的分支时。与其他生物学家相比，海克尔拥有更多以他命名的新物种[*3]。海克尔弥补了人类和猿类之间联系的空缺——他的门徒尤金·杜波依斯（Eugene Dubois）在爪哇发现了最早的直立人化石。

我们要感谢海克尔，个体发生概括了系统发生的生物发生法则。这一原理表明，胚胎经历的形态学阶段与门[1]在进化过程中经历的相同。例如，人类胚胎从一个单细胞生物开始，正如我们假设生命开始于海洋时是一个单一的再生细胞；然后胚胎以无脊椎动物的形式出现，接着出现类似鱼类的生物，然后是原始哺乳动物、灵长类动物，最后是独特的人类。虽然达尔文很早就接受了物种演化假说，但最终还是他的朋友让他更加坚定这一假说。海克尔的"心-脑"关系理论对达尔文关于人类进化的观点产生了一定的影响。

海克尔在进化理论上的创新性工作彻底改变了这门学科。从他使用系统进化树到他引入新概念，再到他把概括原则提升为进化论的重要证据和系统发育连续性的直接原因，他为进化过渡奠定了经验基础。此外，他还引入了实验程序来确保这些基础理论（见下文）。但是，如果我

1　门，此处的"门"为生物学分类的名词。

图2 恩斯特·海克尔（坐着的）和他的助手尼古拉·米克卢霍（Nikolai Miklucho）在 1866 年前往加那利群岛的途中。

们要寻求这位革命思想家的持久影响，我们会发现，他的贡献更为抽象。迄今为止，他对文化生活仍在产生广泛而具体的影响：他有力地论证了人类是完全自然的动物。达尔文只是提出了这个观点并且通常会回避这个问题。海克尔把它作为中心论点，反对神学思想的科学家和"形而上学"的哲学家。海克尔以一己之力挖出了我们当代智力生活中最深的沟壑之一。这一切都是因为他有一个梦想。

海克尔的梦想

这是一个"真正的德国森林之子，有着蓝色的眼睛和金色的头发，有着灵活的头脑、清晰的理解力和正在萌芽的想象力。"[*4]在写医学硕士论文的时候，年轻的海克尔就有一个梦想。这个梦想体现在他的表妹安娜·塞丝（Anna Sethe）身上。海克尔在一次家庭聚会上很偶然地遇到了安娜。随后，在1857年，安娜和她的母亲搬到柏林郊区，而当时海克尔正在那里写他的医学论文。不久，他们就形影不离，爱情的种子也在他们之间慢慢发芽。随后，他们订了婚。但海克尔直到找到了一份稳定的工作以后，才履行了婚约。海克尔是个非常浪漫的人，这种浪漫的情调体现在他描述自己梦境的信件中。其中一封信中，这位富有诗意的医学生回忆起和安娜最近的一次远足。他们穿过森林，来到一条山间小溪旁，躺在长满青苔的河岸上：

> 你轻声叹息，温暖的脸颊靠着我。时间缓缓流淌，每一秒钟都让我感觉到那甜蜜的、难以言表的幸福。我把这幸福紧紧拥抱在怀里，那一刻对我来说就是永远。我把旧格子布铺在一层用干燥的山毛榉树叶子做成的垫子上，我们躺在上面，仿佛躺在一张放在森林中的天然床上……噢，安娜，我将永远，永远不会忘记，人世间最幸福的这些时刻……忘却天地，忘却过去和未来，我只想活在当下。我想即使是浪漫主义大师浮士德，面对此情此景，也会依依不舍地说："再待一会吧，亲爱的，你是如此美丽。"只有这样，才能抓住这稍纵即逝的瞬间。[*5]

虽然海克尔非常想和他的表妹结婚，但他彼时还没有固定的经济来源。作为医学生，行医可为他解决经济问题，可他并不想去当医生，因为他无法忍受和病人打交道。他收到了耶拿大学的卡尔·格根鲍尔（Carl Gegenbaur）的一份特许任教资格项目[2]的邀请，格根鲍尔可以算是海克尔在医学院的老熟人了。他和格根鲍尔本打算一起去意大利南部旅行，但彼时，他的导师被提升为正教授（类似于全职教授），根据规定这位年长的博物学家必须要留在学校。因此，海克尔决定独自旅行。他暂时对研究的课题还没有什么想法，他只是希望旅途中的一些海洋生物能够为他提供灵感。但这次旅行同时释放了他对艺术日益增长的激情——他作为画家的才华开始绽放。因此，意大利之旅也将是一个文化和艺术形成的"学习之旅"。

　　1859年1月底，海克尔离开柏林，沿着意大利海岸线旅行。他在佛罗伦萨和罗马稍作逗留，在那里他参观了博物馆和艺术画廊。在三月底，他到达那不勒斯，开始认真地开展他的研究工作。早晨，在海湾里游完泳后，他会检查渔民们从这片名为埃尔多拉多海中带上岸的渔获。但是，他在如此众多的海洋生物中找不到任何头绪，随着时间的推移，他变得越来越沮丧。这种沮丧的情绪，在他给安娜的许多信中都有详细体现。三个月后，他再也无法忍受这个城市了，他收拾起画板和颜料，逃到了海湾对面的伊斯基亚岛。在那里，他遇到了另一位德国人，诗人兼画家赫尔曼·奥尔默斯（Hermann Allmers），两人后来成了一生的朋友。他们徒步穿越该岛，参观过去文明的遗迹，陶醉在自然美景中。他们彼此都沉溺于对方的兴趣，奥尔默斯热衷于植物学和海洋生物学，而海克尔则沉迷于"梦幻的诗歌和精美的画作"。海克尔在给安娜的信中写道，他的新朋友"引起了我的共鸣，我相信我的感觉和努力已经完全消失了，但他唤醒了它们；在某种意义上，他把我还给了我自己。"[*6] 8月6日，海

2　译者注：特许任教资格（德语：Habilitation）是一个人在欧洲及亚洲的一些国家可以取得的最高的学术资格。在获得博士学位或其他同等学位后，特许任教资格需要候选人在其独立的学术成就的基础上撰写一篇专业性论文，然后提交并通过一个学术委员会的答辩，其过程像完成博士论文。但是其学术水平必须超过博士论文所应达到的水平。

克尔和他的新朋友起航前往卡普里岛，在那里他们可以尽情享受波西米亚风格的生活，徒步穿越乡村，在小湖里沐浴、画画。海克尔感到了一种诱惑，他想放弃自己的学术追求，全身心地投入到自己的艺术追求中——除了他不断地在想象中转向那个梦想——和安娜在一起的生活，正是这个梦想坚定了他实现职业目标的决心。

放弃学术生涯的冲动的另一方面在于，海克尔没有办法找到合适的生物研究渔民们带回的众多美丽的海洋生物，比如管水母目动物、翼足类动物、异足类动物、水母、海绵以及更多的从未被分类或者被描述过的生物种群。不过，海克尔最终还是找到了一种动物，虽然它们的数量多如牛毛，但生物学家对它们几乎一无所知。这种生物就是放射虫，是一种单细胞动物，如针头一般大小，有一层能够分泌二氧化硅的外骨骼。海底大约有20%的淤泥由它们的骨骼组成。这个物种的不同亚种之间可以经由外骨骼所呈现的不同寻常的几何形状来区分。海克尔被它们的美丽迷住了，在他获奖专著的插图中，这些非常小的地球生物的形象，大小堪比太阳。当达尔文收到海克尔赠送的两卷本《放射虫》（*Die Radiolarien*）时，不禁称赞："这是我所见过的最宏伟的作品！"[*7]

1860年4月，海克尔回到柏林，开始撰写他的讲师资格论文，相当于他在德国的第二篇博士论文。1861年，他完成了这部作品并将其翻译成拉丁文。拉丁文至今仍是这种学术活动的必备语言之一。他继续对放射虫进行研究，最终把他的研究成果写就了一本令达尔文也极为称赞的书。这本巨著有两卷，主要是对他新发现的物种和少数已知的物种的许多种、属、科和目的分类及描述。第一卷有570页，附有一本由35幅铜蚀刻版画组成的图集，一些图用鲜亮的颜色显示了被骨架包围的细胞膜结构。海克尔说他所呈现的是一个自然分类系统，而非一个类似林奈分类法的人为的分类系统[*8]。这些想法都要归功于他在整理物种时，阅读了英国博物学家达尔文的著作《物种起源》[3]。当然，德文版的译者格奥尔格·布隆（Georg Bronn）也为这位年轻的学者创造了宝贵的机遇。布

3　译者注：《物种起源》第一版于1859年底在英国伦敦出版。

隆在翻译德文版《物种起源》时，增加了一个附录，因为布隆认为这个"英国佬"只提出了一个关于物种起源的可能性理论。海克尔认为自己的研究证明了演化的真实性，至少对放射虫来说是这样。

海克尔随后收到了格根鲍尔的邀请，成为耶拿大学非编制讲师[4]以及格根鲍尔的助手。海克尔欣然接受了邀请。在他的教学和研究工作期间，他狂热地研究他的放射虫。《放射虫》于1862年春季出版，然后他被任命为医学院的特聘教授。他立即写信给安娜，自豪地告诉安娜自己被提升为"萨克逊-魏玛-科尔伯格-阿尔滕伯格"特聘教授[9]。这一职位极大地改善了他的经济状况，虽然此时的他还不时地需要父亲的贴补。但不管如何，此时他的梦想——拥有"最可爱、最纯洁的少女灵魂"——即将成真了[10]。1862年8月18日，海克尔和安娜在柏林结婚。安娜盟誓曰："给予海克尔科学不能给予的一切。"

从海克尔第一次读到《物种起源》的时候起，他对达尔文理论的忠诚就几乎与他对安娜的爱不相上下——以至于安娜把他称为"她的德国达尔文丈夫"[11]。通过他的出版物和演讲，海克尔对达尔文的支持逐渐被大众所知晓。1863年9月，他首次受邀出席在普鲁士什切青[5]召开的德国自然科学家和医生协会第一次全体会议[12]。会上，他发表了主题为《达尔文理论》的演讲。据《什切青报》(Stettin Zeitung)报道，海克尔"激动人心的演讲"得到了与会人员"热烈的掌声"。[13]

安娜陪着她的丈夫去了什切青，她为丈夫所取得的赞赏颇感自豪。当他们回到耶拿后，海克尔开始深入研究和应用达尔文理论。就在圣诞节前夕，他在给奥尔默斯的一封信中写道："我现在确信，达尔文理论前景无限，毫无疑问，它将慢慢地把我们从一种巨大而深远的偏见的束缚中解放出来。因此，我将把我的一生都奉献给它。"[14]

4　又译为私聘讲师，为德国教育系统所特有的一种职位，专为那些在博士结束后有意从事讲师工作的人员提供。相关人员要撰写资格论文，最终通过后即可获得在大学任教的机会。讲师的工资也是由所教学生负责。

5　什切青，现为波兰的一个城市。历史上曾被波兰、瑞典、丹麦、普鲁士和德国先后统治，什切青是波兰语，德语又称"斯德丁"。

当然，海克尔也希望自己对达尔文理论的追求能够得到爱妻安娜的支持。可是事与愿违，1864年1月底，也就是在奥尔默斯写完信以后，安娜患上了严重的胸膜炎，病情一直持续到2月上旬。短暂的康复以后，安娜又因严重的腹痛病倒，2月15日晚，疼痛加剧。第二天，刚好是海克尔30岁的生日，当天他得到消息说他关于放射虫的书获得了一个重要奖项。但安娜，他深爱着的，刚结婚18个月的妻子，在这天去世了。海克尔因悲伤而发狂，巨大的悲痛让他昏迷了大约八天。"德国达尔文丈夫"的梦想瞬间变成泡影。海克尔的父母认为他可能会自杀，于是安排他去尼斯[6]散心，希望能够缓解他的痛苦。海克尔在尼斯给父母写了一封极度消极的信：

> 八天过去了，我依旧痛苦。我热爱的地中海，至少在某种程度上治愈了我的痛苦。我变得安静多了。我开始发现自己将处于一种永恒的痛苦之中，我不知道未来我将如何在这样的痛苦中生活……你们可能觉得……人活着是为了追求更高层次的精神发展。而我认为，一个像人这样有缺陷和矛盾的生物，在死后，个人的渐进式发展是不可能的；更有可能的是整个物种的渐进式发展，就像达尔文理论已经提出的那样……梅菲斯特（Mephisto）[7]说得对："一切产生和有价值的东西都归于虚无。"[*15]

从那以后，每年生日那天，海克尔就会有自杀的念头。1899年，他给一位挚友，也就是"转世"的安娜的信中写道："2月16日，星期四，是我65岁的生日，对我来说，这是一年中最悲伤的纪念日，因为就在1864年的同一天，我失去了我最爱的、无可替代的第一任妻子。在这悲伤的一天，我迷失了[*16]。"35年过去了，巨大的幸福被巨大的悲伤所压迫的记

6　译者注：法国东南部城市，欧洲乃至全世界最具魅力的海滨度假城市之一。

7　梅菲斯特，最初于文献上出现是在浮士德传说中作为邪灵的名字，此后在其他作品成为代表恶魔的定型角色。

图3 海克尔以妻子安娜名字命名的水母 *Desmonema annasethe*

忆依然历历在目。

当海克尔在地中海海滨疗养时，他在潮汐池中偶然发现了一种水母，水母的卷须让他想起了安娜的金色辫子。为了纪念他的妻子，他将其命名为*Mitrocoma annae*——安娜的头巾。后来，在《水母》（*Das System der Medusen*）一书的插图旁边，海克尔写道："我用我妻子的名字命名这个物种，以纪念我难忘的爱妻安娜·塞丝。如果我在尘世的朝圣之旅中成功地为自然科学和人类完成了一些事情，我想把功劳归于我的妻子，是她深刻地影响了我，她在1864年突然离我而去[17]。"值得注意的是，海克尔写下上述文字时，正是海克尔在与第二任妻子阿格尼斯·赫斯克（Agnes Husche）结婚时写的。与安娜一起幸福生活的美梦，被达尔文理论和生物学正统与宗教迷信作斗争的坚定决心所取代——海克尔的梦想实现了转变，在本节剩余部分所述的证据，可以清晰地看出这一转变。

1864年夏天，海克尔从法国回到了那个空荡的家。为了转移注意力，他全身心地投入到教学中。此外，他会进行短暂的旅行缓解悲痛，然后像走火入魔般疯狂地投入到另一部著作的创作中，而这本书将是进化论的终极之作。他每天工作将近18个小时，一年之后，他给出版商送去了一本一千多页的两卷本大部头著作，详尽描绘了系统进化树的理论。这部著作就是《有机体形态学》（*Generelle Morphologie der Organismen*），它试图通过达尔文提出的方法来解释，自然选择和获得性遗传之间的关系[18]。根据生物体的特性和情况，两者之一必定比另一个因素更占主导地位[19]。在海克尔的学术生涯中，他倾向于拉马克主义的观点，但同时又接受自然选择[20]。然而，海克尔强调了另一个解释原则，即重演律。他在《有机体形态学》中对这一原理作了进一步的定义："有机个体……在其个体快速而短暂的发展过程中，根据遗传和适应的规律，重复着其祖先在古生物学漫长而缓慢的发展过程中所经历的最重要的形态变化。简而言之，个体发育只不过是系统发育的一个简短重演。"对海克尔来说，这一原理既是进化传递的证据，也是对胚胎早期发育心理特征的因果解释。他并不认为物种重演是完全精确的。胚胎受环境因素的影响越大——例如，当昆虫或海洋生物的幼虫受到自然选择的影响时——祖先和胚胎之间的差异就越大。因此，海克尔修改了重演原则[8]——当重演非常接近时，则称为palingenesis（原重演）；当差异极为显著时，则称为cenogenesis（异重演）[*22]。

海克尔巨作的最后两章，把与安娜生活在一起的梦想变成了另一种形式——一种自然深处的统一理念。第29章以歌德的诗《普罗米修斯》（Prometheus）作为序言。在这首诗中，普罗米修斯背弃了宙斯，选择了与受苦受难的人类同甘共苦。这一章宣称，对人类来说，通向真理的唯一确定道路是科学的理性和经验方法，这样的科学没有空间容纳拟人化的上帝，一个"想象中的气态物质"。[*23]最后一章阐述了潜藏在前一千页关于进化系统学和形态学技术讨论背后的形而上学观点。海克尔推进了一种由歌德所理解的自然的一元论观念："上帝与整个自然的统一"——这是斯宾诺莎的"Deus sive Natura（上帝即自然）"。这种一元论假定心灵和物质是一种既非心灵也非物质的底层实体的属性。在海克尔的自然神学中，"上帝是全能的；他是唯一的创造者，一切事物的原因；换句话说：上帝是普遍的因果律。"[*24]海克尔所主张的一元论形而上学正是那种给斯宾诺莎贴上无神论标签的类型。但它也有不同的宗教意义。根据于物理学的守恒定律表明，力和物质不能被摧毁，安娜可能还会在自然中被保存。她不会永远死去。[*26]

和安娜一起生活的梦想已经变成了另一种形式：通过进化论的科学工具来追求自然。当然，当安娜还在的时候，海克尔就已经开始追赶了。

---

8   译者注：再生说（Recapitulation theory）是一种生物学理论，它认为一个生物体在其胚胎发育过程中会重复经历其物种的进化历史。这一理论最初由埃蒂安·塞雷斯（Étienne Serres）基于约翰·弗里德里希·迈克尔（Johann Friedrich Meckel）的工作于1820年提出，因此也称为迈克尔-塞雷斯定律。随后，受到海克尔的支持，被称为"个体发生重演系谱发生"（"ontogeny recapitulates phylogeny"）。简单来说，再生说认为高等生物在发育过程中会暂时呈现出它们的远祖在成熟时的特征。然而，这一理论在现代已被认为是过时的，并且在很多情况下是错误的。生物学家现在知道，虽然在发育过程中有时可以观察到某些祖先的特征，但这个过程并不是一个简单的、线性的重现物种演化历史的过程。现代生物学更倾向于使用分子发育生物学和遗传学的框架来理解发育过程中的复杂性。

但现在，他把它当作一项宗教使命。他把这个新的紧迫性告诉了达尔文。在1864年7月7日他在给达尔文的一封信中写道："虽然被人们的指责和赞美所裹挟，但我完全没有受到这些外在因素的影响。在生活中我只有一个目标，那就是支持和完善你的进化论。"在随后的10月的一封信中，他向达尔文明确表示，他试图在工作中恢复他失去的爱："自从妻子去世后，我把我自己与世隔绝，极其寂寞，唯一能让我感到安慰的是，这些工作仿佛是安娜给我留下的必须完成的任务，而我只能完成它，把它当作对安娜的纪念。"

在完成了《有机体形态学》一书中的繁杂研究之后，海克尔和他的助手"逃"到了加那利群岛进行研究。但途中，他们经过伦敦，海克尔乘火车去了唐恩村，去见他的老师查尔斯·达尔文。他一共进行了三次拜访，这是第一次，这中间还穿插着两位博物学家之间往来的信件。1867年春天，他回到耶拿，与一位前耶拿大学教授的女儿——阿格尼斯·赫斯克（Agnes Huschke）结识。在极度的渴望和匆忙中，他向阿格尼斯求婚。几乎从一开始，他就清楚地意识到，这个年轻的女人无法取代令人难忘的安娜。海克尔的婚姻仅仅在生物学意义上是成功的——他们有三个孩子。

海克尔的后续研究：达尔文主义的梦想实现了

从19世纪的最后四分之一到20世纪的前几十年，海克尔一直没有停止对梦想的追求。他不仅将自然界纳入达尔文理论中，而且用达尔文理论的思想与宗教迷信和伪科学作斗争。这段时间，他基本都在耶拿度过。只不过，他几乎每年都要外出做研究，然后回来几个月，完成教学任务，与家人团聚。安娜去世后，他的第一个主要研究项目，在1861—1867年的秋冬季完成，这中间他还去了加那利群岛和西班牙。这项研究产生了一部关于管水母的获奖著作和关于海绵的三卷本著作[*27]。1873年春天，他去了埃及并访问了红海。在那里，他对该地区的珊瑚进行了一项系统性的研究，该研究兼具科学性与艺术性，展现了红海的珊瑚之美[*28]。1875年春天，他和"黄金兄弟"赫蒂希号一起航行到撒丁岛和科西嘉岛，在那里他收集了许多水母的标本。1877年2月，他前往科孚岛进行更多关于水母的研究。在1878年夏末，他在诺曼底海岸和泽西岛待了几个星期，目的是收集放射虫和水母研究的资料。这几次远足的成果是形成了两卷配有水母的精美插图书籍，即《水母》*29。1880年10月，海克尔带着16个大箱子离开耶拿，开始了他的第一次远东之旅（1900年他又去了苏门答腊岛和爪哇岛）。11月中旬，他到达了锡兰（现斯里兰卡）的首都科伦坡并在那里的海岸发现了更多的放射虫和水母。1881年4月中旬，当回到耶拿时，他开始了一项新的工作：描述"挑战者"号远征船收集的研究材料。

"挑战者"号是一艘英国船，曾花了三年半的时间（1873年开始）在大西洋和太平洋进行疏浚，打捞各种海洋生物并测试海水的化学成分。这些材料被送往世界各地的专家那里进行描述和分类，随后的结果出现在50本大型对开本书籍中。由于他在研究方面的卓越声誉，海克尔被邀请研究放射虫、水母、管水母和海绵。他对放射虫的研究，包括了绝大多数他自己收集的材料，都写进了1803页的两卷大对开本书籍中，其中包括四千多种放射虫。在完成第三卷的140个板块之后，这部书最终在1887年出版。此外，在1881年，他发表了一篇关于水母的著述；第二年他又出版了两本关于"挑战者号"的大部头著作。在1888年和1889年，关于"挑战者"号上管水母和海绵的研究完成*30。另外一方面，海克尔收到的描述"挑战者"号的任务，证明了他在同行眼中作为一名科学家的崇高地位，托马斯·亨利·赫胥黎（Thomas Henry Huxley）、奥古斯特·威斯曼（August Weisman）、赫尔曼·冯·赫姆霍尔兹（Hermann von Helmholtz）和达尔文等人的坚定支持，也证明了这一点。

从他的许多著作中，我们看出海克尔认为海洋生物系统中的特定问题只能从进化论的角度来理解。在《物种起源》一书中，达尔文写了"一个很长的论点"。海克尔的研究巩固了这一论点，将其牢牢地扎根于经验基础之上，其程度是当时任何其他生物学家都无法比拟的。同时，海克尔不仅将他的想象力和绘画能力建立在系统观测海洋生物以及用进化树描述物种进化上，而且做了19世纪绝大多数科学家都没有做的事情——将实验引入理论研究。

在1866年至1867年冬，他在访问达尔文之后，在加那利群岛逗留。在此期间，海克尔对管水母（刺胞动物门中类似水母的生物）进行了一系列实验，旨在展示物种的演变。他进行了三组实验。第一组实验，观察幼虫发育，他追踪了10个不同种类的管水母属的幼虫，观察它们在发育早期的一致性。根据生物遗传学的规律，这种一致性代表着它们有共同的祖先。第二组实验，在幼虫发育过程中，他改变了环境条件（如水温、水流、光照强度、盐浓度等）。实验结果令人大为吃惊：这些改变不仅显示了胚胎对变化的环境的敏感性，从而支持获得性可遗传观点；而且揭示了实验中的特定物种在形态学上（环境因素导致）的进化潜力。他的两个学生威廉·鲁克斯和汉斯·德里什完成了该实验中的很多核心部分，两位也在大约20年后，成了人体胚胎学教授。

在第三组实验中，海克尔使用细针将大的胚胎细胞分离成两组、三组和四组，然后观察这些细胞能否进一步发育成独立的胚胎。其中，有六个实验组，成功发育到第6天；在六个实验组中，有三个发育到了第8天；有两个分别到了第10天、第15天。虽然实验中产生的胚胎形态完整，但比正常胚胎小。当时，他虽没有明确地得出"胚胎早期分裂阶段的细胞具有全能性"这一结论，但他的实验清楚表明，它们有能力发育成生物体的所有部分。直到19世纪80年代末，威廉和汉斯才做了类似的实验，这促使了人体胚胎学的进步。[*31]

海克尔在建立进化论方面的经验性工作以及由此带来的声誉，给他建立了战术上的优势——以他的权威和影响力，可以对宗教、科学进行渗透的行为发起猛烈的攻击。海克尔的宗教信仰是斯宾诺莎和歌德的宗教，即崇高的自然主义。1892年10月，他做了一次演讲，阐述了他的宗教理念——《作为联系宗教与科学的"一元论"》(Monism as bond between religion and science)。在海克尔1919年去世之前，这篇演讲文章和随后的出版物出到了第17版。七年之后（1899年），他发表的另一篇更加轰动的演讲文章《宇宙之谜》(Die Welträthsel)，就建立在上一篇文章的基础上。两篇文章都认为宇宙中有原子在以太波中游动并受引力和排斥力的支配。从无机到生物组织的各个层次，没有任何不可逾越的障碍阻碍进化的转变。在这个"一元论"的宇宙中，物质和精神的属性作为一种潜在的物质而运行在一起，甚至连最简单的原子都是如此。因此，你可以一口气说出人类灵魂和中枢神经系统。一位来自《纽约时报》的审稿人，这样总结《宇宙之谜》(英文版)："海克尔博士所描述的一个对象 —— 把它看作主要对象也不为过 —— 是为了证明人类灵魂的不朽和造物主、设计者和宇宙的统治者的存在是根本不可能的。"[*32]海克尔的"一元论"体系不仅为当时的物理学和生物学提供了哲学基础，而且成为反对宗教拟人派的强大武器，得到了很多人的支持。

结论：自然界中的生命

在《水母》一书中，他描绘了一个黄色的水母 (*Mitrocoma anna*)。这个水母让他想起了过世的妻子，他便用妻子的名字命名了该物种。随后，一个与之相似的水母新物种在南非被发现，海克尔将它命名为 *Desmonema Annasthe*，这个水母新物种由他的表弟威廉·布莱克 (Wilhelm Bleek) 在南非发现并将标本邮寄给他。布莱克也是安娜的表弟。布莱克将水母新种的标本装在一个盛酒的锡罐中，当标本到达的时候，已经变得一团糟，皱巴巴的，而且大部分颜色都变了。海克尔只好用棕色来描述它。这个标本现在还保存在耶拿的自然历史博物馆里，它的大部分是一团半透明的纠缠物，呈现出幽灵般的白色，静静地躺在一个玻璃容器底部。在海克尔随后的职业生涯中，这只可怜的小动物也经历了一次次蜕变，就像他记忆中的安娜一样，随着时间的推移变得越来越可爱。1899—1904年，海克尔开始出版他的艺术专著《自然的艺术形式》(*Kunstformen der Natur*) 的分册[*33]。他还为他的专著精心绘制了许多插图。现在，他的画册中的许多插图都已经用新的插图和充满活力的平版印刷色彩来表示。*Mitrocoma anna* 的原始插图在新版本中已经不存在了，*Desmonema Annasthe* 也被更精美的插图所取代："*Desmonema*

这个非凡的物种名称，是水母一族中最可爱、最有趣的个体的代名词。它是作者为了纪念他最有天赋、最动人的妻子安娜所创，也是为了怀念他和妻子曾经的幸福日子所创[*34]。在海克尔的艺术想象中，那个关于德国女孩的最初梦想，被神奇地变成了一个仍然生活在海洋中的生物。爱已远去，把她的面容藏在海中的生物中。大自然并没有完全脱离人类的愿望和希望。

备注

1. This essay is based on my book *The Tragic Sense of Life: Ernst Haeckel and the Struggle over Evolutionary Thought* (Chicago: University of Chicago Press, 2008).

2. Erik Nordenskiöld, *The History of Biology: A Survey*, trans. Leonard Eyte, 2nd ed. (1920-24; repr., New York: Tudor, 1935), 515.

3. For example, of the 684 registered radiolarian species discovered from before Haeckel's time to the present, Haeckel identified more than 22%. From the nineteenth century to the present, Haeckel described more of the recognized genera in the subclass Calcaronea (calcinated sponges) than any other researcher. His discoveries ranged over many classes of organisms.

4. Haeckel to a friend (14 September 1858), in *Himmelhoch Jauchzend: Erinnerungen und Briefe der Liebe*, ed. Heinrich Schmidt (Dresden: Carl Reissner, 1927), 67.

5. Haeckel to Anna Sethe (26 September 1858), in Schmidt, *Himmelhoch Jauchzend*, 72-73.

6. Haeckel to Anna Sethe (25 June 1859), in Schmidt, *Himmelhoch Jauchzend*, 69.

7. Charles Darwin to Haeckel (3 March 1864), in *The Correspondence of Charles Darwin*, vol. 12, *1864*, ed. Frederick Burkhardt et al. (Cambridge: Cambridge University Press, 2001), p. 61.

8. Charles Darwin, *Über die Entstehung der Arten im Thier- und Pflanzen Reich durch natürliche Züchtung; oder Erhaltung der vervollkommnesten Rassen in Kampfe um's Daseyn*, trans. Georg Bronn (Stuttgart: Schweizerbart'sche, 1860).

9. Haeckel to Anna Sethe (17 June 1862), in Schmidt, *Himmelhoch Jauchzend*, 281.

10. Haeckel to Anna Sethe (7 June 1861), in Schmidt, *Himmelhoch Jauchzend*, 187.

11. Haeckel to Charles Darwin (10 August 1864), in *The Correspondence of Charles Darwin*, 24 vols. to date (Cambridge: Cambridge University Press, 1985-), 12: 298-300.

12. Ernst Haeckel, "Ueber die Entwickelungstheorie Darwins," in *Amtliche Bericht über die acht und dreißigste Versammlung Deutscher Naturforscher und Ärtze in Stettin* (Stettin: Hessenland's Buchdruckerei, 1864), 17-30.

13. *Stettiner Zeitung*, no. 439 (20 September 1863).

14. Haeckel to Allmers (15 December 1863), in *Ernst Haeckel: Sein Leben, Denken und Wirken*, ed. Victor Franz, 2 vols. (Jena: Wilhelm Gronau und W. Agricola, 1943-44), 2:36.

15. Haeckel to his parents (21 March 1864), in Schmidt, *Himmelhoch Jauchzend*, 318-19.

16. Haeckel to Frieda von Uslar-Gleichen (14 February 1899), in *Das ungelöste Welträtsel: Frida von Uslar-Gleichen und Ernst Haeckel. Briefe und Tagebücher 1898-1900*, ed. Norbert Elsner, 3 vols. (Berlin: Wallstein, 2000), 1:128.

17. Ernst Haeckel, *Das System der Medusen*, 2 vols. (Jena: Gustav Fischer, 1879), 1:526-27.

18. Darwin, it is well recognized, held a belief in the inheritance of acquired characteristics from the beginning of his career to the end. In *On the Origin of Species* (London: Murray, 1859), he affirms this quasi-Lamarckian theory (134): "I think there can be little doubt that use in our domestic animals strengthens and enlarges certain parts, and disuse diminishes them; and that such modifications are inherited."

19. Bowler states that "recapitulation theory thus illustrates the non-Darwinian character of Haeckel's evolutionism." See Peter Bowler, *The Non-Darwinian Revolution* (Baltimore: Johns Hopkins University Press, 1988), 84. Other historians who have thought Darwin did not endorse the recapitulation hypothesis are E. S. Russell, Stephen Jay Gould, Dov Ospovat, and Ernst Mayr. However, on page 1 of Darwin's first transmutation notebook, *Notebook B,* he enunciates the principle, and he restates it in *On the Origin of Species* (London: Murray, 1859): "As the embryonic state of each species and group of species partially shows us the structure of their less modified ancient progenitors, we can clearly see why ancient and extinct forms of life should resemble the embryos of their descendants, — our existing species" (449). By "their less modified ancient progenitors," Darwin meant the adult ancestors of the current species, something he is explicit about in the sixth edition of the Origin. See my discussion in *The Meaning of Evolution* (Chicago: University of Chicago Press, 1992), 152-66.

20. Ernst Haeckel, *Generelle Morphologie der Organismen,* 2 vols. (Berlin: Georg Reimer,

1866), 2:300.

21. Haeckel, *Generelle Morphologie,* 2:7.

22. Haeckel introduced this terminology in "Die Gastrula und die Eifurchung der Thiere," *Jenaische Zeitschrift für Naturwissenschaft* 9 (1875): 409.

23. Haeckel, *Generelle Morphologie,* 2:442 n.

24. Haeckel, *Generelle Morphologie,* 2:451.

25. Haeckel to Darwin (10 August 1864), in *Correspondence of Charles Darwin,* 12:298-300.

26. Haeckel to Darwin (26 October 1864), in *Correspondence of Charles Darwin.*

27. Ernst Haeckel, *Zur Entwickelungsgeschichte der Siphonophoren* (Utrecht: C. Van der Post, 1869); and *Die Kalkschwämme,* 3 vols. (Berlin: Georg Reimer, 1872).

28. Ernst Haeckel, *Arabische Korallen* (Berlin: Georg Reimer, 1876).

29. Ernst Haeckel, *Das System der Medusen,* 2 vols. (Jena: Gustav Fischer, 1879).

30. Ernst Haeckel, *Die Tiefsee-Medusen der Challenger-Reise* (Jena: Gustav Fischer, 1881); and the following volumes from *Report on the Scientific Results of the Voyage of H.M.S. Challenger during the Years 1873-1867* (London: Her Majesty's Stationery Office): vol. 14 (2 parts), *Report on the Deep-Sea Medusae Dredged by H.M.S. Challenger* (1882); vol. 18 (3 parts), *Report on Radiolaria* (1887); vol. 28, *Report on the Siphonophorae Collected by H.M.S. Challenger* (1888); and vol. 32 *Report on the Deep-Sea Keratosa Collected by H. M. S. Challenger* (1889).

31. I have discussed Haeckel' s experiments and those of Roux and Driesch in *The Tragic Sense of Life*, 185-95.

32. "A Little Riddle of the Universe," *New York Times*, 27 July 1901.

33. Ernst Haeckel, *Kunstformen der Natur* (Leipzig: Bibliographisches Institut, 1904).

34. Haeckel, *Kunstformen der Natur*, text to plate 8.

Oren Harman
奥伦·哈曼

彼得·克鲁泡特金

无政府主义者、革命家、梦想家

彼得·克鲁泡特金的名字在俄罗斯家喻户晓，他是当时俄国的亲王，也是一位哲学家；他是一位勇于和沙皇斗争的正义斗士，也是一名激励无数人的社会活动家。但很多人可能不知道，克鲁泡特金也是一位生物学家，他对19世纪的进化论的正统观念提出了尖锐的挑战。在达尔文主义已经被冲突和竞争的隐喻所取代的环境中，这位无政府主义者敢于从反面看问题。虽然对他的政治与生物学之间的确切因果关系仍不确定，但可以确定的是两者之间的关系密不可分，相互启发。两者共同为当时的自然秩序和政治潮流提供了一种戏剧性的替代方案。

尽管包括达尔文在内的一些人，已经讨论过进化过程中变异和自然选择孰轻孰重的问题，但要弄清楚两者在进化过程中的具体作用，似乎还需要进化学界人员一个世纪的合作。然而，克鲁泡特金已经被很多人所遗忘。但是，这位思想家值得我们记住，尤其是在当今，当共生、同情、利他主义和伙伴关系在进化论中的作用被大力研究和理论化的时候。正如我们所看到的那样，克鲁泡特金生活在一种特殊的环境中，他的方法也有些特立独行，但他的确有很多值得学习的地方。在克鲁泡特金的笔下，人与人的合作和动物的互助融为一体，成为一个梦想的两面，这个梦想坚决拒绝接受道德和自然之间的任何分离。

应用于整个动植物界的"马尔萨斯学说"

一个众所周知的故事：1838年10月，达尔文读了牧师、前政治经济学教授托马斯·马尔萨斯（Thomas Malthus）写的一篇关于人口原理的文章《关于人口理论的研究》（*An Essay on the Principle of Population*），大为光火。马尔萨斯在论文中提出，人口呈几何级数增长，而粮食供应呈算术级数增长，因此，饥饿、战争、死亡和苦难从来不是一个或另一个政治制度的缺陷所导致的，而是自然规律导致的必然结果。作为一名辉格党人（Whig）[1]和《救贫法》[2]行动的支持者，达尔文并不赞同马尔萨斯的反政治言论，但他认为将马尔萨斯的理论应用在自然界没有任何问题。达尔文立刻意识到，在世界各地为生存而斗争的情况下，"有利的变异倾向于保留，而不利的变异倾向于破坏。这将导致新物种的形成。"他写道："我终于有了一个可用的理论。"因此，所谓自然选择的进化只不过是"马尔萨斯学说在整个动植物王国的广义解释"。[*1]

达尔文喜欢用诗意的方式来描述自然界的生物。火地群岛[3]海岸的巨藻藤蔓长约45英寻（1英寻≈1.83米），垂直地绵延到大海深处，在藤蔓

---

1 译者注：英国辉格党是英国历史上的一个政党。辉格一词来源于"驱赶牲畜的乡巴佬"（whiggamore），用以消遣"好勇斗狠的苏格兰长老会信徒"，是政敌托利党对辉格党党员的歧视性称呼，但后来约定俗成，辉格党党员也乐于以此自称。

2 《救贫法》（*English Poor Laws*）是英国历史上的一系列规章的集合。16世纪，工业革命在英国进展显著，随之而来的是贫困人口数量激增，社会的不安定因素也愈演愈烈。传统的贫困人口救济主要依赖于教会，而面对如此大规模的贫困人口，教会缺少足够的财力进行救济。这一时期，英国王室出台了一系列济贫法案，以1601年的《伊丽莎白济贫法》最具代表性。它承认了解决贫困问题是政府应尽的责任，堪称世界上最早的社会保障法，标志着社会救济制度的建立。

3 火地群岛（西班牙语：Archipiélago de Tierra del Fuego），是南美洲最南端的一个岛屿群，在南美洲的最南端。1520年，麦哲伦在其环球航行中发现该群岛，他看见岛上的印第安人燃起了许多烟柱，于是将该群岛命名为火地群岛。他以为那是印第安人准备袭击他的船队的信号，但其实那可能仅仅是因为闪电引起的天火。英国生物学家达尔文曾经登岛以观察岛屿上的特有物种。

上，达尔文发现了无数小盘子状的贝壳、片状的贝壳、软体动物、双壳类和甲壳类动物。达尔文颇为震撼，不禁写道："小鱼、贝壳、墨鱼、各种类型的螃蟹、海蛋、海星、美丽的海螺、美丽的海参、海马，还有各种爬行无脊椎动物，如潮水一般不断涌出。""缠绕在一起的巨大树根"让达尔文想起了热带森林，在秃鹫的注视下，在裂眼蜥蜴的虎视眈眈下，各种可以想象到的蚂蚁和甲虫在巨大的海角上的蜥蜴的脚下沙沙作响。此刻，在他的脑海里，有无数的蚂蚁和甲虫在不停摇晃。地球的辉煌和变化是无穷无尽的[*2]然而，在他的内心深处，他知道美貌也是一种可怕的欺骗，波光粼粼的大海也隐藏着凶猛的暗流。因为大自然的美只能是无数不和谐的战斗的结果——粗暴、反复无常、残酷。野生种群的生育率如此之高，如果不加以限制，它们的数量将呈指数增长；如果，已知除随季节波动外，种群规模随时间保持稳定；如果马尔萨斯是对的（他肯定是对的），即一个物种所能获得的资源是有限的；那么一个种群内部的个体之间就必然存在激烈的竞争，或为生存而斗争。如果一个种群中没有两个个体是相同的，而且其中一些差异使一些个体的生存机会比其他个体更多并且这些都是可遗传的，那么，随着时间的推移，更健康的个体就会比没那么健康的个体有更多的生存机会。[*3]达尔文的逻辑无可挑剔，结果也不难想象。从"自然之战，饥荒和死亡"中，最具优势的生物得以繁衍。马尔萨斯彻底改变了达尔文的信仰。达尔文在1844年写给好友约瑟夫·胡克（Joseph Hooker）的信中这样形容当时所受的冲击："改变信仰就像承认谋杀一样。"这句话后来成为达尔文的名言之一。[*4]

"因为没有宽容"

43年后，托马斯·亨利·赫胥黎的爱女刚因肺炎去世，他就来到曼彻斯特，做了一场让他感到荣幸的演讲。四年多来，他一直是英国皇家学会的会长、各种奖项的获得者，也是科学界的太阳[*5]。但是，如果说赫胥黎在伊灵一家肉铺的楼上走了很远的路，那么同样来自富裕的均势时代的英国也走了很远。在19世纪50—70年代，英国的持不同政见者和

图4 彼得·克鲁泡特金

非传统派曾与教会和王室之间，围绕社会地会、荣誉、影响力等展开了激烈的争夺战，但是辉煌已不再。当时，巨大的钻井机奇迹般地在海底深处挖出了英吉利海峡隧道，然而城市和农村的数百万人却只能饿着肚子睡觉。"无休止的大萧条"恰逢"一个特殊的社会主义时代"。在那个技术发展的鼎盛时期，科技却令人们大失所望[*6]。

那时人口持续膨胀。英国人口已经达到3600万并且每年还会增加近35万个嗷嗷待哺的新生命。英国的达尔文主义者认为，达尔文主义自然也适合人类社会[4]：然而对他们来说，人和动物在自然及其规律面前同样卑躬屈膝。随着社会主义政治在马尔萨斯的优胜劣汰的核心价值观中受挫以及选举权、劳工动乱和"妇女问题"等问题愈演愈烈，需要一种货币来提醒文明的野蛮起源。拥挤不堪的交通以及社会中激烈的竞争，难道不足以证实马尔萨斯的预测吗？

赫胥黎坚信"科学是万灵药"，他将自己塑造成这个思想的代言人。他认为大自然的确残酷，就像"一万个楔的表面"，每一个楔代表一个物种，"每个物种都被不断击打"向楔形尖端的物种进化[*7]。成功总是以他人的失败为代价的，但如何从"红牙利爪"的自然魔爪中为群体抢夺道德呢？

当火车驶入曼彻斯特伦敦路站时，这些问题令他内心无比煎熬。在市政大厅，在他的听众面前，他灵魂深处的黑暗涌向了自然世界。脑海中不断浮现出他的女儿，赫胥黎用女儿那双美丽的明眸，看穿了自然界屠戮的真相："花草丰茂的草地，你的记忆就停留在它作为和平之美的形象上。那是一种错觉……没有一只鸟在鸣唱，因为它们不是在杀戮就是在被杀戮……没有哪一刻不是大屠杀，每一个树篱和每一个灌木丛中都

4　译者注：社会达尔文主义，也称社会进化论，是将达尔文进化论中自然选择的思想应用于人类社会的一种社会理论。最早提出这一思想的是英国哲学家兼作家赫伯特·斯宾塞，发展者包括马尔萨斯和弗朗西斯·盖尔顿等。社会达尔文主义与达尔文本人的著作是有区别的，并且与达尔文著作出版后一个半世纪以来发展起来的现代进化论也不相同。社会达尔文主义的一个简化观点是，人，特别是男人必须为了在未来能够生存而竞争，不能给予穷人任何援助，他们必须要养活自己，虽然多数20世纪早期的社会达尔文主义者支持改善劳动条件和提高工资，以赋予穷人养活自己的机会，使自足者能够胜过那些因懒惰、软弱或劣等而贫穷的人。

发生着战斗，谋杀和死亡是每天的秩序。"*8

赫胥黎"像荒野中的鹈鹕一样忧郁"，他沉浸在自己的忧郁之中，无法自拔*9。这篇《曼彻斯特讲话》(Manchester Address)刊印在《十九世纪报》(Nineteenth Century)的二月刊上并很快就引起了争议。在《人类社会中的生存斗争》(The Struggle for Existence in Human Society)中，赫胥黎要求读者想象一只鹿被狼追赶的情景。如果有一个人出面帮助鹿，我们会称他"勇敢而富有同情心"，因为我们会把狼的"卑鄙和残忍"作为判断的标准。但这是个骗局，是人类将自己的世界转化为自然界的变质成果。在"科学的光辉下"，没有一个比另一个更令人钦佩。"右手扶鹿的善良和左手打狼的邪恶"互相抵消。自然界"既非道德，也非不道德，而是无任何道德属性的。"鹿的魂魄并不会被送往"三叶草中永恒的天堂"，狼的魂魄也不太可能被送往地狱的无骨狗舍，没有哪个灵魂更高贵或者更卑贱。"从道德家的角度来看，动物世界就像角斗士的表演一样，"赫胥黎写道："最强壮的、最敏捷的、最狡猾的……无非是活到明天，然后继续战斗，"旁观者没有必要向他竖起大拇指，"因为他不需要任何人的怜悯。如果他不想看到失败者忍受苦难，抑或胜利者欢呼雀跃，他必须闭上眼。"*10

达尔文和斯宾塞认为，为生存而奋斗"趋向于最终的善"，祖先所经历的苦难由其后代的日益完美来偿还。但这是无稽之谈，除非"是古代中国式'父债子还'"；否则，赫胥黎并不清楚，"在几百万年后，当始祖马⁵的一个后代赢得了德比之战的胜利时，始祖马会得到怎样的补偿。"此外，生命也在不断地适应环境。如果世界上出现了一个"全球性的寒冬"，就像"物理哲学家们"观察到太阳和地球变冷后发出的警告，那么北极硅藻和红球菌的原生孢子将成为地球上仅存的生命。也许基督徒们想象着上帝在自然界中留下的痕迹，但在赫胥黎看来，古巴比伦女神

5　译者注：始祖马生活在距今约5000万年前，它生活在北美洲及欧洲地区。虽然它被认为是马的祖先，但它的形态和马却有很大差别，它的身高只有30厘米，四肢细长，身体灵活，可以在草丛和灌木中穿行，喜欢吃嫩树叶和草。

伊什塔尔的干预似乎更为真实。伊什塔尔是阿芙洛狄忒和阿瑞斯的混合体，她既不知道善，也不知道恶，也不像慈悲的神一样许诺任何回报[*11]。她只要求得到她所需要的东西：弱者的牺牲。赫胥黎拼命地寻求社会弊病的治疗方法，却不愿在自然界中去寻找。

沙漠边缘的植物

现在说回我们的梦想家克鲁泡特金。克鲁泡特金1842年冬天生于莫斯科，在家排行老四。他的外公是一位哥萨克军官[6]，他的父亲阿列克谢·克鲁泡特金（Aleksei Petrovich）是斯摩棱斯克[7]的世袭亲王，属留里克王朝[8]的后裔，少将军衔[*12]。在那个时代，家族的财富常常以其所占有的农奴数来衡量，克鲁泡特金的家族在三个不同省拥有近1200个农奴，克鲁泡特金的家境可见一斑，经济实力相当雄厚。因此，他从小就生活在一个充满了白桦树、家庭教师、水手、水手服和雪橇车的世界，"景色怡人的广阔花园以及花园外一望无垠的大草原让茶和果酱的味道也变得更加香浓了。"[*13]

但并非所有的东西都像田园诗般的美好。像其他著名的俄国贵族公子——赫尔岑、巴库宁、托尔斯泰——一样，克鲁泡特金也开始鄙视在普鲁士"军国主义"的汁水中孕育出来的、带有异国色彩的专制主义。作家伊万·屠格涅夫（Ivan Turgenev）的短篇小说《木木》（*Mumu*）描述了农奴的不幸遭遇，这个冷漠的民族似乎也开始了反思："让他们拥有和我们一样的爱，可能吗？"就像都市女性"在读一本法国小说时，不禁为高尚的男女主人公所遭遇的困境而流泪"，类似的情绪在这个民族中蔓延[*14]。对年轻的克鲁泡特金来说，他对这种情绪的感触更为直接和深刻：为主人服务一生的老农奴，在年老到无法继续服务时，要在主人

---

6 他的外祖父是尼古拉·谢苗诺维奇·苏立玛将军。

7 斯摩棱斯克（俄语：Смоленск）位于俄罗斯西部第聂伯河畔，距离莫斯科360千米，是斯摩棱斯克州的首府。

8 留里克王朝（俄语：Рюриковичи）是统治东斯拉夫人的古罗斯国家（大致相当于今日俄罗斯东欧部分地区、乌克兰、白俄罗斯部分地区）的第一个王朝。

的窗下自缢而死；因为一块面包的丢失，整个村子的人都要为此挨饿受罚；年轻女孩逃避地主的包办婚姻的唯一办法就是选择自溺而死，不然就是残酷的鞭刑。 越来越多的俄罗斯帝国统治精英的子孙们，目睹了他们生活的这个封建世界的卑贱和贫瘠，开始为他们所热爱的俄罗斯帝国的未来感到担忧。 许多人开始思考，该如何改变这一现状呢？ *15

位于圣彼得堡的佩吉军事学院⁹是俄罗斯帝国未来军事精英的训练学校，只有150个男孩入选进入特权军团，其中绝大多数是宫廷贵族的儿子，毕业后他们可以选择加入任何军团。 排名前16位的将会更加幸运：他们将成为皇室成员的臣子——一张通往权力和威望的入场券。 克鲁泡特金15岁时被父亲送到训练场，虽然他认为这已经是一件非常不幸的事，但还是以全班第一名的成绩毕业，成为亚历山大二世的侍从。 尼古拉斯一世死后亚历山大二世成为俄罗斯帝国的新皇帝。 1861年，各地起义此起彼伏，反对农奴制的声音也日益高涨。 新沙皇迫于巨大的压力，终于在3月5号（旧俄罗斯历）这天签署了《解放农奴宣言》¹⁰。 当新沙皇终于签下法令时，克鲁泡特金感觉俄罗斯帝国的春天要来了。 可这种感觉转瞬即逝。 富丽堂皇的宫廷，两侧站着的侍从穿着金线绣的制服——一切都使他神魂颠倒，但他很快发现，宫廷里的那些琐事，是以牺牲真正重要的事情为代价的。 权力，在慢慢腐化。

曾经他觉得皇帝身上闪着光环，但随着接触的增多，那些光环也慢慢消失了。 私下里，他开始阅读赫尔岑创办的期刊——《北极星》(*The Polar Star*)，甚至开始创办具有革命性的报纸。 到了挑选委员会的时候，他决定前往东西伯利亚广袤无垠的地区，也就是刚被吞并的阿穆尔地区。 监狱要改革、学校要建设、法庭要开庭——这个国家庞大的行政机构有太多事情需要动员。 克鲁泡特金满怀憧憬地加入了哥萨克军团，渴望在遥远的地区干出一番事业。 可是，渐渐地，他发现他经过深思熟

9　译者注：佩吉军事学院，是俄罗斯帝国的军事学院，也是后来俄罗斯众多军事学院的前身。
10　译者注：1861年3月3日（俄历2月19日）沙皇签署有关废除农奴制、解放农奴的法令。 因为克里米亚战争、农民运动迫使沙皇亚历山大二世及其贵族开始自上而下进行社会改革，解放农奴。

虑的建议都"死"在了官僚主义和腐败的绞刑架上。1863 年夏天，波兰起义爆发。亚历山大二世进行了残酷的镇压，并将所有正在进行的改革以及相关理念被推翻。克鲁泡特金大失所望，逐渐开始寄情山水。他坐着马车，走了五万英里（1 英里≈1.609 千米）路，大部分路程都在马车上度过。一个水壶、一个装着几磅面包和几盎司茶叶的皮包与一把挂在马鞍上的斧头，是他的全部行李。他跋山涉水到满洲作地理调查，在开阔的天空下睡觉，阅读约翰·密尔的《论自由》（On Liberty），惊奇地看到"人与自然的合一"。[16]

克鲁泡特金最初的愿景变成了创建一种关于山脉和高原的理论，同时也想为达尔文的伟大理论寻找证据。他在佩吉军事学院学习时曾读过《物种起源》，从某种意义上来说，这趟旅程就相当于达尔文乘坐"小猎犬号"航行的极地版本。然而，他所看到的却让他大吃一惊：达尔文，尤其是他的"斗牛犬"赫胥黎[11]，经常谈到同一物种成员之间激烈的竞争关系，但克鲁泡特金所到之处看到的每一个地方都发现物种成员之间的合作关系——马会围成一个圈，以抵御捕食者；狼聚集在一起狩猎；鸟儿在巢中互相帮助；麒鹿结队横渡河流——互助和合作无处不在。

和达尔文一样，克鲁泡特金在经历五年的探险之后，并没有形成一个完整的自然理论。但是，如果说"小猎犬号"的游历动摇了达尔文对物种固定性的信念，那么克鲁泡特金关于生存斗争的信念也在远行中被彻底粉碎。1867 年，当抵达圣彼得堡时，"以自然为师"已经成为他的人生哲学[17]。与此同时，他对国家也完全丧失了信心——克鲁泡特金原本和赫胥黎一样，也是一名立宪主义者，相信政府善意同化的承诺。但随后，他从俄罗斯帝国走出，"准备成为一名无政府主义者"。[18]

几年后，他在瑞士成为一名彻底的革命者。父亲的去世让克鲁泡特金终于获得自由，他被巴黎公社（Paris Commune）吸引，去了欧洲。在

11　赫胥黎，因捍卫查尔斯·达尔文的进化论而有达尔文的"斗牛犬"之称。

苏黎世时，他加入了国际组织，对革命产生了兴趣。但真正让他有所触动的是发生在汝拉山区的圣伊米耶的一些事情：在一场"蒙蔽了我们的双眼，冻住了我们的血液"的暴风雪中，50名钟表匠冒着严寒，讨论他们无政府主义的生活理念，50人中绝大部分是老人。这不是一个被少数几个人的政治目的所领导和服从的群众组织，而是一个由独立人士组成的联盟，一个平等的联盟，通过兄弟般的共识制定标准。他们的智慧给克鲁泡特金留下了深刻印象，他被深深触动了，他写道："当我离开山区时，我对社会的看法已经确定了。我是一个无政府主义者。"*19

回到圣彼得堡后，他加入了柴可夫斯基的圈子——一个致力于传播革命思想的地下组织。在两年时间里，在地理学会（Geographical Society）的学术辩论和奢侈的帝国宴会之间，克鲁泡特金成了"鲍罗丁"（Borodin）。他乔装成农民，在阴暗的公寓作报告，报告内容从普鲁东[12]到阅读和算术，然后像个幽灵一样溜走。共产主义和博爱是无政府主义者对国家暴力机器的回应：没有秩序的秩序。他们的信条是：如果任由他去做，人类将在平等主义的公社中合作，财产和强制会被自由和商议所取代。

事实上，当《俄国之夜》（*Russian Nights*）在19世纪40年代成为畅销书的时候，马尔萨斯主义就已经在俄国名存实亡了。这部小说的作者弗拉基米尔·奥多耶夫斯基亲王（Prince Vladimir Odoesky）塑造了一个经济学的反派角色，这个反派最终因为摆脱不了其阴郁的预言而自杀。反派的自杀受到了俄国学者的欢呼：毕竟，在一片这样地广人稀的土地上，马尔萨斯主义就是个笑话。英国是一个濒临爆炸的令人压抑的工业熔炉；俄国，是一个几乎完全未被开发的富饶之地。但远不止于此。"这个沉湎于上个世纪的道德沦丧的国家，"奥多夫斯基解释说，"注定要创造出一个人，他专注于自己的罪行和时代的所有谬误并从这些谬误中挤出了严格的、数学化的社会法则。"在俄国，马尔萨斯从来都不是

12　译者注：皮埃尔-约瑟夫·普鲁东，法国互惠共生论经济学家，首位自称无政府主义者的人，也就是无政府主义的奠基人。

英雄。[*20]

所以，当1864年俄文版《物种起源》出现时，俄罗斯进化论者陷入了某种困境。达尔文是科学的捍卫者、伟大理论的奠基人，也是马尔萨斯的忠实信徒，但托尔斯泰却认为马尔萨斯是"恶毒的庸才"[*21]。怎样才能把善良而又朴实的自然主义者辉格派，与从萨里的反动牧师派区分开呢？[*22]两个政治派别都有充分的理由。赫尔岑等激进分子斥责马尔萨斯的道德：与资产阶级的政治经济不同，农民公社提倡"每个人都有权在饭桌上拥有自己的位置"。另一方面，君主主义者和保守派，比如亲斯拉夫派生物学家尼古拉·丹尼列夫斯基（Nikolai Danilevsky），把俄罗斯帝国的贵族与整日精打细算、天天清点硬币的小店主们进行了对比。丹尼列夫斯基把达尔文对马尔萨斯的依赖看作科学与文化价值不可分割的证明。"英国民族主义者，"他写道，"接受（斗争）带来的一切后果，要求将其作为自己的权利，不受任何限制……他们是拳拳到肉的狠角色，不像我们俄罗斯人那样只喜欢争吵。"达尔文主义对丹尼列夫斯基来说是"一种纯粹的英国学说"，它仍在不断演变："有用性和功利主义是建立在本瑟姆的伦理学基础之上的，和斯宾塞主义一脉相承；所谓的'所有人对所有人的斗争'[13]，现在被称为生存斗争，是霍布斯的政治理论；在竞争方面，则是亚当·史密斯的经济理论……马尔萨斯只是把同样的原则应用到人口问题上……达尔文将马尔萨斯的部分理论和政治经济学家的一般理论扩展到动植物世界。"俄罗斯人的价值观则完全不同。[*23]

但克鲁泡特金认为，俄罗斯帝国的自然界也是如此。达尔文和华莱士曾在热带地区的喧嚣中探寻过生命的奥秘，但是北极苔原的风吹出了完全不同的曲调。因此，为了保持对达尔文的忠诚，这位俄国进化论者现在求助于他的圣人，将火把对准了赫胥黎和马尔萨斯学派已经摒弃的

13　译者注：出自霍布斯《利维坦》，原文为bellum omnium contra omnes，意为所有人反对所有人，代表种群中的个体为争夺环境资源而不断与其他个体斗争的意思，可理解为"全面战争"，译为"人皆相伐"。

那些表达方式。"我在很大程度上使用了这个术语，这是一种隐喻，"达尔文在《物种起源》一书中写道："两种犬科动物，在食物匮乏的时候确实会互相争斗，以求得食物和生存。但是，沙漠边缘的植物据说要与干旱作斗争才能生存，尽管更确切地说，它应该依赖于水分。"[24] 即使达尔文没有强调这一点，但这是他对"人皆相伐"的逃避。因为，如果这种斗争既可能意味着与同一物种的其他成员的竞争，也可能意味着与自然因素的斗争，那么，这两种因素中，哪一种在自然界中更为重要呢？[25] 如果恶劣的环境是敌人，而非自己族群中的个体，动物可能会寻找其他方式来控制这种斗争。而在俄罗斯帝国，与外部环境进行斗争的结果就是产生合作。

因此，联合起来，互相帮助吧！

1881年3月，亚历山大二世被刺杀。克鲁泡特金虽曾是他的亲信，却对他的死讯感到高兴并认为这是革命的先兆。与此同时，克鲁泡特金开始将工作重心转移到科学领域，以期为自己的革命活动寻找理论支持：无政府主义的科学和自然科学。这两门科学本来是分开发展的，但现在这两门科学已经融合在一起，甚至正在不可思议地发生互换。1882年春天，达尔文去世，克鲁泡特金在《起义报》[14]上发表了讣告。这位俄罗斯帝国亲王[15]用最俄罗斯帝国的方式，纪念这位进化论之父，并尝试将达尔文进化论思想从马尔萨斯理论中彻底分离出来，他认为达尔文的观点是"动物社会最好以无政府主义的方式组织起来"的最好论据。[26]若干年后，在《无政府状态的科学基础》(*The Scientific Basis of Anarchy*)一书中，他明确了这个问题的两个方面。"无政府主义思想家，"克鲁泡特金写道，"不诉诸形而上的概念（如'自然权利''国家的义务'等）来确定他们是什么，而是寻求实现人类最大幸福的最佳条件是什么。[27]他遵循的是现代进化论所遵循的道路，"找到解决社会困境的答案，"不再

14　译者注：《起义报》(*Le Révolté*) 是一本无政府主义的共产主义杂志，由克鲁泡特金、弗朗索瓦·杜马瑟雷和格奥尔格·赫齐格于1879年2月创办。

15　克鲁泡特金的父亲是俄罗斯帝国世袭的亲王，其父亲死后，克鲁泡特金继承了亲王头衔。

是信仰的问题，而是一个需要讨论的科学问题。"[*28]

　　与此同时，英国的赫胥黎找到了一种可以减轻内心煎熬的方式。但这种方式，反倒让人们更加不安。他认为，如果本能是血淋淋的，那么道德就会通过释放本能来得到。而文明之所以存在，是因为需要它与人类的进化遗产作斗争。虽然"在宇宙中创造一个人为世界"听起来似乎是"一个大胆的提议"，但对赫胥黎来说，这个"逆时针旋转的奇怪微型世界"符合他的进化论理念，是"自然中的自然"。大自然的不公正深深地烙进了他的灵魂，赫胥黎却丝毫不觉，反而更加乐观。或许这是一种源于必然的乐观主义：对于一个信奉达尔文主义的人来说，任何其他的路线都意味着彻底的黑暗和绝望。[*29]

　　在阿穆尔监狱和革命政治中的多年经历，克鲁泡特金已经把思想凝聚成一种统一而自洽的哲学。与赫胥黎苦苦哀求将文明人从他的野蛮的起源中解救出来的诉求截然相反的是，克鲁泡特金认为：回归到动物的本源，才能拯救人类社会的道德。于是，当克鲁泡特金在哈罗一个潮湿的图书馆里研读《十九世纪报》时，当他的目光落在赫胥黎的《在人类社会中的生存斗争》(*The Struggle for Existence in Human Society*) 上时，愤怒在他的内心涌动。他需要把达尔文从赫胥黎这样的"扭曲解释"中拯救出来。[*30] 赫胥黎"把为个体利益而进行的'无情的'斗争提升到了生物学原理的高度。"很快，他写信给《十九世纪报》的编辑詹姆斯·诺尔斯 (James Knowles)，要求他伸出热情的手，给他"一个详尽的答复"。诺尔斯欣然同意了，他在给赫胥黎的信中说，这是"我所遇到的关于大自然最令人耳目一新、精神焕发的观察之一。"[*31]

　　在1890—1896年，克鲁泡特金共完成了五篇文章，《动物之间的互助》(*Mutual Aid Among Animals*) 是第一篇。随后，到了1902年，它被收录在著名的《互助论》(*Mutual Aid*) 一书中。在这里，克鲁泡特金终于开始直面"大自然的红牙利齿和魔爪"。因为，如果蜜蜂、蚂蚁"放弃了霍布斯式的战争"，无疑对它们是最好的。鱼群、埋葬虫、鹿、蜥蜴、鸟类和松鼠也是如此。克鲁泡特金回忆起他在辽阔的阿穆尔大草原的岁月，写道："无论我在哪里，看到的动物生活都呈现出相互帮助

和支持。" [*32]

　这是一个普遍的法则，而不仅仅适用于西伯利亚的物种。达尔文的祖父伊拉斯谟·达尔文（Erasmus Darwin）曾注意到，有一种普通的螃蟹，当它的同伴们蜕皮时，它就派哨兵站岗。鹈鹕为了能捕捉到鱼，会围成一个大半圆，一起向岸边游去。还有家雀，它们"分享食物"；还有白尾鹰，它们在天空中分开飞行，以便扩大视野并在发现猎物时，向同伴发出信号。还有一些小鸟，它们稚气十足的脸让亚历山大·冯·洪堡（Alexander von Humboldt）印象深刻。下雨时，它们彼此依偎，互相保护，"把尾巴卷在颤抖的同伴的颈上"。当然，还有一大群哺乳动物：鹿、羚羊、大象、野驴、骆驼、绵羊、豺狼、野猪——所有这些动物都遵循互帮互助的法则。尽管人们更容易记得："狮子和鬣狗撕咬猎物"，但食草动物的数量却比食肉动物多得惊人。如果膜翅目昆虫（如蚂蚁、蜜蜂和黄蜂）的利他主义是由它们的生理结构所决定的，那么在那些"高等"动物中，它们的互相帮助则是需要培养的。在争夺生存机会的斗争中，没有比这更强大的武器了。生命是一种斗争，在这种斗争中，适者生存。但是，对于"这场斗争主要是靠什么武器进行的？"以及"谁是这场斗争中的幸存者？"这两个问题的回答，充分表明"自然选择不断地寻找避免竞争的方法。把身体上的斗争限制在一起，社会性为"更好的道德情感的发展留下了空间"。智慧、同情心和"高尚的道德情操"才是渐进式进化的方向，而不是强者与弱者之间的血腥竞争 [*33]。这是对生命进程的一种革命性看法。

　但是互助从何而来？有些人认为来自于家庭内部产生的"爱"，但克鲁泡特金立刻予以驳斥。[*34] 将动物的交际性降低到家庭的爱和同情层面，意味着降低了它的普遍性和重要性。野外的种群不是以家庭关系为基础，相互之间的关系也不是单纯的"友谊"。赫胥黎相信，家庭是逃避自然之战的唯一避难所，但对克鲁泡特金来说，野蛮部落、野蛮人村庄、原始社会、公会、中世纪的城市，这一切都给我们上了同样的一课——对人类来说，家庭之外的互助主义也是一种自然的生存状态。[*35]"我常常根本不认识我的邻居，"克鲁泡特金写道，"我看到他家失火，就抓起一桶水冲向他的房子，这并不是出于对他的爱。 这是一种更广泛、更模糊的感情，也是人类团结的本能和社会性的体现，它让我颇为触动。我想动物也是如此。"[*36]

上述信息所表达的意思很明确："不要竞争！ 竞争对物种有害，但你有足够的能力来避免它。"克鲁泡特金有一个强大的盟友。"这就是守望者，"他写道，"它从丛林、河流、海洋中向我们走来。"大自然本身就是人类的向导。"因此，我们要联合起来，互相帮助！ 这是给彼此和所有人最大的安全感的最可靠的手段，也是身体、智力和道德存在和进步的最佳保障。"[*37]

虽然资本主义是工业"战争"破坏人类自然环境的祸端，虽然说人口过剩和饥饿是进步的必然罪恶，但是克鲁泡特金不这么认为。 达尔文的马尔萨斯主义"斗牛犬"和维多利亚时代的"X俱乐部"的仆从们完全把它搞错了，人类不需要为了获得一点道德而与自己的自然本能作斗争，而是只需要稍加训练就能找到善良和美德。 这是无政府主义者的信条和梦想。

"我认为这是一种责任"： 一个梦想家的暮年

当1917年2月俄国二月革命终于爆发时，克鲁泡特金已经年过古稀，但他早已家喻户晓。[*38] 在流亡41年后，他于1917年5月30日回到俄国。成千上万的人涌向彼得格勒火车站欢迎他回家。 没有沙皇的俄罗斯帝国使他重新燃起对未来的乐观情绪。 但是十月和布尔什维克的到来，就像几年前在阿穆尔一样，让他所有的希望重新变成了泡影。 万念俱灰的克鲁泡特金仍竭力保持自己的信念，他从莫斯科搬到了迪米特罗夫的一个小村庄，在那里建了一个合作社。 虽然他的身体越来越虚弱，而且还在日夜赶工以完成他的巨著《伦理学》(Ethics)，但他仍抽出时间帮助工人们。[*39]"这是一种责任，"他在1920年3月4日给列宁的信中写道："这些雇员的处境确实令人绝望。 大多数人简直是在挨饿……目前，统治苏俄的是党委，而不是苏维埃……如果这种情况继续下去，那么'社会主义'这个词就会变成诅咒。"[*40] 列宁没有回信，但当克鲁泡特金于1921

年2月8日去世时，他亲自批准了无政府主义者为克鲁泡特金举行葬礼。这将是他们在苏俄的最后一次大规模群众集会。

　　在很长一段时间里，赫胥黎的"适者生存"赢得了胜利：进化是一场适者生存的游戏，荣誉属于为生存而战并取得胜利的最凶猛个体。逐渐地，事情开始发生变化。起初只是零星地，比如芝加哥大学生态学家瓦德·克雷蒂·阿利（Warder Clyde Allee）和阿尔弗雷德·爱默生（Alfred Emerson），开始注意到威廉·莫顿·惠勒（William Morton Wheeler）"超个体"概念——在20世纪30年代和20世纪40年代，他们分别提出合作的重要性和个人对集体的从属性。随后，V.C. 韦恩-爱德华兹（V.C. Wynne-Edwards）发表了一些关于北极管鼻藿[16]的文章，虽然很多人认为他的工作存在很多争议。接着，乔治·普莱斯（George Price）和比尔·汉密尔顿（Bill Hamilton）在20世纪70年代试图使群体选择重回学术视野，使变革以一种更持续的方式进行。不久，这把火炬被理论家大卫·斯隆·威尔逊和实验家迈克尔·J.韦德（Michael J. Wade）等思想家接过。与此同时，从20世纪50年代开始，冷战时期的战略博弈思维促使人们将博弈论应用于合作问题中。无论是群体逻辑，还是如博弈游戏中所描述的自身利益的需要，利他主义和互惠主义正卷土重来。[*41]

　　如今，合作无处不在。无论你看哪里，进化论者都会向你解释，这个星球上的大多数伟大创新——从基因到基因组，从细胞到社会——都归功于合作的创造力。[*42]无论我们已习惯了多少"红牙利齿和魔爪"，进化也是关于合作的。从生命的起源到染色体、蚁群、语言和道德，每一件事都牵涉其中。尽管群体选择仍然存在争议，但互助，或"生存的依靠"，已经与突变和选择一道，成为进化的第三个也是至关重要的支柱。这种对合作的新的兴趣在多大程度上与我们时代的政治和社会发展有关，仍有待历史学家仔细研究。[*43]

　　但正因为现在我们认为这一点是理所当然的，我们有必要记住19世纪末和20世纪初的一位梦想家，他抓住了达尔文的一个不太为人注意

16　译者注：北极管鼻藿是海燕的一种。

的隐喻并对自然如何运作提出了另一种观点。[*44] 克鲁泡特金并不是唯一一个强调自然中的互惠主义的人，但他的信仰却源于与自然亲密接触和他所生活的政治世界之间的独特纠缠。这就是为什么他是一个如此迷人的梦想家，因为他对社会正义和自然秩序的梦想是相辅相成、相互支撑的，而不是决定性地相互产生的。[*45] 有人可能会说，这不过是对"观察"和"相信"之间关系的一种主观解释，自然界有那么多竞争，也许只是因为克鲁泡特金当时正在苦苦寻找一种答案，而他看见的动物之间的互助让他产生了误解。话虽如此，但克鲁泡特金亲王确实看到了人与人之间以及动物与动物之间的互助，这促使他对当时的政治和科学共识提出挑战。最终，克鲁泡特金接纳了"互助"的思想并将它与无政府主义革命相融合，这极大地改变了他的一生。当然，它还将继续改变我们对进化不断变化的看法，使我们与时俱进。

备注

1. Charles Darwin, The Autobiography of Charles Darwin (New York: W. W. Norton, 1993), 120; Charles Darwin, *The Origin of Species*, 2nd ed. (Oxford: Oxford University Press, 1996), 6. The current essay draws from materials in Oren Harman, *The Price of Altruism: George Price and the Search for the Origins of Kindness* (New York: W. W. Norton, 2010).

2. Charles Darwin, *The Voyage of the Beagle* (Hertfordshire: Wordsworth, 1997), 228-29.

3. Darwin's concept of struggle was, nonetheless, more complex. Alongside competition, there were also ecological dependence and chance, as well as sacrifice for the greater good of the community. Nature was surely "red in tooth and claw" but, as the ants and bees and termites made clear, not exclusively.

4. Darwin, *Origin of Species*, 396; Charles Darwin letter to J. D. Hooker (January 11, 1844), in *The Correspondence of Charles Darwin*, ed. Frederick Burkhardt, vol. 3, 1844-46 (Cambridge: Cambridge University Press, 1987), 2.

5. He had won the Royal, the Wollaston and the Clarcke; the Copley, the Linnaean, and the Darwin still awaited him.

6. Adrian Desmond, *Huxley: From Devil's Disciple to Evolution's High Priest* (Harmondsworth: Penguin, 1997), 572-73.

7. Darwin had used this image already in his essay from 1844, but it was made public in C. R. Darwin and A. R. Wallace, "On the Tendency of Species to Form Varieties; and on the Perpetuation of Varieties and Species By Natural Means of Selection" (Read 1 July, 1858), *Journal of the Proceedings of the Linnaean Society of London. Zoology* 3:46-50.

8. Huxley's notes for his Manchester Address, quoted in Desmond, *Huxley*, 558.

9. Huxley to Foster, 8 January 1888, in *The Life and Letters of Thomas Henry Huxley*, by Leonard Huxley (London: Macmillan, 1900), 198. Quoted in Lee Dugatkin, *The Altruism Equation: Seven Scientists Search for the Origins of Goodness* (Princeton, NJ: Princeton University Press, 2006), 19.

10. T. H. Huxley, "The Struggle," in *Collected Essays* (London: Macmillan, 1883-84), 197, 198, 199, 200.

11. Huxley, "The Struggle," 198, 199, 200.

12. Besides Kropotkin's own *Memoirs of a Revolutionist* (London: The Folio Society, 1978), see George Woodcock and Ivan Avakumovich, *The Anarchist Prince: A Biographical Study of Peter Kropotkin* (London: T. V. Boardman, 1950); and the more scholarly Martin A. Miller, *Kropotkin* (Chicago: University of Chicago Press, 1976).

13. Colin Ward, introduction to Kropotkin, *Memoirs*, 8.

14. Kropotkin, *Memoirs*, 56; Ivan Sergeevich Turgenev, *Mumu* (Moskva: Detgiz, 1959).

15. This was the title of an influential treatise by Chernyshevsky and was later used by both Tolstoy and Lenin.

16. Kropotkin, *Memoirs*, 94.

17. Kropotkin, *Memoirs*.

18. Kropotkin, *Memoirs*, 157.

19. Kropotkin, *Memoirs*, 201, 202. The best book on Russian anarchism remains Paul Avrich's *The Russian Anarchists* (Princeton, NJ: Princeton University Press, 1967).

20. Daniel P. Todes, "Darwin's Malthusian Metaphor and Russian Evolutionary Thought, 1859-1917," *Isis* 87 (1987): 537-51; quotations on 539-40. See his broader treatment in *Darwin without Malthus: The Struggle for Existence in Russian Evolutionary Thought* (Oxford: Oxford University Press, 1989). See also Stephen Jay Gould, "Kropotkin Was No Crackpot," in *Bully for Brontosaurus* (Harmondsworth: Penguin, 1991), 325-39.

21. Quoted in Todes, "Darwin's Malthusian Metaphor," 542.

22. On Malthus, see Patricia James, *Population Malthus: His Life and Times* (London: Routledge and Kegan Paul, 1979); Samuel Hollander, *The Economics of Thomas Robert Malthus* (Toronto: University of Toronto Press, 1997); William Peterson, *Malthus, Founder of Modern Demography*, 2nd ed. (New Brunswick, NJ: Transaction, 1999); J. Dupâquier, "Malthus, Thomas Robert (1766-1834)," in *International Encyclopedia of the Social and Behavioral Sciences* (Amsterdam: Elsevier, 2001), 9151-56. For an account of English dissent from Malthus in the second half of the nineteenth century, see Piers Hale, *Political Descent: Malthus, Mutualism, and the Politics of Evolution in Victorian England* (Chicago: University of Chicago Press, 2014).

23. Todes, "Darwin's Malthusian Metaphor," 542, 540, 541-42. See also Thomas F. Glick, ed., *The Comparative Reception of Darwinism* (Chicago: University of Chicago Press, 1988), 227-68. See also, Engels's letters to Lavrov, 12-17 November 1875, available at the Marx/Engels Internet Archive, marxists.org.

24. Darwin, *Origin of Species*, 53.

25. Darwin did, however, write about forms of cooperation and what would be called "altruism" that were due to natural selection working, in his words, "for the good of the community"; he focused in particular on the social insects.

26. Peter Kropotkin, "Charles Darwin," *Le Révolté*, 29 April 1882.

27. "Without entering," he added, "the slippery route of mere analogies so often resorted to by Herbert Spencer." See Peter Kropotkin, "The Scientific Basis of Anarchy," *Nineteenth Century* 22, no. 126 (1887): 238-52; quotations on 238.

28. Kropotkin, "Scientific Basis of Anarchy," 239.

29. Desmond, *Huxley*, 599. The oft-quoted sentence is "The ethical progress of society depends, not on imitating the cosmic process [evolution], still less in running away from it, but in combating it"; see T. H. Huxley, "Evolution and Ethics," in Evolution and Ethics and Other Essays (New York: D. Appleton, 1898), 83; Desmond, Huxley, 598.

30. Peter Kropotkin, *Mutual Aid: A Factor in Evolution* (1902; repr., Boston: Extending Horizons Book, Porter Sargent Publishers, 1955), 4. Kropotkin thought Darwin, especially

in his *Descent of Man*, had emphasized the role of cooperation, whereas his followers took to the narrower definition of the struggle for existence. "Those communities," Darwin wrote in the *Descent*, "which included the greatest number of the most sympathetic members would flourish best, and rear the greatest number of offspring." (2nd ed. [New York: Wallachia, 2015], 163). "The term," Kropotkin added, "thus lost its narrowness in the mind of one who knew Nature".

31. This was George Bernard Shaw's description of Kropotkin; Kropotkin, *Mutual Aid*, xiv; Desmond, Huxley, 564.

32. Kropotkin, *Mutual Aid*, 14, ix.

33. Kropotkin, *Mutual Aid*, 51, 40, 60-61; Kropotkin freely admitted that there was much competition in nature, and that this was important. But intra-species conflict had been exaggerated by the likes of Huxley; it also often left all combatants bruised and reeling. True progressive evolution was due to the law of mutual aid.

34. Louis Buchner, *Liebe und Liebes-Leven in der Thierwelt* (Leipzig: Theodor Thomas, 1885); Henry Drummond, *The Ascent of Man* (New York: J. Pott, 1894); Alexander Sutherland, *The Origin and Growth of the Moral Instinct* (London: Longmans Green, 1898). Kessler, too, thought that mutual aid was predicated on "parental feeling," a position from which Kropotkin was careful to detach himself. See Kropotkin, *Mutual Aid*, x.

35. Kropotkin marshaled evidence from varied sources, especially liberally interpreted archaeological evidence, to argue that man's

"natural" state was in small, selfsustaining, communal groups. For English thought on mutualism beyond Huxley, including such leftist figures as George Bernard Shaw, Marx's daughter Eleanor, and William Morris (who was a regular dining partner of the exiled Kropotkin), see Hale, *Political Descent.*

36. Kropotkin, *Mutual Aid*, xiii.

37. Kropotkin, *Mutual Aid*, 75.

38. Kerensky was there, and offered him a ministry in the new government, which Kropotkin declined. Still, he did become active in party politics from the outside. See Miller, *Kropotkin*, 232-237.

39. An attempt to lay the foundations of a morality free of religion and based on nature, *Ethics* was published posthumously in 1922.

40. P. A. Kropotkin, *Selected Writings on Anarchism and Revolution*, ed. Martin A. Miller (Cambridge, MA: MIT Press, 1970), 336.

41. See Harman, *Price of Altruism*, for a description of these developments, as well as Mark Borrello, *Evolutionary Restraints: The Contentious History of Group Selection* (Chicago: University of Chicago Press, 2010).

42. See works by James Attwater and Philipp Hollinger, Robert Axelrod, Frans de Waal, Martin Nowak, Christopher Boehm, Samuel Bowles, Sarah Blaffer Hrdy, E. O. Wilson, Michael Tomasello, among many others.

43. For an incisive comment on the importance of time and place, culture and ideology, when it comes to science and technology in the Russian case, see Loren R. Graham, *What Have We Learned About Science*

and Technology from the Russian Experience (Stanford, CA: Stanford University Press, 1998).

44. Hale, in *Political Descent*, has written eloquently about contemporary Victorians who took up Kropotkin with relish. In this debate Darwin and Malthus were often pitted against Lamarck and socialism. But see also Gregory Radick, "Dissent of Man," *Times Literary Supplement*, 1 July 2015, in which he discusses, among other things, eugenicaftereffects.

45. In this sense, like Patricia Churchland and others today, Kropotkin offers a challenge to our complacent acceptance of what has become known as the "naturalistic fallacy." See Oren Harman, "Is the Naturalistic Fallacy Dead? (And If So, Ought It Be?)," *Journal of the History of Biology* 45, no. 3 (2012): 557-72.

第二部分

医学家

Kirsten Cardner
柯尔斯滕·加德纳

玛丽·拉斯克

推动医学研究发展的民间说客

　　玛丽·拉斯克对健康倡导充满热情，于1938年成为美国计划生育协会的秘书。 但是，她与广告界高管阿尔伯特·拉斯克（Albert Lasker）的婚姻真正改变了她的人生道路。 夫妇俩在1942年创建了拉斯克基金会，以推动医学研究的发展。 命运的残酷和讽刺之处在于，尽管他和他的妻子加入了美国癌症控制协会——当时一个没有发挥太大作用的组织，拉斯克夫妇开始使其泛起波澜——阿尔伯特·拉斯克的广告代理公司却在推广吸烟。 在丈夫去世后，怀着带来真正变革的梦想者的愿望，玛丽·拉斯克创立了美国国家健康教育委员会。 她在推广和扩大美国国立卫生研究院方面发挥了重要作用。 没有这位非科学家的努力，癌症的定义在今天的情况会非常不同。

引言

　　玛丽·拉斯克曾经被一位美国参议员称为"美国英雄"，"一个伟大的传奇"。 她一生致力于治疗癌症的新举措、新型疫苗开发、精神健康救助等方面的健康政策的制定与发展[*1]。 玛丽将一生的热情置于美国医疗卫生事业的发展，她坚信，获得联邦政府资金等方面支持的医学研究，会大大降低各类疾病的发病率，有助于加速新疗法的诞生，并为所有美国人带来更好的健康保障。为此，她不但向美国民众普及最热门的健康话题，还向手握各类机构资金的政治家，倡导最适合美国时下发展的健康举措及手段，比如各类疾病发病率、研究项目信息以及研究所取得的进展等。玛丽·拉斯克不遗余力地以健康卫生事业的发展为己任。

作为一名健康的倡导者，玛丽·拉斯克在其长达50年的职业生涯中，积极游说政界人士、倡导医疗慈善事业并获得了广泛的支持。她建立了一个医疗募捐的体系，对一些疾病发病率进行了清晰易懂的介绍，并对一些疾病治疗方案提出有价值的参考意见与研究方向，以及阐述一些取得一定进展的健康项目。人生于世短短数十载，活得精彩与否都是弹指间的事，实现个人价值对生命来说具有别样色彩。差一点见证整个20世纪发展的玛丽·拉斯克，在将近一百年的时间中实现了许多梦想，个人价值更是体现得淋漓尽致。她对健康的倡导改变了美国的医学研究方案。她以一己之力推动科学研究，促进了联邦政府对医学研究的支持。玛丽·拉斯克主张组建可从事长期研究项目的卫生机构，因此她凭借强大的政治人物网络，通过与精明的政治家谈人生、聊梦想，引起他们对健康卫生事业的关注，基于他们对医学研究的支持，为其赢得个人声誉并确保联邦医学研究基金会的长期存在。不得不说，玛丽·拉斯克既是一位擅长人际交往的沟通大师，更是一位心怀苍生的大爱之人。梦想当然不再遥远。[*2]

玛丽·拉斯克其人

1900年，拉斯克出生在威斯康星州的沃特敦（现美国马萨诸塞州东部城镇），原名玛丽·伍达德（Mary Woodard）。玛丽·拉斯克的父母性格截然相反，父亲沉默寡言，而她的母亲莎拉·约翰逊（Sarah Johnson）则是一位具有影响力的爱尔兰新教徒。玛丽·拉斯克从年幼时便受母亲的耳濡目染，逐渐形成自己独一无二的世界观。约翰逊从北爱尔兰移民到加拿大，随后在美国定居。在美国的日子里，她成为当时为数不多的独立职业女性。 当时，女性在职业选择以及经济独立性相对有限的情况下，约翰逊便已在事业上有所成就，成为当时的"时代女性"，拥有了自己的"商业王国"——她在芝加哥的服装零售生意取得了成功。 有其母必有其女，正如她的母亲，玛丽·拉斯克似乎也拥有与生俱来的商业天赋并累积了不少商业技能。 在当时女性拥有这些附加的技能可以更好地扩大自身影响力，从而更快速地实现自己的目标。

玛丽·拉斯克青年时代受过全面良好的教育，不过她的青春记忆中绝非仅有岁月静好，同样深深镌刻着属于那个时代的健康问题与疾病负担。 在她的生活回忆录中，拉斯克多次生动地描述出那时疾病给人们、给社会带来的沉重负担。 她记得家里的洗衣女工贝尔特夫人曾经接受过全乳切除手术，她也目睹过自己的妹妹因为肺炎在生死线上徘徊。 她的童年记忆充满了无数次反复的痢疾和乳房疼痛。 她也记得在大流感时期，待在卫生室的日日夜夜。 在她年轻时，一位挚友的母亲因乳腺癌去世，而她的第一任丈夫保罗·莱因哈特（Paul Reinhardt）经历过严重的眼部感染。 她的父亲曾多次中风，连她的母亲去世都是中风引起的。

这种生活经历令她对医学的局限性倍感沮丧，但同时激发了她改善美国民众健康状况的强烈愿望。 例如，在父母死于中风后，玛丽·拉斯克给著名作家、微生物学家保罗·德·克鲁伊夫（Paul de Kruif）和慈善家约翰·D.洛克菲勒（John D. Rockefeller）写信，咨询有关中风和心血管疾病的研究情况，并得知相关的研究经费很少。 后来，玛丽·拉斯克嫁给了慈善家阿尔伯特·拉斯克，她获得了更多的权力和资源，甚至是特权。 她利用自身优势推动了一些旨在促进医学研究的公共政策项目，尤其是玛丽·拉斯克在扩大美国国立卫生研究院的规模和推动癌症研究的发展方面发挥了重要作用[*3]。

玛丽·拉斯克在青年时期接受过良好的教育，有良好的艺术造诣，她曾就读于密尔沃基-唐纳学院（Milwaukee-Downer Seminary）、威斯康星大学（University of Wisconsin）、拉德克利夫学院（Radcliffe College）以及牛津大学（University of Oxford），在那儿，玛丽·拉斯克结交了许多志

图5 玛丽·拉斯克晚年照

同道合的朋友，由此建立了一个强大的人际关系网络。年轻的玛丽曾经在欧洲各地旅行和学习，十分乐于拓展和丰富自己的朋友圈。毕业之后，她也一直保持着这份冒险的精神和自信的态度。可以说，冒险和自信就是玛丽的代名词。于是，毕业之后，去大城市发展就成了玛丽·拉斯克的首选。她解释："我大学毕业那会儿，没有一个女孩子会想着回到中西部的小镇发展。在那个时代，要想被认可，女孩子们就必须在纽约这样的大城市工作一段时间。而且沃尔顿实在是太无聊了，我也绝不可能回去，绝不可能！"[4] 1923年，从拉德克利夫学院毕业的玛丽·拉斯克义无反顾地来到了纽约并且终于克服了童年时期的健康问题（通常被认为是体弱多病和易疲劳）。

到了纽约后，她搬进了位于第57大道的 "女孩之家"，在那里她开始发挥所长，在艺术界开始了人生第一份工作。她开始在艾瑞克画廊工作，不久之后，她又转到莱因哈特画廊并策划了其人生中一次非凡的展览。她亲自主办马克·夏加尔（Marc Chagall）早期作品展和伊格纳西奥·祖洛加（Ignacio Zuloaga）作品展。这两个展览让她迅速在业内名声大噪。在莱因哈特画廊工作两年后，玛丽嫁给了画廊老板保罗·莱因哈特（Paul Reinhardt），不过由于莱因哈特长期酗酒，这段婚姻很快就宣告结束。

1934年离婚后，玛丽·拉斯克开始了几次创业。其中最成功的要数"好莱坞模式"（Hollywood Pattern），该模式采取不断扩张百货商店的方式，为普通消费者提供负担得起的好莱坞风格的服装。作为一名成功的女商人，她十分欣赏那些能将想法变现的人。与此同时，她延续其大学时期乐于交际的特点，不断结交各界人士，扩展自己的人脉圈，在曼哈顿她似乎成为当时社交的中心。在20世纪40年代，她和她的挚友凯·斯威夫特（Kay Swift）每年都会举办派对，而参与派对的嘉宾，有很多人声名显赫，如温德尔·威尔克（Wendell Wilke）、玛格丽特·桑格（Margaret Sanger）、沃尔特·马克（Walter Mack）、阿尔伯特·拉斯克、大卫·萨诺夫（David Sarnoff）和卡尔·门宁格（Karl Menninger）等人[5]。这份嘉宾名单反映玛丽·拉斯克自身强大的影响力和号召力的同时，也体现出在她的一生之中，她都有能力接触到有影响力和有权势的人并建立一个强大的交际网络。而她最终利用这个有着非凡影响力的网络，代表医学界和科学界进行游说。

转变

1940年6月21日，她与慈善家阿尔伯特·拉斯克结婚，开启第二段婚姻生活。与第一段婚姻不同，第二段婚姻给玛丽·拉斯克带来的是巨大转变。其实，与阿尔伯特·拉斯克初识不久，玛丽·拉斯克就被这位"商业天才"身上所散发的魅力所吸引。1939年，他们正式开始交往。阿尔伯特·拉斯克对公共事业的浓厚兴趣让玛丽·拉斯克大为赞赏。在两人循序渐进的相处过程中，他们不仅保持着精神上的独立性，更是不吝啬相互之间的赞赏和尊重。最重要的是，他们还有共同的慈善愿景。[*6]例如，玛丽·拉斯克认为计划生育是20世纪早期公共卫生工作中最重要的项目。在认识阿尔伯特·拉斯克不久后，她就与阿尔伯特·拉斯克分享了她对计划生育事业的热情。阿尔伯特·拉斯克立即就向该组织投入了资金，鼓励他的朋友们加入这项事业中来并用自己娴熟的公共关系处理能力，帮助计划生育项目的推广。[*7]支持全民健康保险、赞助癌症研究项目、消灭肺结核……玛丽·拉斯克梦想的内容被不断丰富，阿尔伯特·拉斯克也乐此不疲地支持她。特别是，拉斯克夫妇二人重塑了生物医学研究基金项目资助策略。简单地说，拉斯克夫妇意识到，游说联邦政府似乎要比任何其他的私人慈善项目，更有机会获得更多的资金。因此，他们不遗余力地发掘那些支持联邦政府在医疗卫生和相关研究方面增加支出的政治网络、盟友和候选人。这种将私人关注的慈善事业转化为政府资助的公共卫生事业，成为玛丽·拉斯克余生的核心使命。[*8]

拉斯克夫妇对科学研究抱有共同的信念，也对推进医学研究的资金投入充满热情，他们开创了以数据和证据为中心的关于健康政策的政治论述（论述从列举疾病发病率到记录医学研究的投资话题）。此外，他们开创性地提出：医疗支出是对未来的一种投资。

与阿尔伯特·拉斯克的婚姻，无疑让玛丽·拉斯克接触了一些以前无法触及的、有影响力的人群。20世纪40年代初，她与当时的美国第一夫人埃莉诺·罗斯福（Eleanor Roosevelt）成了朋友，她们对计划生育有着共同的认识并致力于健康生育。随后，第一夫人将拉斯克介绍给了时任美国公共卫生服务部卫生局局长托马斯·帕兰（Thomas Parran）。1941年玛丽·拉斯克希望美国公共卫生服务机构将计划生育纳入其常规卫生项目中，不过出于此问题涉及的政治因素，当时公共卫生服务部拒绝对此问题持公开立场，但他们会因此考虑资助一项生育计划。玛丽·拉斯克获得了阶段性的胜利成果，这表明了计划生育的长期积极影响。玛丽·拉斯克说道："在我看来，人类的进程取决于对人类家庭规模扩张的有限制约，而情感、经济等都是这些制约因素之一。"[*9]

取得阶段性的成果后，玛丽希望对美国的医疗体系进行系统性的改革。简言之，由于支持卫生研究的联邦资金有限，她觉得成立一个由美国联邦政府资助的研究项目会获得更充裕的资金支持。有了想法立即行动是玛丽·拉斯克的特质。她了解了当时的卫生机构，如美国科学研究和发展办公室(ORSD)。美国科学研究和发展办公室是一个战时机构，该机构曾通过合作促进青霉素的生产，推动了本世纪最伟大的医学发明之一出现，但它在战争结束时却濒临关闭。而拉斯克则支持继续在这类有助于医学发展的研究上投入科研资金，联邦政府无疑是"医学研究永久的资金来源"。她与同事制订了相关策略，一次次地讨论着最受欢迎的卫生政策是什么并取得了很多积极成果。此外，她还直接支持与她有共同愿景并支持增加卫生投入的政治家。这让政策的执行在政治层面又多了一层保障。

1942年，玛丽·拉斯克与阿尔伯特·拉斯克创立阿尔伯特和玛丽·拉斯克基金会（Albert and Mary Lasker Foundation），再次明确了他们对医学研究项目的支持。该基金会不仅促进生物医学研究而且还成为拉斯克夫妇的战略根据地。从此，他们所为之奔波的事业逐渐走向公众视野。正如玛丽·拉斯克所描述的那样："拉斯克基金会提供了关于所有致死、致残性重大疾病的具体信息：治疗费用、发病率、死亡人数、研究进程等。"[*10]这些可靠的资料为各类疾病治疗和研究提供了充足的信息支撑。"[11] 两年后，拉斯克夫妇设立了拉斯克医学奖（Lasker Medical Research Awards），该奖项是美国最具声望的生物医学奖项之一，其影响力、权威性仅次于诺贝尔生理学或医学奖。该奖项的设立，标志着一种对医学和科学研究价值的尊重和公众意识的兴起。到此书付梓为止，已经有85位拉斯克奖得主，之后又获得了诺贝尔奖。[12]

基金会、设立奖项以及对医学的奉献精神正慢慢重建对医学研究的资助结构，也渐渐将视野放在了癌症研究对上。简言之，20世纪40年代中期，玛丽·拉斯克与阿尔伯特·拉斯克以拉斯克家族的名义，成功开创了私人癌症慈善事业大力发展的时代。他们支持将美国癌症控制学会（American Society for the Control of Cancer，ASCC）更名为美国癌症学会（American Cancer Society，ACS），且承诺将其25%的预算用于癌症研究领域。改制后的美国癌症学会，展示了一种以研究为核心的商业模式并旨在这些研究成果能够迅速被慈善组织采用，从而得到更多支持。1945年，美国癌症协会通过电台和《读者文摘》（Reader's Digest）等时下流行出版物寻求公众支持，前所未有地筹集了400万美元的善款（按承诺，其中100万美元将作为研究经费）。

第二次世界大战之后，玛丽·拉斯克的梦想更宏大了。她开始频繁地与政治家会面，其中便包括杜鲁门总统及其妻子。通过政治关系、战略友谊和政治力量的结合，玛丽·拉斯克为联邦医学研究基金提供了广泛而基础的支持。而她也与行政办公室、总统法律顾问、国会领导人保持了长达50年的联系。

新思维的诞生

在玛丽·拉斯克的一生中，她倡导一种关于医学研究的新思维并成功地把许多民主党人纳入她的思维中。20世纪40年代中期，玛丽·拉斯克和弗洛伦斯·马尼奥（Florence Mahoney）在一场政治游说中成为合作伙伴、朋友。他们有共同的目标：致力于发展健康事业。马奥尼向玛丽·拉斯克介绍了他另一个政治盟友圈子，其中包括参议员克劳德·佩珀（Claude Pepper）[13]［佩珀在1937年提出了美国《国家癌症法案》

(*National Cancer Act*)]。随着时间的推移,克劳德·佩珀成为玛丽·拉斯克和马奥尼重要的盟友并为之通过了许多支持生物医学研究的立法和拨款法案。两人的另一位重要盟友——美国国家心脏、血液和肺部研究所(National Heart, Blood, and Lung Institute)前所长克劳德·伦范特(Claude Lenfant)博士也强调了拉斯克对公共事业和政治的关注:"玛丽·拉斯克也是一位敏锐的政治家。她知道如何为生物医学研究获得支持,她有能力召集所有将政策转变为现实的参与者——公众、政府官员和生物医学界从业人员。她人脉广泛,既认识有权势的人,又能够与各部门达成合作,从而争取更多的联邦政府支持。"*14

玛丽·拉斯克的社交网络贯穿于其人生的诸多方面。玛丽·拉斯克通过向政治家和民众"兜售"其关于健康事业的信仰,广泛推动了美国联邦政府资助医学研究,她还通过招募谈吐得体的医疗专家进行大规模研究,组织临时的相关会议和研讨会。通过收集实际数据,这群志同道合的人可以在任何可能的情况下为联邦资金提供强有力的证据。在20世纪60年代的一次口头采访中,玛丽·拉斯克回忆了她与马奥尼、佩珀、杜鲁门总统等人梦想为医学研究建立庞大资金结构的早期岁月。玛丽·拉斯克满怀激情地回忆道:"我们是草根阶层的奋起者!"

阿尔伯特·拉斯克于1952年死于腹部肿瘤,自那以后,玛丽·拉斯克便成为拉斯克家族的代言人和公众人物,直至1994年去世。她说道:"从1952年5月30日阿尔伯特·拉斯克去世后,我比以往任何时候都更加坚定地要继续努力下去,争取更多的研究资金,用于癌症、心脏疾病以及其他严重疾病的研究。我更清楚地认识到,人们对疾病的了解是多么有限。"*16 玛丽·拉斯克经常称自己为"公民健康的说客",显然这个头衔掩盖了她在阿尔伯特·拉斯克生前及死后所积累的巨大政治与社会影响力。正如《美国新闻与世界报道》(*U.S. New & World Report*)记者在玛丽·拉斯克去世时总结的那样:在近半个世纪的时间里,她是推动美国联邦政府为生物医学研究拨款最具影响力的人物。她在国会和行政办公室进行游说;在癌症研究所理事会和心脏研究所理事会任职两届;支持各种组织，包括美国癌症协会、防盲研究会、癌症研究所、国家心理卫生委员会等；不厌其烦地打电话、发电报、组织晚宴和研讨会，通过各种方式向决策者们呼吁从而建立基于患者、疾病等信息的数据库，并推动公众意识到资助医学研究的重要性、必要性。[17]

　　玛丽·拉斯克对癌症研究的奉献精神在20世纪50年代得到进一步加强。1954年她支持拨款进行化疗研究。[18]值得注意的是，玛丽·拉斯克经常被认为具有政治智慧，因为她促使了尼克松在1971年签署《国家癌症法案》。随着时间的推移，她对癌症研究的决心和承诺依然坚定，正如《美国新闻与世界报》所指出的：玛丽·拉斯克目睹了美国国立卫生研究院的预算从1945年的250万美元增加到了1994年的110亿美元；玛丽·拉斯克去世后，生物医学研究也便失去了有史以来最得力的朋友。无疑，她对生物医学的研究作出了巨大贡献！[19]1971年当美国国会批准建立国家癌症研究所时，玛丽·拉斯克完全可以把重视医学研究的政治成果归功于自己，但她却没这么做。此举也赢得了民主党政府、立法者和其他人的盛赞。

　　另外，玛丽·拉斯克创造了一种关于卫生政策和资金投入的理论，至今仍是当代健康政策论述的框架。医学研究便成了未来的投资项目，她的不断创新和规划使美国国会得以讨论分配医学研究经费的问题，还可对美国联邦政府改善健康状况的承诺进行评估。在整个过程中，最成功的是她抓住了美国民众对医学的期望和对健康的担忧心理，从而将公共卫生及健康事业作为一种信念灌输给人们，即联邦政府应该资助医学研究。玛丽·拉斯克用最易懂的语言向政治家们传达了该理念，她用"实际数据"量化了所有具有说服力的疾病数据，用"研究成果"量化了投资价值。拉斯克基金会对关于疾病的实际数据会议以2～3年为周期进行一次更新，从而为更多新的资金资助提供更强有力的"证据"。正如她在谈及政治游说时所说的："我们向投资人解释了资金将会以何种方式进行使用，以及因疾病和过早死亡将损失的钱有多少。"[20]

"攻克癌症"

1945—1960年，美国国立卫生研究院发展迅速。在这15年里，有6个研究机构成立，联邦政府的拨款也增加到了9000多万美元。此后，玛丽·拉斯克将大量的精力投入到癌症和病毒的研究中。当时，美国太空计划的成功也给她留下了深刻印象，而致力于造福人类、攻克疾病的癌症研究计划为什么无法成功呢？到了1969年，玛丽·拉斯克确信只有在社会一波波的支持"浪潮"中，才能找到治疗癌症的方法，她创建并领导了战胜癌症公民委员会（Citizens Committee for Conquering Cancer，CCCC）。该组织采用的宣传策略大多延续了玛丽·拉斯克在战后采用的宣传策略，它们激发了公众参与癌症研究的热情，敦促了公民发挥其政治代表的作用，同时这些宣传口号并不是"假大空"，它们有实际可见的目标。最具说服力的一个例子可以证明战胜癌症公民委员会在当时的宣传力度，他们在当时流行的报纸刊物如《纽约时报》（*New York Times*）、《华盛顿邮报》（*Washington Post*）等刊登整版宣传广告。1969年12月9日，当读者打开他们所订阅的报纸刊物时，他们会看到一则"大胆"的声明：尼克松先生，您可以治愈癌症（Mr. Nixon: You Can Cure Cancer）。这句话中"癌症"一词则被癌细胞浸润的图像所包围，强化了视觉冲击力，声明下面则是情感诉求和专家观点，强调为癌症研究提供巨额资金的必要性。在这则广告中，读者阅读小字后，便会了解未来5年内，科学界极可能发现有效的治疗癌症的方法。[21] 虽然其中含有宣传的成分，但是其所表达的思想已成为美国联邦政府对健康、资助研究、促进科学发展所讨论的一部分。无疑这些宣传起到了推动作用。

具有策略性的宣传广告、各方在政治游说中所付出的努力以及专栏作家安·兰德斯（Ann Landers）在1971年敦促读者（公众）写信给其政治代表的一篇恰到好处的"恳求"，都促成了尼克松对《国家癌症法案》的支持。1971年12月23日，尼克松总统签署了允许创建国家癌症项目的法案。但一直以来，玛丽·拉斯克都受到了不少争议和批评。20世纪70年代初，这种批评声越来越多。那些批评者认为玛丽·拉斯克没有通过严谨的方式来评估科学，反而是通过引起人们共情来获得资助。

在一张1972年美国国家癌症咨询委员会第一次会议的照片中，有24个人肩并肩地站在一张堆满学术论文的桌子前，玛丽·拉斯克坐在最前面，23人穿着西装打领带且都是白人男性，其中20人获得了博士头衔。该委员会的成员也反映了20世纪60年代中期医学界的主导面貌。显然，玛丽·拉斯克是以男性占主导地位的环境中的唯一女性，从未获得过任何正式的、与科学有关的学位，但玛丽·拉斯克依旧保持自信、泰然自若。从照片中，我们可以窥见玛丽·拉斯克强大的存在感。值得一提的是，玛丽·拉斯克职业生涯的大部分时间是在一个男性主导的领域中进行各种游说，即医学和政治。可以说，玛丽·拉斯克不但学会了优雅地跨越性别鸿沟，而且能小心翼翼地弥合人际关系和发展政治伙伴。[*22]

1983年，久负盛名的癌症研究机构冷泉港实验室（The Cold Spring Harbor Laboratory）举办了一场名为"癌细胞"（The Cancer Cell）的会议，并在会议上专门为玛丽·拉斯克举办了致敬仪式，以表达学术和研究机构对她所作出的努力的感激和敬意。当时参加该活动的有冷泉港实验室主任詹姆斯·沃森（James Watson）博士、美国国家癌症研究所主任文森特·德维塔（Vincent DeVita）博士和卫生与公众服务部部长玛格丽特·赫克勒（Margaret Heckler）等医学界的领袖。会上，主办方向与会者提供了一本小纪念册，上面详细介绍了玛丽·拉斯克是如何在一个许多人对疾病感到绝望的时代把希望放在首位的。她"始终坚定信念，拒绝向绝望屈服，这成为她毕生致力于推动公众和政府对生物医学研究的支持的动力所在"。[*23]

玛丽·拉斯克一生的工作得到了极高的认可。1969年，尼克松总统授予她总统自由勋章（Presidential Medal of Freedom），这是为了表彰为美国或人类作出突出贡献的美利坚合众国公民所颁发的。[*24]儿科医生、肿瘤学家西德尼·法伯（Sidney Farber）博士利用这个机会阐明了玛丽·拉斯克工作的意义，正如他在1969年所写的："我希望我能有幸与你们一起努力，直到癌症问题不再存在。至于你，我衷心地希望你继续激励、领导、推动，直到所有可怕的疾病都被消灭。全世界人民的健康更是得益于你的贡献。"[25]林登·贝恩斯·约翰逊（Lyndon Baines Johnson）总统赞扬："玛丽·拉斯克是一位人道主义者、一位慈善家、一位活动家，她激发了公众对医学的理解，推动了富有成效的法案的成立，这些举动无疑都改善了人类的命运。[26]无论是在医学研究、环境方面的贡献，还是敦促同胞为医学事业作出贡献，玛丽·拉斯克都为这个国家人民生活质量的提高留下了永久的印记。她以个人的力量'领导'了总统并聚集了国会的力量，为同胞争取到了健康权益，为这片土地争取了更多的美丽。"约翰逊总统所说的玛丽·拉斯克对"美"的热爱是指她对公园、花园这类公共设施建设的支持。在致力于医学事业发展的一生中，在城市（尤其是纽约和华盛顿），玛丽·拉斯克还资助了种植鳞茎植物和树木的项目，为环保事业贡献了一份力量，许许多多绿色空间都是以玛丽·拉斯克的名义而建立的。

1984年，美国国立卫生研究院认识到玛丽·拉斯克在建立、扩大和资助美国国立卫生研究院方面发挥了巨大作用。1989年，美国国会授予玛丽·拉斯克美国国会金奖章。1994年，玛丽·拉斯克在睡梦中死于心力衰竭，享年93岁。美国参议院发表的一份悼词称，她是"一位美国英雄，一个超越生命的传奇"。当时，大到《纽约时报》小到各类地方报纸刊物，无一不刊登讣告表达同样的观点，也表达对玛丽·拉斯克的缅怀与敬意。[27]

简而言之，第二次世界大战后出现的生物医学研究的创新资助结构，在很大程度上归功于玛丽·拉斯克的新战略、坚持不懈的政治倡导。她相信医学投资会在商业、政治和慈善方面产生红利。玛丽·拉斯克身边的盟友们在此过程中提出了许多明智的建议，她的朋友也十分富有同情心并一直支持着她的事业。虽然玛丽·拉斯克没有正式的头衔和职位，但她的影响却十分深远，能与美国总统、参议员、国会代表、有影响力的首席执行官、主要慈善组织领导保持紧密的联系。[28]作为一位智慧、勇敢、见多识广、人脉广泛的慈善家，玛丽·拉斯克融合了她关于政治、社会和经济的认知，开创了一个由政府支持的研究项目的时代，她将医学研究的信念融入公众意识中，促进政府在一些与人类息息相关的问题上的资金支出。 玛丽·拉斯克坚信，随着科学的进步，从癌症到肺结核、从精神健康到其他疾病，都会出现转机，有更好的结果出现。 在玛丽·拉斯克的一生中，她史无前例地开创了富有想象力的资助结构，从而使人类无病的梦想更加接近现实。

备注

1. "Congressional Document," accessed 11 May 2016, at congressional.proquest.com/congressional/result/congressional/pqpdocumentview? accountid= 7122 &groupid= 114734 & pgId= 0458e 42e-84a4-4487-9aeb-1a9ad9bb327c&rsId= 154067A7B19.

2. Reminiscences of Mary Lasker (1962), part 1, session 1, in the Oral History Research Office Collection of the Columbia University Libraries (OHRO/CUL). Beginning in 1962, and continuing until 1982, John T. Mason Jr. completed fifty-eight oral history sessions with Mary Lasker. The Columbia University Oral History Research Office has transcribed the entire 1143-page record of these sessions. This essay is framed by the content of this collection, as well as dozens of published accounts of Mary Lasker's life.

3. Reminiscences of Mary Lasker (1962), part 1, session 4, 105. Mrs. Belter worked as a laundress for the Woodards; Alice Woodard Fordyce (1906–1992) was Mary's younger sister; Mrs. Dorr was the mother of one of Mary's closest friends; Paul Reinhardt was Mary's first husband; Paul de Kruif published *Microbe Hunters* in 1926; and John D. Rockefeller was one of the most significant private benefactors of early twentiethcentury medical research.

4. Reminiscences of Mary Lasker (1962), part 1, session 1, 25.

5. Reminiscences of Mary Lasker (1962), "Notable New Yorkers," 60–61, online at columbia.edu/cu/lweb/digital/collections/nny/laskerm/ transcripts/laskerm_1_2_74.html. Wendell Wilke

would become a presidential nominee in 1940; Margaret Sanger ran the American Birth Control League, soon to become Planned Parenthood; Walter Mack served as Republican national committeeman; Albert Lasker ran the PR firm Lord & Thomas; David Sarnoff ran American Radio Broadcasting; and Karl Menninger was a renowned psychiatrist. Her friend Kay Swift, aka Katharine Faulkner Swift, was an American composer, of both popular and classical music.

6. In the 1930s, Albert Lasker donated $1 million to the University of Chicago for disease research, but was disappointed with the impact. He renewed his interest in securing medical funding after meeting Mary. See Cold Spring Harbor Laboratory, "Program for 'A Tribute to Mrs. Albert D. Lasker'" (Cold Spring Harbor Laboratory Archives, 13 September 1983), online at libgallery.cshl.edu/items/show/72608.

7. Albert Lasker led the advertising firm Lord & Thomas until he sold it in 1940. He was recognized as a founder of advertising, and certainly one of its most popular practitioners. He often shared ideas and strategies learned in advertising in support of Mary's health goals. For example, in 1950, Albert suggested renaming the Birth Control Federation of America as Planned Parenthood in order to direct attention away from the "birth control" debate.

8. Reminiscences of Mary Lasker (1962), part 1, session 5, 128–30.

9. Reminiscences of Mary Lasker (1962), part 1, session 4, 126.

10. Reminiscences of Mary Lasker (1962), part 1, session 10, 278.

11. Joan Arehart-Treichel, "Lasker

Award: Passport to a Nobel Prize?," *Science News* 102, no. 23 (1972): 365, doi:10.2307/3957395.

12. Arehart-Treichel, "Lasker Award," 365.

13. Carla Baranauckas, "Florence S. Mahoney, 103, Health Advocate," *New York Times*, 16 December 2002, sec. US, online at nytimes.com/ 2002/12/16/us/ florence-s-mahoney-103-health-advocate. html. Mahoney and Lasker formed an effective political lobbying team, both securing political appointments and audiences critical to advancing medical research funding.

14. E. Bagg, "A Little Heart Trouble: Mary Lasker and the Founding of the National Heart Institute," *Texas Heart Institute Journal* 25, no. 2 (1998): 97.

15. Reminiscences of Mary Lasker (1962), part 1, session 10, 276.

16. Gary Cohen and Shannon Brownlee, "Mary and Her 'Little Lambs' Launch a War," *U.S. News & World Report* 120, no. 5 (1996): 76.

17. Cohen and Brownlee, "Mary and Her 'Little Lambs,'" 76; "Mary W. Lasker, Philanthropist or Medical Research, Dies at 93," *New York Times*, February 23, 1994, sec. Obituaries.

18. Vincent T. DeVita and Edward Chu, "A History of Cancer Chemotherapy," *Cancer Research* 68, no. 21 (2008): 8643–53.

19. Cohen and Brownlee, "Mary and Her 'Little Lambs,'" 76. See also "The NIH Almanac," online at nih.gov/about-nih/ what-we-do/nih-almanac/appropriations-section-2.

20. Reminiscences of Mary Lasker (1962), part 1, session 11, 312.

21. "Display Ad 109—No Title," *Washington Post, Times Herald* (1959-1973), 9 December 1969, sec. City Life.

22. "National Cancer Advisory Board First Meeting," Cold Spring Harbor Laboratory Archives Repository, Reference JDW/1/11/ 10, online at libgallery.cshl.edu/items/show/51481.

23. Cold Spring Harbor Laboratory, "Program for 'A Tribute.'"

24. "The Presidential Citizens Medal Criteria," online at whitehouse. gov/node/7913.

25. Cold Spring Harbor Laboratory, "Program for 'A Tribute.'"

26. Cold Spring Harbor Laboratory, "Program for 'A Tribute.'"

27. "Congressional Document" (see n. 1).

28. "Mary W. Lasker, Philanthropist for Medical Research, Dies at 93."

Charlotte Decroes Jacobs

夏洛特·德克罗斯·雅各布斯

乔纳斯·索尔克

美国英雄，科学的弃儿

> 希望寄托于有梦想的人、有想象力的人和有勇气的人，他们敢于将梦想变成现实。
>
> ——乔纳斯·索尔克

乔纳斯·索尔克秘密研发并最初测试了一种灭活脊髓灰质炎病毒疫苗，同时挑战了当时的一个主流观点，即只有活病毒疫苗才能提供终身免疫。当他的疫苗被证明有效预防这种致残性疾病时，他完成了医学史上最重要的壮举之一。尽管受到公众赞誉，他却受到科学界的斥责，被指控越过了可接受的学术行为界限。他的经历，促使我们认识到几个科学研究的更广泛问题：科学发现中的不确定性、研究成果的政治属性，以及个人代价。

乔纳斯·索尔克在科学界的存在犹如"背上罪名"的英雄那般，他以一人之力几乎根除了一种严重的疾病，而科学界却彻底背弃了他。1955年4月12日，当美国民众得知索尔克的疫苗能成功预防脊髓灰质炎时，他在一夜之间成了英雄。

索尔克出生于纽约的一个廉租房里。可他人穷志不穷,从小就梦想着有朝一日能够为人类作出突出贡献。当他研发出脊髓灰质炎疫苗后,各界对其赞誉纷纷,新闻界把这位谦虚、和善的科学家描绘成一位战胜致命疾病的英雄医生,公众纷纷赠送各种礼物给索尔克,以自己的方式向其表达敬意和感谢。各国的政府则授予他最高荣誉奖章以表彰其对人类发展作出的贡献。然而科学界却对索尔克不屑一顾。因为在那个传统的时代,这个不太传统的科学家挑战了当时科学界所坚持的信条,他们甚至认为他过于"哗众取宠",在疫苗研制成功之后,大张旗鼓的"宣传方式"让科学界蒙羞。

索尔克因研发出脊髓灰质炎疫苗而闻名世界,不过这样重磅的成果却掩盖了他在开发世界上第一种流感疫苗方面的贡献,还掩盖了他在索尔克研究所(Salk Institute)融合科学与人文科学方面的努力,更掩盖了他在攻克艾滋病方面所做的开创性工作。这些都是索尔克一生为人类、为医学所作出的贡献,值得被人记住。不过我将聚焦于他在脊髓灰质炎方面的工作,在索尔克的一生中,他为了实现自己的梦想而不惜付出巨大的个人代价来承担医疗机构应该承担的责任以及其带来的后果,从而生动体现了科学领域的梦想家所经历的种种磨难和最终收获的成果。所以,我将探讨一些更广泛的与科学发现有关的问题:研究过程中固有的困难、科学成果所引发的政治影响和研究者可能面临的声誉代价。

羊膜儿[1]

1914年10月28日,索尔克生于纽约东哈林区的一个犹太移民家庭。他在晚年曾回忆说,童年的经历、家庭的民族背景和当时世界上发生的事件塑造了他的一生。他所尊敬的先辈们在大屠杀中幸存下来,而他们那种坚韧不拔的精神也成为他性格中的一个重要组成部分。童年的几段记忆一直在他的脑海挥之不去:1918年的一次停战阅兵式上,队列中那些失去一条腿或胳膊的士兵们让4岁的索尔克备受冲击;同年,流感

---

1   出生时头部、身体仍被羊膜包裹的孩子,被称为羊膜儿。医学上这种现象被称为胎膜内分娩,文献中估计其发生的概率仅为八万分之一。民间传说中,这种胎儿代表运气和财富。

在纽约肆虐，夺去了数千人的生命，他站在人行道上看着满载棺材的马车从身边经过，年幼的心灵再次受到冲击。一个保护人类的梦想在小索尔克心中产生。

他的母亲回忆说，索尔克出生的时候，脸上被一层薄薄的羊膜盖住。后来，母亲告诉他，那是一种好兆头，预示着索尔克生下来就有"超能力"，命中注定要做伟大的事情。小索尔克相信了母亲的话。对犹太人来说，一个人的善行将成为衡量其一生的标准。小索尔克祷告：长大后必将造福人类、减轻人类的痛苦。他将路易·巴斯德[2]（Louis Pasteur）视为他的英雄。因为，巴斯德以其科学的创造力、敏锐的洞察力、坚忍不拔的精神和对人类健康状况的关心，战胜了毁灭性的疾病。年轻的索尔克努力向他心中的英雄看齐。

成为科学家

起初，索尔克告诉母亲，他想成为一名律师，为那些受到压迫的人带来力量和希望。可母亲表示，索尔克不具备辩论能力，因为他总是在与母亲的争辩中败下阵来。而且，索尔克与其父亲一样，沉默寡言，所以很难有机会成为律师。在纽约市立学院[3]读书时，索尔克开始对科学产生兴趣，决定成为一名医生。不过当时他的成绩不够理想，而且当时在医学院存在针对犹太学生的"配额制度"，想进入医学院有不少困难。可是，他申请书中所体现出的志向让他脱颖而出。因为，他并不像大多数申请者那样，计划成为一名医生，而是想从事医学研究。

随后，索尔克被纽约大学医学院录取，成为一名医学预科生。慢慢地，他开始对普遍接受的教条提出质疑。"书本里的知识告诉我们，可以使用经化学处理的毒素来免疫白喉和破伤风，"他在晚年回忆："接下来

2　路易·巴斯德，法国化学家和微生物学家，医学微生物学的重要创始人之一，他是分子不对称性研究的先驱；同时他发明了巴氏杀菌法、研发了炭疽和狂犬病疫苗。

3　纽约市立学院（The City College of New York, CCNY），成立于1847年，是纽约市立大学系统中的一所四年制学院，是纽约市立大学系统的创始学校，也是历史最悠久的分校。截至2014年，该校共有12位校友获得诺贝尔奖。

的课程中，我们学到，对于病毒性疾病，必须要经历感染过程才能获得免疫。"[*1]当索尔克探寻为什么会这样时，他没有得到满意的答案。于是，他下决心：有一天一定要解决这个矛盾的问题。

尽管索尔克是一位接受过系统训练的临床医生，但他却把自己的精力投入到科学研究之中。后来，他说道："我的确没有行医，没有给病人开药，我所做的，是把科学带到了医学领域。"[*2]大四的时候，他向小托马斯·弗朗西斯（Thomas Francis Jr.）教授寻求指导。弗朗西斯教授是第一位成功分离人类流感病毒的科学家。索尔克对科学研究的执着打动了弗朗西斯，于是，他给索尔克分配了给小鼠接种流感疫苗的任务，这也点燃了索尔克的梦想——预防流感，这个世界上最严重的传染病之一。

对付流感

珍珠港事件爆发时，索尔克刚刚结束他在西奈山医院的实习。时局危急，美军要去参战，可当时的美国军队却面临着严重的流感。人们担心类似1918年流感大流行的悲剧重演——当年，流感造成的死亡人数与第一次世界大战中战死的年轻人人数一样多。人们迫切需要疫苗，当时在密歇根大学（University of Michigan）的弗朗西斯教授在研发流感疫苗上取得了进展，索尔克立马慕名而来，主动申请加入弗朗西斯的研究团队。索尔克的决心大大超出其专业能力，他不知疲倦地参与研发、试验。当弗朗西斯前去疫情暴发点调研时，索尔克在埃洛伊斯精神病医院进行了临床试验，以证明疫苗的有效性。虽然在1947年伦理原则通过之前，使用囚犯作为研究对象是常见的做法，但是强烈的道德感使他拒绝这样做。考虑到流感大流行可能带来大灾难，出于避免引起社会恐慌的目的，索尔克进行了临床试验。之后，他先后为超过12000名士兵接种了该疫苗，从而使得士兵的感染率成功降低了92%。

索尔克还发现，接种了流感疫苗的人，其流感抗体水平与经历过自然感染的人相当，一年后，抗体水平仍在升高。此外，他和弗朗西斯还观察到了他们所谓的"群体效应"——在免疫接种的情况下，传染给他人的感染者较少，从而限制了疾病的传播，这对未来与免疫相关的研究将会产生重大影响。

短短五年时间，乔纳斯便掌握了培养病毒和研发疫苗的技术，从一个初出茅庐的新手就成为独当一面的研究员。由于战争的紧迫性，索尔克在实验室中一跃成为可独立承担课题的研究人员。一位历史学家曾评论道："在弗朗西斯的指导下，索尔克的组织能力得到了提升，科研能力更是得到提升，最重要的是他对病毒性疾病的理性理解使得他后来有足够的能力应对小儿麻痹症。"[*3]

不过，事情的发展总没有那么顺利。随着时间的推移，索尔克和弗朗西斯之间的关系逐渐紧张。多年后索尔克承认："我当时并没有按照预期的研究规划来进行，我从事该研究的目的是我认为它可以激发更多关于科学思想的讨论。我从事病毒性疾病预测是因为我觉得，这就是科学思想的本质……但是在病毒学领域，推断和预测都不是主流。"[*4]除此之外，他还和记者们分享了自己关于科学的想法并与制药公司达成合作，在当时的学术界看来这些举动都是不合适的。索尔克的"野心"越来越明显，弗朗西斯对其的批评也随之变多。尽管与弗朗西斯的合作，索尔克可以得到更多关于医学研究的指导，但他开始渴望独立并随后在匹兹堡大学找到了一个合适的职位。

索尔克开始着手解决预防流感的一个主要问题。由于流行病学家无法准确预测每年会出现哪些病毒毒株，而每一种疫苗所能"对抗"的病毒数量有限，所以他们迫切需要一种广谱疫苗。免疫学家儒勒·弗洛因德（Jules Freund）在相关动物试验中发现，将一种矿物质油添加到疫苗中，能有效控制接种部位的病毒扩散，增强抗体反应。在此基础上，索尔克提出将矿物油作为佐剂，以减少每次接种的病毒量，从而允许在一种疫苗中添加多个流感毒株。于是，他首先在猴子身上做了试验，随后"大胆"地在医学院学生身上进行试验，最后索尔克在《纽约医学公报》（*Bulletin of the New York Academy of Medicine*）上发表其试验结果"疫苗可以针对更多病毒毒株……包括A型和B型流感病毒的整个抗原谱。"[*5]

当时，索尔克正与两家制药公司进行合作，准备将其新研制的疫苗投入生产，而流感专家认为年轻的索尔克所得出的结论过于草率，强调该结论还需要更多验证。考虑到佐剂可能会导致肾脏损伤以及诱发癌症，这款佐剂未获批准。多年后，美国国立卫生研究院的安东尼·福奇（Anthony Fauci）写道：佐剂在未来的流感疫苗中发挥了至关重要的作用。索尔克试图研制通用流感疫苗，可最终未能成功，他倍感沮丧。关于他与流感的故事也就在此告一段落。1947年，当美国国家小儿麻痹症基金会（NFIP）研究主任哈利·韦弗（Harry Weaver）邀请他参与到攻克小儿麻痹症的工作中时，他欣然答应了。

脊髓灰质炎

1947年，临床医生已经有了脊髓灰质炎临床症状的清晰描述，患者最开始的症状就是发烧和喉咙痛。科学家们知道这种疾病是由一种病毒引起的，病毒能够攻击脊髓前角细胞，损害脊髓前角细胞的运动控制能力，甚至造成呼吸衰竭。该病毒通过粪口途径传播，儿童属于易感染人群。在20世纪以前，小儿麻痹症在美国是地方病，大多数儿童在出生前后就通过母体获得抗体而得到保护。随着卫生设施的引入，那些社会经济地位较高的人，由于卫生条件较好没有过早接触该疾病，也就没有防备。1916年，美国发生了第一次大流行病，有27 000人染病。此后，感染人数几乎在每年夏天都会增加，没有人能预知哪个社区会受到影响。

曾任美国总统的富兰克林·罗斯福（Franklin Roosevelt）是最著名的小儿麻痹症受害者。他的法律伙伴和朋友巴兹尔·奥康纳（Basil O'Connor）帮助他成立了美国国家小儿麻痹症基金会。在奥康纳的帮助下，"一毛钱进行曲"开始了，他号召每个支持这场战役的人寄给总统一毛钱，最终筹集了数百万美元并发起了一个有针对性的研究项目，以解决脊髓灰质炎问题。韦弗邀请33岁的索尔克参与美国国家小儿麻痹症基金会项目，确定不同类型的小儿麻痹病毒的数量，这是研发疫苗的先决条件。也正是这个项目，索尔克有了跻身科学界精英行列的机会。项目中的其他人包括阿尔伯特·萨宾（Albert Sabin），一位杰出的、有争议的病毒学家，他首先在神经组织中培育出了小儿麻痹病毒。虽然索尔克很享受与他们建立的同事关系，但当他提出了两种加快分型过程的新奇方法时，遭到了拒绝，这两种方法被小组断然驳回了。"这极大地打击了我的自信心。"索尔克说。[*6]

1951年，索尔克在哥本哈根举行的国际脊髓灰质炎会议上首次亮相，他在会议上报告了对三种不同类型脊髓灰质炎病毒的识别方式。回程的路上，他与奥康纳建立了友谊关系。索尔克的乐观精神、奥康纳的包容大度让他们更加坚定改善公众健康的愿望。奥康纳十分欣赏索尔克在科研中的合作精神，这是许多科学家所缺乏的，还有索尔克在"显微镜下"的样子，使奥康纳觉得他才是真正能为人类健康事业作出贡献的科学家。[*7]

同年，奥康纳主导成立了小儿麻痹症免疫委员会——一个帮助其设计最佳小儿麻痹症治疗方案的咨询小组。小组成员包括索尔克、萨宾、弗朗西斯以及微生物学家大卫·博迪安（David Bodian）、约翰·保罗（John Paul）、约翰·恩德斯（John Enders）、托马斯·里弗斯（Thomas Rivers）、约瑟夫·斯马代尔（Joseph Smadel）、托马斯·特纳（Thomas Turner）。每一位科学家都拥有对科研的热情、对生命的希望，这体现在他们在脊髓灰质炎的预防工作中所遇到的每一个经过激烈辩论的细节上。

当时，研发抗病毒疫苗的标准方法是分离致病病毒，在适宜的培养基上进行培养，接着通过实验室动物进行多次传代削弱其毒性，最终使用这种减毒活病毒进行免疫。大多数病毒学家认为，只有活病毒疫苗才能通过低剂量感染提供终身免疫，原理就像天花和黄热病疫苗那样。

但是索尔克认为，为获得免疫力，感染是非必要条件；病毒不但可以被灭活，同时能在更安全的情况下刺激免疫反应。当时索尔克认为白喉是一种由杆菌产生的毒素引起的致命疾病，即使通过添加甲醛使毒素变得无害，但仍会引起免疫反应。在此之前，流感疫苗是由活病毒制成的，但这种制备疫苗的方式所获得的成功只被认为是特例。通常病毒会频繁变异，流行病专家必须预测每年会出现哪些病毒毒株，进而迅速研发出针对该毒株的疫苗，然而灭活病毒的方式在那时根本行不通。疫苗可以在几个月内制成，其预期免疫只会持续一个流感季节。所以，索尔克认为，在研发疫苗之前，不需要识别脊髓灰质炎病毒的详细结构，然而为避免当时团队合作产生分歧，他还是选择把这些想法放在心里。

当时美国国家小儿麻痹症基金会为脊髓灰质炎疫苗的研发提供了资金，可免疫委员会成员仍然强烈反对美国国家小儿麻痹症基金会对其研究"指手画脚"。他们认为，专业的事应该由专业的人去做，资历尚浅的同事应该听从前辈的建议和指导。当指针拨动到1952年，约57 800名美国人感染了脊髓灰质炎，形势严峻，索尔克不想再站在委员会成员的背后默默无闻，他也不想再按照他们所规划的时间表完成特定的任务。他希望作出改变，于是在韦弗和奥康纳的支持下，他将自己心中的疫苗研发计划说了出来，他想赶在下一个脊髓灰质炎高发季来临之前，为人们尽快研发出有用的疫苗。韦弗回忆："像索尔克这样的人，那时还没有！他的方法完全不同于以往该领域的主流研究方法……他想跳跃前进，而不是缓慢爬行，显然他的意愿是为我们量身定做的。"[*8]

接下来，索尔克和他的小型实验室团队使用了与研发流感疫苗时相似的方法并使用了恩德斯细胞培养技术的改进方案，仅用3个多月时间他们就制成了包含3种病毒类型的脊髓灰质炎疫苗。其研发速度之快无疑引来一些质疑，许多科学家认为其研发过程过于草率。然而索尔克却是一位一丝不苟、对科学孜孜不倦的科学家，对待疫苗研发这件事，他是认真的。出于对现状的考虑，索尔克担心免疫委员会成员阻挠其临床试验，他在华盛顿沃森儿童之家（D.T. Watson Home for Crippled Children）进行第一次秘密的临床试验。数年后，索尔克对那时的"大胆"回忆："在我应对小儿麻痹症的一生中，那个时刻是最重要的，因为那是第一次我能真正测量儿童体内的抗脊髓灰质炎抗体。也是在那一刻，我无比确信疫苗可以预防小儿麻痹症。"

当索尔克告知委员会这件事时，委员会成员无一不感到震惊。随后委员会对其展开询问，相比于自然感染的抗体水平，一些人对灭活病毒的抗体水平表示了怀疑，并对使用矿物油佐剂表示了担忧。另一些人则担心来自猴子肾脏细胞培养的物质会导致器官损伤。萨宾则认为索尔克的临床试验结果不可信，这样100%的否定对索尔克来说是对其科研成果的羞辱。当时委员会成员分为了两派：一派支持立即在全国范围内进行更大规模的临床试验；而另一派则持否定态度，在反对派中，萨宾和恩德斯的声音是最大的。韦弗和其他几个人认为他们手头的疫苗足以应对下一个脊髓灰质炎季节的来临，应进行大规模的随机试验了。但索尔克两边都不站，他主张先在几千名儿童中测试其疫苗的安全性和有效性，如果能降低这些儿童患小儿麻痹症的概率，那么疫苗的研发才算真正成功。索尔克认为进行一项随机试验是不道德的，其中有一半的儿童会得到安慰剂，他对奥康纳说："我觉得，如果一个孩子被注射了无效的对照剂，导致瘫痪，无疑我就是罪魁祸首。"[*9]

由此免疫委员会陷入僵局，韦弗便成立了一个疫苗咨询委员会（Vaccine Advisory Committee），由支持立即开展大规模随机试验的卫生保健领导组成。此外，他还告诉索尔克，如果他自己对其研制的疫苗进行临床试验并把试验结果交由弗朗西斯进行分析，可以减少公众对疫苗有效性的质疑。公共卫生服务部门开始要求对索尔克的疫苗研发方案进行修改，而这会影响药效。阻挠接踵而至，甚至有传言称被活病毒污染过的疫苗可能会造成儿童肾脏受损，这导致主要的针具制造商开始罢工。1954年4月26日，医学史上最大的临床试验还是开始了，有将近100万名儿童参与了本项临床试验。全美范围内一年级、二年级和三年级的学生被要求接种疫苗或安慰剂，索尔克被排除在这次试验外，直到宣布试验结果那天他才收到弗朗西斯的初步结果。

1955年4月12日，弗朗西斯在密歇根大学（University of Michigan）的一个公共论坛上公布了备受期待的试验结果：该疫苗对麻痹性脊髓灰质炎的有效率有80%~90%，且未对任何儿童造成伤害。结果一经宣布，世界各地的报刊都报道刊登了类似于"小儿麻痹症被攻克"[*10]"小儿麻痹症的胜利"[*11]等字眼，当时许多人就好像庆祝战争结束那样愉悦、欣喜。就在结果宣布的当天下午，由索尔克研发的疫苗获得了生产许可，成千上万的疫苗随即被运往全美各地，数百万名儿童也因此获益。

当美国免疫计划实施两周后，时任美国卫生局局长接到报告称，有7名儿童在接种疫苗后瘫痪，其中大多数病例与伯克利卡特实验室（Cutter Laboratories in Berkeley）所生产的疫苗有关。随即他停止了所有疫苗接种计划，当政府监管机构报告卡特实验室的生产没有问题时，公众便将矛头转向了疫苗的研发者索尔克，他们觉得其病毒灭活技术不够成熟，从而导致患者瘫痪。索尔克在经过自己种种调查后发现，实则是卡特实验室在疫苗生产过程中未严格执行病毒灭活和过滤程序，使得疫苗中留下了活病毒。据统计，有200多人直接或间接因接种了受污染的疫苗而感染脊髓灰质炎，其中11人死亡。随后，在更严格的指导方针和监管措施下，疫苗接种计划才得以恢复。

强烈反响

疫苗接种计划的推行使索尔克一夜之间成了公众赞誉的对象，他的照片出现在各大报纸头条、各大杂志封面上，国家元首授予了他最高级别的荣誉奖章（包括总统荣誉勋章和法国荣誉军团勋章）。然而，他几乎没有得到科学界对他的赞扬，甚至遭受了来自同行的批评和质疑，这些指责给索尔克的成就蒙上了阴影。

这些指责和质疑的背后究竟是因为什么呢？因为，这位40岁的科学家秘密地研发疫苗并展开了最初的临床试验，他挑战了当时科学界所坚持的原则。尽管有人担心大部分科学家无法重现他的灭活技术，而且大多数资深的病毒学家更倾向于活病毒疫苗，但奥康纳选择相信索尔克。索尔克之所以能展开其实验，可以说是"天时地利人和"，但因此也引发了部分人的不满，戏称他是"被选中的人"。[12]学术领袖批评了在安娜堡举行的研讨会，他们称这次会议和相关的媒体报道是一场狂热的"聚会"，是一场违反了同行审评程序的"马戏表演"。尽管索尔克未参与进去，但是科学界反对索尔克的情绪不断蔓延。索尔克回忆道："我马上就意识到我完蛋了，甚至被科学界抛弃了。"[13]

有些人抱怨索尔克只知道吸引公众的眼球，而忽视了其他研究人员在脊髓灰质炎疫苗研发上的付出。可事实是，索尔克曾不止一次向媒体提及过其成功是大家一起努力的成果，无疑，媒体的渲染将索尔克孤立了。媒体喜欢鼓吹个人英雄主义，他们顺势将索尔克塑造成抗击小儿麻痹症的孤胆英雄。随着疫苗方面取得的成果，索尔克变成了医学史上最著名的科学家之一。人类永远不能低估嫉妒对一个人的影响，许许多多站在镁光灯下获得无数盛赞的科学家多少都曾遭受过来自同行的嫉妒及恶言。

索尔克几乎没有得到过任何科学界的奖项和认可（除拉斯克奖之外），这也体现了当时科学界对其成就颇有成见，甚至在索尔克获得诺贝尔奖提名后，也被诺贝尔委员会拒绝了。在他去世几年后，瑞典皇家科学院（Royal Swedish Academy of Sciences）常任秘书长将这些曾鲜为人知的事情揭露了出来。[*14]瑞典卡罗林斯卡学院的病毒学家、小儿麻痹症专家斯文·加德（Sven Gard）曾是诺贝尔奖委员会的五名成员之一，他表示："索尔克所展示的一种灭活的病毒可以使人获得免疫力的例子已经被证明过，他不是第一人，他利用了其他人的成果。"加德紧接着说："我无法证实索尔克的病毒灭活技术，而且当时发生在卡特实验室的事件，索尔克应当为之负责。"多年来，诺贝尔奖委员会的这一决议引发了不小争议。诺贝尔奖获得者雷纳托·杜尔贝科（Renato Dulbecco）说："事实上，人类公共健康方面的进步（而非生物学的突破）不能被认为是一种科学贡献，这也就引发了科学在我们的社会中所扮演的是何种角色的问题。"[*15]

毋庸置疑的是，索尔克的成就理应使其加入美国国家科学院（National Academy of Sciences），不过其中几个成员认为他没有任何具有建设性意义的科学发现，就好比一家制药公司的产品开发主管只是将他人的成果结合在了一起。还有人怀疑，当时免疫委员会成员萨宾对索尔克进行了批评，萨宾称索尔克的研究成果是"厨房化学"并痛斥其发现缺乏原创性。萨宾说："索尔克这辈子从来没有原创的想法，甚至他也可以去'厨房'做他所做的事情。"[*16]

索尔克也不是无可指摘的，他作为科学家接触公众的方式很少有同行能及。没有一位严肃的科学家会接受《好管家》（Good Housekeeping）和《家长》（Parent）这类杂志的采访，也没有一位严肃的科学家会向电视观众展示如何使用搅拌机来研发疫苗。索尔克对他的秘书表示，他觉得有义务帮助公众培养对医学和医学研究的兴趣和知识，毕竟人们用手中的一枚硬币支持了我们的研究，我们为何不能将科学传播给公众呢？然而，当时的部分科学家指责他过度吸引媒体的注意，这越过了学术界可接受的行为界限。某种程度上，这些科学家没有错，索尔克也没有错。只不过角度不一样罢了。但可以确定的是，索尔克很快就学会如何依靠媒体和舆论的力量获得公众支持。

索尔克疫苗的命运

在美国国家小儿麻痹症基金会进行临床试验5年后，索尔克的灭活脊髓灰质炎疫苗使美国麻痹性脊髓灰质炎的发病率降低了90%。即便如此，大多数资深病毒学家仍然认为这种灭活病毒疫苗只是权宜之计，他们坚持认为，只有活病毒疫苗才能通过提供终身免疫来根除脊髓灰质炎。此外，活病毒疫苗还能产生"群体效应"，因为接种者所排出的低活性的病毒可以使未接种者免疫。萨宾研发了新型的口服疫苗，它在苏联进行了大规模临床试验，如果试验成功，萨宾研发的疫苗就可能代替当前注射用的索尔克疫苗。萨宾疫苗通过使用减毒活病毒，既能激发身体的免疫力，又对身体无害，从试验结果来看安全性和有效性皆有保障。1961年，美国公共卫生服务部以价格和方便为由，用萨宾研发的口服疫苗代替了索尔克研发的注射疫苗。

可是索尔克却警告人们：活的脊髓灰质炎病毒目前虽然已被减弱，但是无法保证其不会恢复到原来的致病性并导致脊髓灰质炎再次大规模流行。他尽一切可能阻止萨宾研发的口服疫苗获得上市许可，可想而知这是无用功，美国医学会（AMA）、美国儿科学会（AAP）、美国疾控中心（CDC）以及美国卫生局局长均反驳了索尔克的观点，他们认为索尔克的疫苗并非100%有效。因为1957年时，美国仍有约6000人患上脊髓灰质炎。索尔克却对此表示不服，他认为脊髓灰质炎的出现不仅是因为单一的生物方面因素，社会经济因素也不得不考虑在内，因为就那时来说一些地区的疫苗接种率仍然很低。此外，从其疫苗的有效性来说，接种

图6　索克尔1955年在匹兹堡大学实验室

过疫苗的患者在6年后，其体内的抗体仍然保持着良好水平。然而，一人之力终究还是敌不过各方的"阻挠"，1968年，美国制药公司已经停止生产索尔克研发的疫苗。

对此，萨宾也否认了索尔克的"指控"。多年来，索尔克一直在试图扭转他所谓的"政治驱动的危险决定"。索尔克认为在接种疫苗后，个体会在长达8周的时间内排出活病毒，这一过程会有很大的传播风险，如果病毒重新转化成毒性更强的形式，就会再次暴发流行病。尽管索尔克向主要的医学杂志投稿了多篇文章和社论，但大多都被拒绝了；他又向当时主要的卫生组织、向国会委员呼吁，甚至尝试联系时任总统吉米·卡特（Jimmy Carter）总统。媒体在这时开始把索尔克与萨宾之间的学术争论描绘成了一部医学上的恩怨史。

索尔克向多方"呼吁"无果，政策依然没有任何改变，而后他便向公众发声。他在《纽约时报》上发表评论："我有责任告诉公众，他们有理由有权利要求……一种有效且安全的疫苗。"他还透露，有关部门认为，当时美国大多数脊髓灰质炎病例都是活病毒疫苗引起的，然而在那时更换疫苗，这种举措"大可不必且欠缺考虑"。[*17]

此外，索尔克还鼓励记者们报道个别脊髓灰质炎患者的"悲剧"。索尔克的坚韧成为传奇。在其职业生涯后期，他与法国制药大亨查尔斯·梅里埃（Charles Merieux）博士和荷兰科学家图恩·凡·维泽尔（Toon van Wezel）合作开发了一种增强版的灭活病毒的疫苗，新型疫苗还可与其他现有疫苗联合使用。1999年，美国政府终于召回并停止使用了萨宾研发的疫苗，取而代之的是索尔克研发的疫苗的"升级版"。然而一生坚韧的索尔克还是没有等到这个令人开心的消息，他于1995年6月28日，因心脏衰竭而去世，享年80岁。

结语

索尔克的脊髓灰质炎疫苗极大地改善了公众健康状况。当他挑战一个基本的生物学原理时，他面临着前所未有的批评声和质疑声，但他依然坚持了下来。他把自己定位成一名兼具临床医生和研究员身份的跨界科学家，这在当时是少有的。当多数人在讨论如何预防小儿麻痹症时，索尔克在从未进行过任何关于小儿麻痹症病毒研究的情况下，便率先想到了使用疫苗的方式预防小儿麻痹症。他的理想与坚持使他得到了美国国家小儿麻痹症基金会资金和道义上的支持，在挑战传统学说的同时，索尔克又拓宽了实现持久免疫反应的思路。现在，我们的疫苗不仅会使用灭活病毒的毒制成，还将由微生物的一部分（亚单位疫苗）或人体DNA制成。

索尔克被视为"民众的科学家"，他之所以能受到公众的赞扬，不仅源于他研发出了脊髓灰质炎疫苗，还因为他消除了人们对20世纪最可怕的疾病之一的极度恐惧，不论是身体层面还是心理层面的健康，他都做到了"治愈"。更值得一提的是，索尔克影响了公众对科学的看法和认知，激发了普通人参与健康事业的热情。随着其疫苗的推广，第一个大规模疫苗接种计划也随之而来。他表示，这是给全世界儿童接种的免疫，是他对孩子们的道德承诺，他还感谢了在国际上展开的小儿麻痹症防治计划和全球根除小儿麻痹症行动，我们也正无限接近脊髓灰质炎病毒在全球范围内的灭绝。

那么，公共卫生官员和科学界对他的不满到底是因为什么呢？或许是因为索尔克的个性，他对自己处理问题的方法很自信，也很少会有自我怀疑的时候。在表达自己所坚持的观点时，他有着一种强烈的坚韧性，会一遍又一遍地重复其观点，这种坚韧性或许在许多人看来确实是让人筋疲力尽的固执。反观萨宾，他在科学界的地位却有着极大的优势，因为索尔克已经是那个"第一个吃螃蟹的人"，所有人的矛头自然也不会对准萨宾了。

可是，不管是医学界还是科学界，都需要有远见卓识的大思想家。巴斯德一直是索尔克的英雄，而索尔克也会成为未来一个又一个具有科学情怀的人的英雄。这样代代传承的科学精神也正是科学界所需要的。但慢慢地，从研究台到病床边的全能医生正变得"过时"，单独的临床研究者已经被大型的临床试验团队所代替，协作精神似乎正在慢慢替代个人的远见。那些有特定终点的药物临床试验，为未来的大思想家、远见者留下回旋的余地不多了！

　　另外，现今随着各项政策和规定的发布，成为索尔克那样的远见者似乎也变得更难了。如今在没有美国国家小儿麻痹症基金会这样的机构支持下，美国科学家们如果想要争取美国国家卫生研究院的资助，只有15％的人能获得资金支持。其余的科学家必须与美国食品和药物管理局协商新药申请、机构审查委员会和生物制品许可证的申请，且试验是由专业的研究人员进行的，而非志愿者，这也大大增加了药品研发的成本费用。如今，开发一款全新的疫苗可能需要近10年的时间，耗费超10亿美元。

　　索尔克的一生是一个梦想家成功的典范。梦想家需要才华、创造力、坚韧、自信和明确的目标，因为在实现梦想的过程中他们极大可能不被同行接受、不被大众接受。所以那些有远见的梦想家们随时准备面对失败。在索尔克后来的生活中，一位记者提问索尔克他所认为的自己的失败是什么，索尔克回答："我不会用失败这个词来形容我的一生，因为我的一生皆因梦想而起、皆由挑战组成。"[18]

　　造就索尔克性格的核心是一种精神信仰，即天生的使命感。尽管遭受科学界的攻击，他从未反击过，将平静化为力量，以最朴实的科学语言进行反击。只有在他的私人笔记中，他才会透露："我的意图和目的一直是通过提高知识来行善，而别人只是为了知识的进步和传播，这就是区别……这就是他们不能原谅我的地方……这有损于我们作为科学家的尊严吗？"[19]索尔克生命的核心是一种激情——解决医疗问题和帮助人类健康的激情。这种激情支撑着他经受住了外界的争议。最后，他的远见和为人类着想的浪漫主义，还有那为了理想主义的坚韧，使他最终在专一领域方面改善了人类的健康。

备注

1. Judith Bronowski, producer/writer, *Jonas Salk: Personally Speaking* (San Diego: KPBS, 1999), VHS videotape.

2. Jonas Salk interview, 14 November 1990, March of Dimes Archives, March of Dimes Foundation, White Plains, NY.

3. Richard Carter, *Breakthrough: The Saga of Jonas Salk* (New York: Trident Press, 1966), 46.

4. Carter, *Breakthrough*, 51.

5. Jonas Salk, "An Interpretation of the Significance of Influenza Virus Variation for the Development of an Effective Vaccine," *Bulletin of the New York Academy of Medicine* 28 (1952): 761.

6. Carter, *Breakthrough*, 81.

7. Carter, *Breakthrough*, 121.

8. Carter, *Breakthrough*, 68 – 69.

9. Salk to O' Connor, 16 October 1953, Jonas Salk Papers, Mandeville Special Collections Library, University of California, San Diego, La Jolla, CA.

10. *Pittsburgh Press*, 12 April 1955.

11. *South China Morning Post*, 13 April 1955.

12. Interview with Lorraine Friedman, conducted by Charlotte Jacobs, 18 August 2004.

13. Carter, *Breakthrough*, 3.

14. Erling Norrby, *Nobel Prizes and Life Sciences* (Singapore: World Scientific Publishing, 2010).

15. R. Dulbecco, "Obituary: Jonas Salk (1914 – 95)," *Nature*, no. 376 (1995): 216.

16. Hal Hellman, *Great Feuds in Medicine* (New York: John Wiley & Sons, 2001), 126.

17. "Polio: The Cure for the New Controversy," *New York Times*, 26 May 1973.

18. "Twentieth Century Miracle Worker," *Modern Maturity*, December 1984.

19. Personal notes, Jonas Salk Papers.

Anya Plutynski
安雅·普鲁琴斯基

米娜·比塞尔

探索癌症诱因

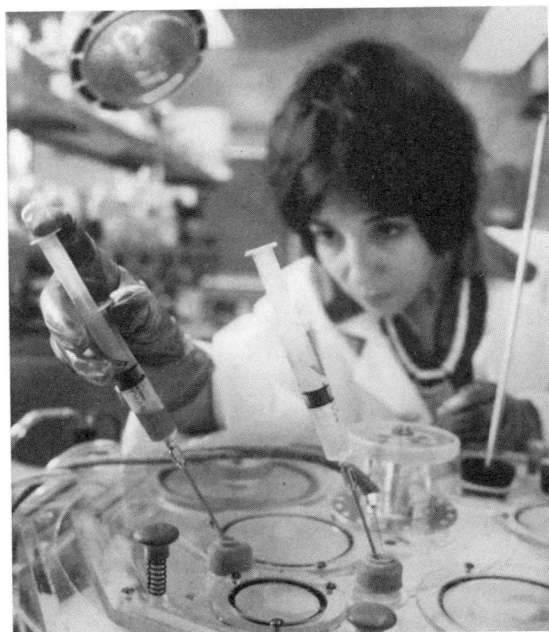

图7　米娜·比塞尔，伊朗裔美籍科学家

米娜·比塞尔与她的同事和学生一起，把注意力集中在细胞与微环境的双向调控机制上。健康细胞和癌细胞的行为都高度依赖于其所在的微环境。通往这一洞见的道路并不平坦。比塞尔的工作始于对细胞代谢的研究。通过早期研究积累，她发现细胞可以"改变它们的命运"——恢复或激活在分化状态下非典型的功能——这对我们理解癌症的病因和治疗有重要的意义。她在研究中还强调，决定癌细胞典型行为的不仅仅是细胞的内在属性——如"原癌基因"和"抑癌基因"的突变，还包括微环境中的各种外在因素影响：代谢和其他信号分子、细胞外基质和组织结构。

引言

打开任何一本癌症生物学的教科书，故事的内容都大同小异：癌症是一种细胞无序生长的疾病，主要由细胞的突变引起。这些突变决定了癌细胞的异常表型，比如降低对外界刺激的依赖性，持续分裂，诱导血管生成，逃避生长抑制物，抵抗细胞死亡，使DNA复制不会停止，能够激活侵袭和转移能力。癌症的这些"标志"都被认为（主要）是基因表达的变化，"癌症是一种涉及基因组动态变化的疾病，其发生的基础是基因组中抑癌基因发生失活突变后沉默，原癌基因发生激活突变后过度表达。"[*1]

这个关于癌症诱因的理论模型，大约形成于20世纪。1989年，其研究到达顶峰，当年诺贝尔生理或医学奖授予了J.迈克尔·毕晓普（J.Michael Bishop）和哈罗德·E.瓦尔默斯（Harold E.Varmus），"以表彰他们发现逆转录病毒癌基因的细胞起源"。毕晓普和瓦尔默斯发现c-Src[1]

---

1 译者注：c-Src基因是动物细胞中的一种基因，属于"Src"家族（如"肉瘤"中的"Sarc"）。通常所说的"c-Src"指的是动物细胞中的"细胞Src"基因，这是一种正常存在于动物细胞中的基因。Src基因家族最初是研究在鸡中导致癌症的一种病毒——劳氏肉瘤病毒（RSV）而被发现的。这种病毒包含了一种突变形式的Src基因，称为v-Src（病毒性Src），它是鸡得癌症的原因。v-Src的发现导致了正常细胞中对应基因c-Src的鉴定。c-Src基因编码一种叫作Src的蛋白质（发音为"Sarc"），它是一种酪氨酸激酶。酪氨酸激酶是一种能将磷酸基团添加到其他蛋白质上的酶（这个过程称为磷酸化），这可以改变这些蛋白质在细胞内的活性、位置或相互作用。Src在多种细胞过程中发挥作用，包括控制细胞生长、分化和存活。在正常情况下，Src蛋白的活性在细胞中受到严格的调节。然而，c-Src基因的突变或调节Src活性的机制的改变可以导致细胞异常生长和癌症的发生。因此，尽管c-Src基因本身不是致癌基因，但如果不适当地调节，其产物Src可以促进癌症的发展。

基因是所有脊椎动物共有的原癌基因。霍华德·特敏（Howard Temin）首次提出，c-Src基因是一种病毒基因，通过劳氏肉瘤病毒（RSV）介导，侵入鸡的细胞中。[*2] 事实上，RSV是C-Src突变体的载体。毕晓普和瓦尔默斯证明，由于体细胞都有获得类似Src基因突变的可能，所有脊椎动物都有易感癌症的特点。当然，没有任何一个单一的突变足以让一个细胞表现得像一个癌细胞。所以，Src的发现启动了寻找更多的"原癌基因"和"抑癌基因"的计划，这些基因的突变在调节细胞的增殖和凋亡以及DNA修复中起着至关重要的作用。这一研究计划有时被称为"原癌基因范式"。[*3]

幸运的是（或许也可以说是不幸），20世纪70年代，当米娜·比塞尔在伯克利开始她的细胞生物学研究生涯时，正是癌症生物学腾飞的时候。1970年，她在伯克利师从哈里·鲁宾（Harry Rubin）。20世纪五六十年代，鲁宾曾与特敏一起在加州理工学院合作研究RSV病毒。比塞尔加入鲁宾实验室时，可以说是该领域的"门外汉"。因为，她读研究生时，研究的方向是细菌学和生物化学，这些跟癌症领域显然有些风马牛不相及。作为新手，比塞尔对那些别人已经熟悉得不能再熟悉的理论知识，抱有十分的好奇心和求知欲，不断向他人请教并受益匪浅。最终，比塞尔凭借着多年来的虚心好学和知识积累，推翻了细胞生物学和癌症病因之间的主流观点，她认为，在癌症发生和发展的过程中，癌细胞及其微环境是不断互相作用的。细胞与环境之间的"动态互惠（dynamic reciprocity）"在当时是一个相当激进的假设。但现在，肿瘤微环境在肿瘤发生发展中起着重要作用，已经是业界所公认的观点了。[*4]

经过20年的艰苦研究，比塞尔和她的团队最终证明了，细胞行为的调节过程具有双向性和因果性，健康细胞和癌细胞的行为均高度依赖环境。而达成这一过程的信号通路也并非直接的。比塞尔的研究始于对细胞新陈代谢的研究。细胞内环境的信号分子曾一直被认为具有维持细胞稳态的功能，但她早期的研究结果发现，这些信号分子的功能不仅如此，它们还具有其他多种调节方式，比如，改变细胞的表型。事实证明，细胞可以"改变自己的命运"。即使，当一个细胞分化成肝细胞、肾细胞或皮肤细胞时，其命运并不一定就被限定死了。这一见解具有重要意义：决定细胞典型行为的不仅是细胞的固有特性（如致癌基因和抑癌基因的突变），还包括细胞外基质、信号分子、细胞和分子环境。比塞尔发现，即使是癌细胞也会受到微环境中信号的影响。在她看来，"环境"就是一切。[*5]

成为生物学家

其实，她不仅是癌症生物学领域的"门外汉"，同时是美国的新移民、一位在男性主导的研究领域取得非凡成就的女性科学家。在她的职业生涯中，比塞尔曾"移民"到许多不同领域，汲取发育生物学家、哺乳动物学家、遗传学家和工程师方面的专业知识并最终成为一名学富五车的伟大科学家。比塞尔刻意避开了一些主流研究。通过工作（用她的话说），"远离老鼠赛跑"，她可以沉迷于新颖的实验和理论方法，解决她感兴趣的问题。她没有追随20世纪80年代的"肿瘤基因的浪潮"，而是选择了能让她兼顾家庭的科学研究项目。

比塞尔出生于伊朗德黑兰，她的祖父是一位阿亚图拉（ayatollah），是当时伊朗伊斯兰教的精英成员。她对此表示："我很幸运能生活在一个受过良好教育的家庭，我与家人们也总是会对一些观点展开激烈的辩论。"[*6]比塞尔的父亲是家中长子，他一直被认为会走子承父业的道路，成为阿亚图拉。出乎意料的是，比塞尔的父亲打破了这一传统，获得了法学学士及博士学位。比塞尔说："我的父亲是个'叛逆者'，我从事生物研究，似乎就是继承了我父亲的那股子'叛逆'。当时我很好奇为什么家人没有阻止我，反而还让我无论如何不要成为律师。在我们家的餐桌上，宗教或许是个笑话，人永远可以做自己想做的事。"比塞尔成长的环境允许并鼓励她包容各异的观点，可尽管如此，对权威的尊重是她做任何事情的核心价值观。比塞尔说:"伊朗人都有着一个惊人的特点,都十分尊敬其师长。"比塞尔对其老师和同学皆十分钦佩,不过她所取得的成就不单单是依靠尊重师长前辈所能做到的,她最早的洞见来自对异常现象的关注、对权威的怀疑态度和孜孜不倦的进取求知态度。

比塞尔在18岁时来到美国并就读于布林莫尔学院(Bryn Mawr College),后转学至拉德克利夫学院(Radcliffe College)。随后,她到哈佛大学医学院攻读生物化学和细菌学的博士学位,师从细菌学家和生物化学家路易吉·戈里尼(Luigi Gorini)教授。比塞尔加入戈里尼实验室的第一个课题是,对一个假设——"钙离子能够诱导细菌分泌一种蛋白酶"——进行验证。戈里尼教授认为该假说正确无疑,他让比塞尔做的验证就是为了证实这一点。可是,比塞尔经过几年的努力,并没有得到符合戈里尼教授预期的结果。比塞尔陷入沮丧和自我怀疑,她表示:"四年后,我所得出的实验结论仍然无法让老师的假说成立。"思考再三,她果敢地走进导师办公室,提出另外一种解释:"结合这么多年的实验数据,我认为这个蛋白酶在分泌出细胞时,还未折叠,并且很可能来自膜结合核糖体。当没有钙离子的时候,它难以被检测到。因为我们在培养细菌时,需要持续地摇晃培养液。由于该蛋白酶没有二硫键,在表面张力和可能的蛋白质瞬时水解的作用下,蛋白质会被破坏。而钙离子能够扮演二硫键的角色稳定该蛋白,而并非诱导该蛋白分泌。"当然,戈里尼教授不同意她的观点。比塞尔记得戈里尼教授当时指着她说:"你认为这种蛋白是什么?意大利面条吗?比起科学家的身份,也许跳芭蕾舞更适合你!"听完他的话,比塞尔一度崩溃。不过,她并未因此退缩,她找到系里另一位教授埃尔默·普费福康(Elmr Pfefferkorn)。会面的结果让比塞尔十分欣喜,普费福康教授不仅认为她的理论很合理,而且告诉她应该去进一步做哪些实验,来证实她的假设。通过放射性同位素标记该蛋白酶,比塞尔证实"细胞确实持续性分泌该蛋白酶,而且由于它还未完成折叠,在没有钙离子时会直接降解。"也就是说,与戈里尼教授最初的假设相反，钙离子并没有诱导蛋白酶的合成或分泌，只是在酶释放后阻止了酶的降解，从而使活性酶得以积累。戈里尼教授也承认"意大利面"假设的结论是正确的，该实验结果于1971年发表。[7]比塞尔回忆："戈里尼教授和我回顾了所有的实验，我们一致认为只有新的假设可以解释数据。"

这次经历是比塞尔学术科研生涯的转折点，她的阶段性胜利告诉我们：科学研究必须以实验数据为准。此外，这一故事更告诉我们，任何人都能被质疑，包括权威人士。比塞尔本人则从这一经历中了解到，凡事不能被表面"欺骗"，看起来是直接因素的或许是个间接因素，而且以出人意料的方式产生影响。蛋白酶的存在是由于几个因素之间复杂的相互作用，而非像其导师戈里尼教授所假设的那样——是从"起始"到结果的线性路径。

作为一位年轻的母亲，同时也是哈佛大学的博士生，比塞尔是忙碌的，"雪上加霜"的是在其博士生涯的第五年她与第一任丈夫离婚了。极具戏剧性的是，比塞尔在实验室认识了一位高大英俊的伴侣，两年后，他们结婚了。当时，她的第二任丈夫希望她能一起搬回加州，于是，比塞尔开始考虑去伯克利攻读博士后。她与鲁宾的故事也由此展开，比塞尔几乎对鲁宾一无所知，只知道他在细菌组蛋白领域作出了重要贡献，其余细节一概不知，但她最终还是申请加入了鲁宾的实验室。

鲁宾的实验室令人兴奋，其所在地旧金山湾区更是研究癌症起因的圣地。鲁宾实验室所侧重的是对劳氏肉瘤病毒（RSV）的研究，在比塞尔之前，历任博士后还有彼得·沃格特（Peter Vogt）、彼得·多斯伯格（Peter Dosberg）、G.史蒂夫·马丁（G. Steve Martin）等，他们几位最早发现"癌基因本质"。无疑，比塞尔来到了一个"明星团队"。除了兴奋，在鲁宾实验室，比塞尔还是如往常一样质疑着同事们的方法和假设。例如，她注意到，当培养物被从培养箱中取出时，pH值的变化影响了他们正在研究的细胞。这一观察促使她开发了几种研究培养细胞的新工具。

癌症遗传学成了这些研究人员的工作重点，也成了实验室的研究

"热点"，尤其是在毕晓普和瓦尔默斯发现Src基因的共同脊椎动物起源之后。但尽管实验室围绕着癌症遗传学的研究很兴奋，比塞尔却不愿意接手这个"热门"的新课题，"大家都在做癌症基因，互相竞争……我想再要一个孩子"，于是，她接下了一个被认为（至少一开始）比较边缘化的项目。比塞尔说："我发现很少有人深入研究过瓦氏效应（Warburg effect）[2]。[8] 肿瘤细胞在有氧条件下，也可以进行糖酵解。可却从未有人关注过这点。"主流观点普遍认为瓦氏效应与肿瘤没什么关系。可比塞尔认为，瓦氏效应在癌症糖酵解代谢方面的研究十分有前途：

> 人们认为他就像在20世纪70年代外出吃了一顿午餐。而且，还有一个非常大的疑问。那就是：在氧气充足条件下正常细胞的糖酵解不会被抑制，而瓦尔堡根本不知道自己在说什么……当时的人对瓦氏效应不以为然，几乎每个人都认为糖酵解在人体中承担的是基本的"持家功能（housekeeping functions）"即所有细胞的基本功能，并无特别之处。20世纪70年代，人们从RSV中发现了导致癌症的基因，所有人前仆后继地"扑"向了致癌基因的研究。而葡萄糖就是一个持家功能，在各种类型的细胞中，功能都一样，所以对癌细胞来说，并无特别之处。我对鲁宾说："这才是问题所在。"

而比塞尔对瓦氏效应的研究正是她重新思考"肿瘤微环境是如何影响细胞行为"这一过程的第一步。

持家功能和"领舞女郎"[3]

比塞尔在一定程度上重新审视了瓦氏效应。她最初从新陈代谢的

2　瓦氏效应，是奥托·海因里希·瓦尔堡（Otto Heinrich Warburg）所提出的理论，他认为癌细胞的生长速度远大于正常细胞的原因是能量来源的差别。

3　领舞女郎，原文Go-Go GirlS，专指那些为取悦男性而跳艳舞的女性，在当时这是一种流行的职业。这些女性没有地位，住在郊区，拿着微薄的收入。

工作中得到启发，因为她对细胞培养学家将糖酵解的一些副产品作为酶活性的代用物的方式感到非常震惊，她当时并不是很了解这种方式。她很好奇糖酵解的过程是如何在实际细胞微环境中进行的，而不是在人工细胞培养中进行的。她怀疑细胞的行为受到其微环境特征的影响，比如温度、pH值、细胞间信号，而这些方式并不为人所知，部分原因是这些东西在标准的细胞培养研究中被忽略了。她在鲁宾实验室中关于正常和RSV转化的鸡胚的新陈代谢的早期工作正好验证了这一假设。然而，这需要她与当地的工程师合作开发一种"稳态"设备，以保持温度和pH值恒定。她解释说：

> ……在那篇论文中，我做了非常精准的测量工作。我意识到的是，当人们说"厌氧糖酵解"时，他们实际上只是在测量乳酸的产生……或者他们会在葡萄糖代谢途径的开始测量某种酶的活性。没有人问："输入了什么，输出了什么？"因此，我测量了与乳酸产生相关的葡萄糖吸收。我做了动力学研究……我们开发了这种"稳态装置"……温度和所有条件都是恒定的……。我们对成纤维细胞、肌肉细胞、肝细胞、乳腺细胞（这个稍晚一些）进行了研究——我可以展示葡萄糖代谢产物的模式，……成纤维细胞和肝细胞的模式完全不同，以及所有其他地方的模式，……所以我说，"等一下？这些细胞的基本功能是什么？即使是在葡萄糖代谢方面，这些组织的所有特点都不同！"所以，这就是那个灿烂觉醒的开始。

在细胞培养时，维持温度和pH值的稳定状态，为比塞尔精准测定细胞代谢过程提供了必要条件。

早期的成功也让比塞尔开始思考，即是否应该把细胞的行为分为两个相互排斥的类别，即"构成性"与"诱导性"。诱导性行为是组织特异的，而构成性行为则是所有的细胞都具有的。比如，所有细胞都会做一件事，那就是产生糖酵解的前体。比塞尔开始觉得，"持家"的功能并不仅仅是持家。她怀疑这种关于细胞间信号传导的说法将这种分子的作用同化为女性的作用，从而使研究人员对其潜在的意义视而不见。或者用她的话说："噗！持家功能和领舞女郎！"比塞尔开始相信，糖酵解的作用不仅仅如表面看上去这么简单，正如提出这种言论的人，在他们的生活中甚至也将女性的作用弱化了！这也就使得他们看不见糖酵解的潜在重要性。

比塞尔发现，不少关于细胞代谢和细胞培养相关研究的文献存在缺陷，其部分原因则是细胞环境未得到适当的控制。为了跟踪细胞的新陈代谢，她使用放射性示踪剂来显示代谢活动。一次又一次的实验结果表明，在不同类型的细胞中，葡萄糖的转移率存在显著差异。

1976年，比塞尔完成了一个重要实验。实验中，比塞尔通过减少培养物中的葡萄糖剂量来诱导癌细胞中葡萄糖转移率恢复至类似正常细胞的水平，并且使正常细胞也能被诱导出现癌细胞相似的葡萄糖代谢水平。"我把肿瘤细胞（葡萄糖转移速率）变成了正常细胞的水平，我又把正常细胞（葡萄糖转移速率）带到肿瘤的水平，而且正常细胞模式变成了肿瘤，而癌细胞变成了正常细胞。我当时跳起来了——兴奋极了！"[*9]

比塞尔的研究表明，糖酵解并非只有"持家"功能，事实上，它在人体不同细胞中的作用均有所不同。从根本上说，比塞尔已经证明细胞的构成性特征是可诱导的，也就是说，癌细胞的独特葡萄糖代谢过程可以通过改变细胞环境而进行变化。这个实验结果，一方面表明癌细胞所处的信号环境对其表型有显著影响，另一方面也为后续一系列实验打下了坚实基础。

之后，比塞尔在伯克利有了自己的实验室，主攻方向就是细胞微环境对细胞行为的塑造。她招募了很多年轻女性来实验室进行研究生或博士后研究，许多人后来都在她的研究中扮演了很重要的角色。比如她的博士后珍妮·艾默曼（Janne Emerma）的研究表明，改变乳腺细胞外基质可以改变乳腺细胞的形状[*10]。在不同类型的培养基（3D培养基）中培养细胞会使它们维持乳蛋白（β-酪蛋白）的表达，而在标准培养基（2D培养基）中培养，细胞则会表现出不同的表型。"我们的实验表明，在2D和3D培养基中，新陈代谢的模式非常不同。这就引出了一个问题：为什么会发生这种情况？ 是因为细胞表达了乳蛋白而没有降解它，还是因为细胞的漂浮培养改变了细胞形状使整个合成、转录和翻译的速度发生了变化？"比塞尔敦促另外一名叫伊娃·李（Eva Lee）的研究生来解决艾默曼博士所抛出的问题，即"乳蛋白是由形状信号诱导的从内部产生的，还是培养条件导致它（乳蛋白）不能降解？"通过实验，李证明这种新型细胞环境中的乳腺细胞可吸收放射性物质并内源性地合成乳蛋白。 这是该领域内的首次发现。"浮动的胶原凝胶诱导产生合成酪蛋白的mRNA——即凝胶允许在泌乳激素存在的情况下优先诱导酪蛋白mRNA。"[*11] 换句话说，微环境条件可以影响细胞在培养中的表型表达，在许多方面影响细胞行为的调节。

这些实验震撼了比塞尔，促使她对 "终末分化"的想法产生了质疑。换句话说，细胞根本没有固定的表型，而是可以根据不同的微环境条件而改变。"你可以通过微环境改变细胞的行为"。

比塞尔重塑了"常规科学"的视野

在1981年，比塞尔发表了一篇评论性综述，题为"培养过程中正常细胞和恶性细胞的分化状态"。 文中，比塞尔总结了如何定义培养基中的"正常"细胞，并回顾了大量关于发育和细胞生物学的文献，间接挑战了"细胞终极分化"这一经典假设。 她在论文开篇就提出了一个大胆的主张："如果说从所有组织和细胞培养研究中可以得出一个关于分化状态的共识，那就是，由于大多数（如果不是全部）功能在培养中发生了定量或定性的改变，因此在高等真核生物组织中……很少具有或没有'构成性'调节； 也就是说，正常细胞的分化状态是不稳定的，环境调节着基因的表达。"[*12]

在论文中，比塞尔还提出了一个难题：在细胞培养过程中，如何定义癌细胞？ 她认为，任何试图确定癌细胞的决定性特征的做法都是荒谬的，一方面是因为癌症是一种高度异质性的复杂疾病，另一方面是因为细胞生物学家至今无法清晰界定正常细胞在培养中的特征。 这是因为在培养中常常丧失组织特异性状。 体内功能的调节取决于细胞与其微环境之间复杂的相互作用。尽管发育生物学家已经在许多情况下证明了这一点，但这未能引起细胞生物学家的注意。她在这篇论文（以及随后十年的几篇论文）中的一个中心论点是，细胞生物学家对发育生物学的进展没有给予足够的重视，这些进展似乎表明，"终末分化"的概念应该被抛弃。[*13] 用她的话说：

> 在我看来，"分化"和"未分化"特征之间的区别既是武断的，也是不必要的。这种区分在过去可能有其用途。然而，目前它引起了混乱，更糟糕的是，它暗示了一种事实上并不成立的科学分类和真理……。这些词的最初定义和内涵可能阻碍了我们对真核细胞整体的认识和理解。这种混乱也可能导致我们忽视培养条件，以及我们无法在培养中保持细胞的分化状态。[*14]

总而言之，比塞尔正挑战细胞生物学中关于终极分化的既定观点，她认为细胞与其微环境之间的关系远比人们所想象的更为动态化。此外，许多调控发育的细胞信号和细胞间相互作用也可能在癌细胞上发挥作用。这也就引出了比塞尔的后续工作，基于目前已获得的验证理论，通过改变组织的微环境来逆转癌症表型是否具有可能性。接下来的20年，比塞尔迎来了其职业生涯中最"高光"的时期。她至少有4项创新值得人们去深入了解。首先，她的团队通过促进诸如转化生长因子-β（TGF-β）[4]等分子介质的作用，诠释了组织损伤能够诱导肿瘤生长的原

---

4 译者注：TGF-β（Transforming Growth Factor-beta）是一种多功能的细胞因子，属于生长因子超家族。TGF-β 在多种生物过程中扮演重要角色，包括细胞生长、分化、凋亡（程序性细胞死亡）、胚胎发育以及组织修复和再生。它还在免疫系统调节和炎症反应中具有关键作用。TGF-β 家族成员包括几种不同的亚型，如TGF-β 1、TGF-β 2和TGF-β 3等，它们在组织和发育过程中有不同的作用。这些因子通过与细胞表面的特定受体结合来发挥作用，从而激活一系列细胞内信号通路，影响细胞行为和功能。同时，TGF-β 也与一些疾病有关，特别是在癌症的形成和发展中。在正常组织中，TGF-β 通常有助于控制细胞增殖和保持组织稳态。但在癌症中，TGF-β 信号可能被改变，从而促进肿瘤生长和转移。例如，它可能在肿瘤微环境中帮助癌细胞逃避免疫系统的监视，或促进肿瘤的侵袭性和转移能力。因此，TGF-β 及其信号通路是肿瘤学和其他疾病研究的重要目标，也是药物研发的潜在靶点。

因及诱导过程。[*15] 其次，比塞尔的博士后研究员瓦莱丽·韦弗（Valerie Weaver）开发了一个3D的细胞外基质，在功能性相关的细胞培养模型中研究人类乳腺癌的发展进程，该实验的本质则是要开发一种能在组织学上反映肿瘤微环境的肿瘤环境分析方法。[*16]

通过抑制性抗体 β - 整联蛋白处理人乳腺癌细胞可以使癌细胞恢复正常表型。也就是说，与组织结构相关的信号分子，如细胞整联蛋白，可以促进细胞黏附、连接与组装并影响这些细胞的结构。这表明了尽管癌细胞存在基因突变、扩增或缺失，但只要能维持或重建某些关键的组织结构与信号网络，就可能抑制肿瘤表型。在实验中，研究人员用相同抗体处理并注入小白鼠体内后，肿瘤细胞显著减少，肿瘤的数量和大小也在减少和缩小。[*17]

在一系列研究中，比塞尔的团队提到了细胞外基质（ECM）如何调节细胞凋亡，特别是肿瘤细胞微环境中哪些分子促进了细胞的侵袭和转移。在乳腺组织发育和重塑过程中，尤其是，当细胞外基质重塑和肺泡回缩（发生在哺乳停止之后）时，基质金属蛋白酶（MMP）、基质金属蛋白酶/基质裂解素1（MMP3/STR1）都被激活。而且，这些分子通过分解细胞外基质促进血管生成并与细胞增殖有相关联系，关于这一点人们却知之甚少。这些分子不是由癌细胞组成的，而是由组织微环境中的基质细胞合成的。换言之，基质环境的改变会促进肿瘤的形成。[*18]

潜心研究几十载，比塞尔和她的团队成员的工作只有一个中心主题：对细胞的研究需要关注其微环境，细胞间结构和信号不仅拥有"持家功能"，它们还在积极调控细胞表型。换句话说，细胞行为不仅仅由其内在决定，还与其微环境息息相关。他们研究了多种细胞外因子的调控作用，比塞尔对细胞发育的深入研究使她意识到，谈论"细胞命运"是不恰当的，细胞极具主动权，因为信号分子和细胞之间的相互作用可以随着时间的推移而改变细胞的表型，甚至逆转早期癌症的进程。这样的见解在一定程度上是比塞尔跨越科学界限的"产物"。而对这位伟大的科学家来说，她将自己所获得的成就归功于她的洞察力，即她发现细胞环境的相互作用是创造多样化分化组织的基础。

反响

比塞尔发表这些研究成果之初，多数人都纷纷表示不屑。20世纪80年代癌基因范式的"热潮"使她的细胞代谢方面的研究变得黯然失色，她试图去让学界关注其对瓦氏效应的研究，她说："无论我怎么努力，告诉人们新陈代谢的重要性，都没人愿意听，甚至会不屑地说：鸡细胞？"尽管得不到学界的认可，她仍然不停止脚步，接连出版了一系列出版物，逐步改变了人们对细胞微环境在癌症发生和发展过程中的作用的认识。比塞尔不仅是一位富有天赋的科学家，她更是那个由男性主导科学的年代里，最美的"逆行"科学先锋。

她积极与女性或非美国公民合作并进行了很多跨学科合作。她欢迎那些由于怀孕、有小孩需要抚养或者英语不是母语，而（当时）无法在更好的实验室开展研究工作的学生和研究人员。因此，那些对科学心怀抱负的女性科学家在那个年代似乎一下有了奋斗的榜样和目标。而比塞尔本人也总是对她们的执着和热忱敞开怀抱。比塞尔特别提到艾默曼："她有三个孩子，而且很了不起：她在生完孩子后做了这些事情，"以及李，"没有人愿意接受她，因为她生了一个孩子，然后她又怀孕了……但她是一个非常聪明的女人。"比塞尔对这些与她有相似经历，同样有抱负和有智慧的女性科学家的友好、包容，更凸显其大格局。

结语

在1982年一篇发表在《理论生物学杂志》(*Journal of Theoretical Biology*)上名为《细胞外基质如何指导基因表达》的文章中，比塞尔与论文合著者颠覆了细胞发育的因果关系（此前通常会被理解为细胞外基质由基因表达所驱动）。[*19] 该论文提出了"动态互惠"这一理论。虽然这一说法对比塞尔及其同事来说并不新鲜（它最早由博朗斯坦等人在1981年使用），但在当时，对很多人来说是个新鲜的论调。"动态互惠"的重新提出，也标志着人们长期以来对细胞分化的看法开始发生转变。[*20] 文中，她们并不认为细胞的表型在胚胎发育完成时就固定了，而是在之后的过程中，与其所处的微环境不断地动态互动并贯穿从基因表达谱到癌症发生的方方面面。[*21] 现在，"动态互惠"的观点已经成为科学界的广泛共识。而那个"单基因就可以指导细胞行为"的范式，也终于走向了"分化的终点"。

例如2011年时，哈纳汉（Hanahan）和温伯格（Weinberg）修正了他们于2001年发表的论文中关于"癌症特征"的观点。在这篇名为《癌症的特征：新一代》的论文中，他们不仅将致癌基因和肿瘤抑制基因的突变等内在因素纳入其中，还强调了外在因素。哈纳汉和温伯格解释："过去十多年，增加了两个全新的概念，能量代谢的重编程和免疫逃逸。"他们认为，将"肿瘤微环境"的积极作用囊括其中，"将越来越多地影响到治疗人类癌症的新手段的开发。"[*22]

比塞尔的故事也告诉我们成为"梦想家"所要具有的特质：在非主流的研究领域，跨学科合作，使用创新工具。尽管比塞尔一直有意无意地避开激烈竞争和学界争相研究的课题，但这不妨碍她提出一些影响重大且具有争议的想法。她用了几十年的时间来建立她的研究，证明细胞和环境之间的动态互惠关系。她以开放之势欢迎那些由于性别、语言、种族、国籍、训练等被当作"边缘人"的人加入她的研究团队。这种趋于不慕名利的方式让比塞尔对细胞生物学，尤其是癌症的思考产生了深远的影响。可以说，她不仅推动了科学文化的转变，更创造了一个多元且包容的科研环境。

备注

1. Douglas Hanahan and Robert A. Weinberg, "Hallmarks of Cancer: The Next Generation," *Cell* 144, no. 5 (2011): 657.

2. H. M. Temin, "Homology between RNA from Rous Sarcoma Virus and DNA from Rous Sarcoma Virus- Infected Cells," *Proceedings of the National Academy of Sciences of the United States of America* 52 (1964): 323-29.

3. See, for example, Joan H. Fujimura, *Crafting Science: A Sociohistory of the Quest for the Genetics of Cancer* (Cambridge, MA: Harvard University Press, 1996).

4. Hanahan and Weinberg, "Hallmarks of Cancer."

5. Mina Bissell, "Mina Bissell: Context Is Everything [an interview by Ben Short]," *Journal of Cell Biology* 185, no. 3 (2009): 374-75.

6. Mina Bissell, interview by Anya Plutynski, August 2015, Berkeley, CA. Hereafter cited parenthetically in the text as (MB, 8 / 15).

7. Mina J.Bissell, Roberto Tosi, and Luigi Gorini, "Mechanism of Excretion of a Bacterial Proteinase: Factors Controlling Accumulation of the Extracellular Proteinase of a Sarcina Strain (Coccus P)," *Journal of Bacteriology* 105, no. 3 (1971): 1099-1109.

8. Mina Bissell, interview by Anya Plutynski, November 2015. Hereafter cited parenthetically in the text as (MB, 11 / 15).

9. MB, 11 / 15. See also Mina J. Bissell, "Transport as a Rate- Limiting Step in Glucose Metabolism in Virus-Transformed Cells: Studies with Cytochalasin B," *Journal of Cellular Physiology* 89, no. 4 (1976): 701-9.

10. Joanne T. Emerman and Mina J. Bissell, "A Simple Technique for Detection and Quantitation of Lactose Synthesis and Secretion," *Analytical Biochemistry* 94, no. 2 (1979): 340-45.

11. E. Y. Lee, Wen- Hwa Lee, Charlotte S. Kaetzel, et al., "Interaction of Mouse Mammary Epithelial Cells with Collagen Substrata: Regulation of Casein Gene Expression and Secretion," *Proceedings of the National Academy of Sciences* 82, no. 5 (1985): 1419-23.

12. Mina J. Bissell, "The Differentiated State of Normal and Malignant Cells; or, How to Define a 'Normal' Cell in Culture," *International Review of Cytology* 70 (1981): 27-100.

13. Mina J. Bissell, H. G. Hall, and G. Parry, "How Does the Extracellular Matrix Direct Gene Expression?," *Journal of Theoretical Biology* 99, no. 1 (1982): 31-68; Mina J. Bissell, EY-H Lee, M-L Li, et al., "Role of Extracellular Matrix and Hormones in Modulation in Tissue-Specific Functions in Culture: Mammary Gland as a Model for Endocrine Sensitive Tissues," in *Benign Prostatic Hyperplasia*, ed. H. Rogers, D. C. Coffey, G. R. Cunha, et al., vol. 2, NIH Publ. No. 87- 2881 (Washington, DC: U.S. Department of Health and Human Services, 1985); David S. Dolberg, Robert Hollingsworth, Mark Hertle, and Mina J. Bissell, "Wounding and Its Role in RSV- Mediated Tumor Formation," *Science* 230, no. 4726 (1985): 676-78; Mina J. Bissell and J. Aggeler, "Dynamic Reciprocity: How Do Extracellular Matrix and Hormones Direct Gene Expression?," in *Mechanisms of Signal Transduction by Hormones and Growth Factors*, ed. M. C. Cabot and W. L. McKeehan (New York: Alan Liss, 1987), 251-62; Mina

J. Bissell and M. H. Barcellos- Hoff, "The Influence of Extracellular Matrix on Gene Expression: Is Structure the Message?" [review], *Journal of Cell Science*, suppl., 8 (1987): 327-43.

14. Bissell, "Differentiated State," 33.

15. Dolberg, Hollingsworth, Hertle, and Bissell, "Wounding and Its Role" ; Michael H. Sieweke, Nancy L. Thompson, Michael B. Sporn, and Mina J. Bissell, "Mediation of Wound- Related Rous Sarcoma Virus Tumorigenesis by TGF- beta," Science 248, no. 4963 (1990): 1656-60; M. Martins-Green, C. Tilley, R. Schwarz, et al., "Wound-Factor- Induced and Cell Cycle Phase-Dependent Expression of 9 E 3/CEF 4, the Avian Gro Gene," *Cell Regulation* 2, no. 9 (1991): 739-52.

16. V. M. Weaver, A. R. Howlett, B. Langton- Webster, et al., "The Development of a Functionally Relevant Cell Culture Model of Progressive Human Breast Cancer" [review], *Seminars in Cancer Biology* 6, no. 3 (1995): 175-84.

17. Valerie M. Weaver, Ole William Petersen, F. Wang, et al., "Reversion of the Malignant Phenotype of Human Breast Cells in Three- Dimensional Culture and in Vivo by Integrin Blocking Antibodies," *Journal of Cell Biology* 137, no. 1 (1997): 243.

18. Mark D. Sternlicht, Andre Lochter, Carolyn J. Sympson, et al., "The Stromal Proteinase MMP 3/stromelysin- 1 Promotes Mammary Carcinogenesis," *Cell* 98, no. 2 (1999): 137-46; Nancy Boudreau, Carolyn J. Sympson, Zena Werb, and Mina J. Bissell, "Suppression of ICE and Apoptosis in Mammary Epithelial Cells by Extracellular Matrix," *Science* 267, no. 5199 (1995): 891.

19. Bissell, Hall, and Parry. "How Does the Extracellular Matrix Direct Gene Expression?"

20. P. Bornstein, J. McPherson, and H. Sage, "Synthesis and Secretion of Structural Macromolecules by Endothelial Cells in Culture," in *Pathobiology of the Endothelial Cell*, ed. H. L. Nossel and H. J. Vogel (New York: Academic Press, 1982), 215-28.

21. Bissell, Hall, and Parry, "How Does the Extracellular Matrix Direct Gene Expression?"

22. Hanahan and Weinberg, "Hallmarks of Cancer," 646.

第三部分

分子生物学家

Maureen O. O'Malley

莫林·O. 奥马利

W. 福特·杜尔特尔

进化论的科学挑战和多元化视野

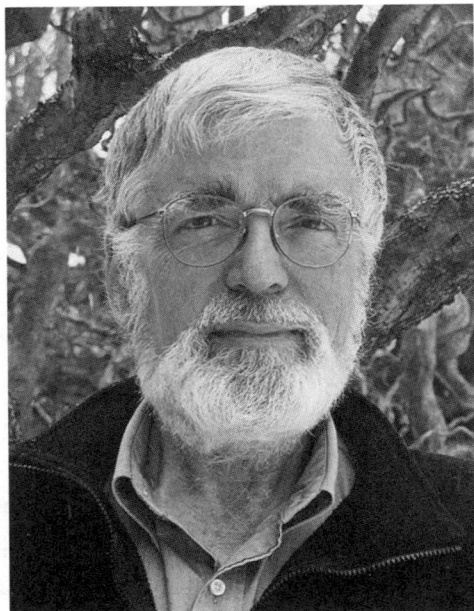

图 8　杜尔特尔，加拿大达尔豪斯大学遗传学教授，加拿大皇家科学院院士

W.福特·杜尔特尔是一位卓越的微生物进化学家。他除了对生命之树的正统观念提出挑战外,还对基于实证的进化理论作出了重大贡献。他关于自私DNA、内含子、盖亚以及非适应性进化的观点对进化生物学家思考进化的方式产生了显著影响。但这些对正统观念的挑战是如何产生的,它们又是如何在主流生物学中获得立足之地的?

引言

虽然许多科学家认为他们的工作与没有被归类为自然科学的学术领域不同,但也有人从更遥远的、与自然科学似乎相去甚远的学科中汲取灵感。W.福特·杜尔特尔在他的职业生涯中一直对人文和艺术保持着浓厚的兴趣,这在某种程度上归功于他的父亲。杜尔特尔的父亲是名艺术学(绘画专业)教授,任职于美国伊利诺伊大学厄巴纳-香槟分校。1942年,杜尔特尔在厄巴纳-香槟市出生。在哈佛大学求学时,杜尔特尔曾纠结到底是选择文科还是理科。最终,经过一番思想斗争,杜尔特尔选择了理科[*1]。当然,这里有一部分原因是,他申请文科时被学校拒绝了。1970年,当他应聘加拿大达尔豪斯大学(加拿大新斯科舍省哈利法克斯)的一个职位时,系主任问他,假如他没有得到这份工作,是否还有别的职业选择。杜尔特尔回答:"写科幻小说。"[*2]对认识他的人来说,这并不是完全不可能的。事实上,杜尔特尔曾在新斯科舍省艺术与设计学院(Nova Scotia College of Art and Design)兼修了艺术学学位(2012年毕业)。他曾在几家媒体任职,但其摄影作品悉数与他的科学世界观有关,并以自己的名义展出。如今一些贯穿于艺术研究的后现代理论也可能已经悄然渗透到他的哲学研究中。正如他所说的:"无论科学还是艺术,我都努力以一种尊重的方式去解构。"[*3]

至少在近20年的时间里,作为这种"解构主义"方法的一部分,哲学一直或明或暗地激励着杜尔特尔的研究工作。明显的激励始于达尔豪斯进化研究社(Dalhousie's Evolution Studies Group)的成立。这个成立于20世纪90年代的组织,成员囊括了科学和数学哲学家、道德哲学家、心理学家、认知科学家、经济学家、人类学家、社会学家、生物物理学家以及各类生物学家。2001年，该组织利用杜尔特尔的研究基金招募了一位博士后研究员（即本书的作者）。荣获赫茨伯格奖后（通常被认为是加拿大最高的科学荣誉），杜尔特尔选择将大部分奖金投入更多的哲学研究，包括再招募两名博士后研究员。

杜尔特尔不仅提出了生物学中的核心问题，如功能、系统发育、适应和进化理论等，还用科学哲学来反思他自己的元方法论以及他所参与的科学辩论的本质。近年来，他愈加致力于多元主义以及艺术创造力和科学敏感性之间的关系。

杜尔特尔有很多科学论著，对一般人来说，最著名的可能是他对生物遗传物质复杂传递方式的看法以及这种看法对系统发育重建（进化谱系及其分叉点的图示）的影响。很多具有思辨性的原创观点，都是由杜尔特尔提出或改进的。在此，我将通过研究这些观点涉及的假设以及内在的局限性，为大家展示杜尔特尔广泛的研究是如何通过质疑正统科学而推动学科发展的。我认为它具有哲学意义，因为它提出了一种关于科学发展进程的观点（有时通过倒退，有时通过横向移动）。不仅如此，它还是一种实用哲学，作为一种元方法论，它促进了创新思维的蓬勃发展。它的目标是加强而非削弱科学研究。杜尔特尔职业生涯中的几个主题证明了这种方法可以推动科学创新。

职业生涯早期

从哈佛大学获得生物化学学士学位后，杜尔特尔进入斯坦福大学攻读博士学位，师从查尔斯·亚诺夫斯基（Charles Yanofsky）。亚诺夫斯基是共线性和色氨酸生物合成方面的领军人物，杜尔特尔的博士课题是分析大肠杆菌中色氨酸的转录抑制[*4]。亚诺夫斯基继承了比德尔-塔图姆"生化遗传学"传统，[*5]正是在这一领域中，杜尔特尔在分子机制及其进化方面开辟了自己的道路。[*6]正如亚诺夫斯基将自己的职业生涯视为对基础科学价值和创造力的证明一样，这些追求也在他后续的职业生涯中指导着杜尔特尔。[*7]

1968年，杜尔特尔从斯坦福大学毕业后，回到伊利诺伊州，加入索尔·斯皮格尔曼（Sol Spiegelman）实验室从事博士后研究[*8]。斯皮格尔曼在核糖核酸（RNA），尤其是脱氧核糖核酸-核糖核酸（DNA-RNA）杂交（通过碱基互补配对，脱氧核糖核酸和核糖核酸形成杂交分子）领域作出了突出贡献。杜尔特尔形容斯皮格尔曼为"一个应该得到诺贝尔奖的大人物"[*9]，不过斯皮格尔曼本人却戏称这是在挖苦他[*10]。杜尔特尔在本科时期曾在斯皮格尔曼的实验室学习过一段时间，主要担任一些比较基础、琐碎甚至比较辛苦的工作，如清洗实验器皿和实验室杂务[*11]。不过，他也被令人兴奋的实验室工作和纯粹的科学奉献精神所感染。作为一名博士后研究员的杜尔特尔，更加真切地体会到这些情感，并与实验室的同事们建立了革命性的友谊。比如，他与同事卡尔·沃斯[*12]之间的友谊。沃斯在走廊上进行了自己的"革命性"研究项目。同为斯皮格尔曼博士后的诺曼·佩斯（Norman Pace），也是沃斯的合作者。杜尔特尔随后与佩斯合作进行了一项关于核糖体RNA的研究——沃斯发现一种对理解进化至关重要的分子[*13]。1971年，杜尔特尔带着这些兴趣来到加拿大达尔豪斯大学，在那里他开展了一项研究，这项研究使他声名鹊起。

为何杜尔特尔要加入达尔豪斯大学呢？这就不得不提起另一位科学家斯坦利·温莱特（Stanley Wainwright）。温莱特是一位生物化学家，在加入达尔豪斯大学之前，他曾在耶鲁大学、哥伦比亚大学和巴斯德研究所任职。温莱特的妻子林丽安·斯奈德·温莱特（Lillian Schneider Wainwright）曾与分子生物学权威弗朗斯·瑞恩（Francis Ryan）和约西亚·莱德伯格（Joshua Lederberg）一起工作并发表过论文。尽管从美国人的角度来看，加拿大的达尔豪斯是一个有点偏僻的地方，但偏僻之地更有建立科学圣地的潜能。[*14]不仅如此，就像杜尔特尔自己所观察到的那样，到美国之外的偏远地区，成为知名科学家反而压力不大，因为其竞争不像美国本土那样激烈。正如预想的那样，杜尔特尔很快就成为达尔豪斯的知名科学家之一，但这份功劳离不开与他一起工作的众多科学家同事们。迈克尔·格雷（Michael Gray）是他主要的合作者。他和杜尔特尔做了许多分子生物学前瞻性的研究，建立了叶绿体起源的内共生假说以及许多与线粒体起源相关的基础性工作。这两种起源假说都认为，这些细胞器最初是单独的原核生物，被真核细胞吞噬后才缓慢进化成细胞器[15]。 格雷和杜尔特尔为当时存在争议的内共生假说，提供了确凿的证据。 这些工作看起来像是对一种早该被认可的观点的强调，但事实上，这项工作最终还是牵扯了另一种激进观点(参见下文的"颠覆生命之树")。 杜尔特尔对正统观念的怀疑始于对适应性能力的质疑，即进化生物学的任务之一是解释普遍存在的适应性现象。

质疑适应性

尽管杜尔特尔在读博士时曾接触过"泛适应主义"的思想，该思想认为生物每一个重要的特征都是一种适应。 但研究分子序列时，又必须考虑非适应性或中性进化。[16]杜尔特尔自认为他的最大影响力在于使泛适应主义得到重新审视。 杜尔特尔倡导的非适应性主义，是他在参与了一场关于内含子进化的大辩论中逐步形成的。[17]1977年是一个重要的年份，[18]因为这一年发现了古菌(非细菌的原核生物)、真核生物的蛋白质编码基因中的内含子。 "这些基因被'沉默'的脱氧核糖核酸打断。"著名的测序技术专家沃尔特·吉尔伯特(Walter Gilbert)说。 吉尔伯特将这些"沉默"的间隔序列命名为"内含子"，相对应的，负责编码蛋白的区域则被命名为"外显子"。[19]但是，"这种内含子/外显子结构对基因有什么好处呢?"他若有所思地说，"理所当然会有好处——生物在进化时，把一些分散的基因以内含子的形式放在一边，使变异和快速进化的可能性得以保留。 因此，内含子是"冻结的历史遗迹和……未来进化的起点。"[20]

杜尔特尔当时正在吉尔伯特的实验室休假，他对远古时代内含子出现的原因进行了详细的历史情境分析。[21]杜尔特尔认为，基因可能在形成之初就被打断了，而原核生物(没有内含子)的基因很可能是从这个原始结构中精简而来的。 这种"内含子早现"理论，颠覆了原本认为真核生物比原核生物更高级的普遍看法。 因为，相对于原核生物简单的基因组，真核生物的基因组显得特别复杂。 同时，这一理论也在一定程度上否认了生物由简单到复杂的进化观点。 不仅如此，杜尔特尔还认为，吉尔伯特关于内含子的解释过于目的论,因为他的理论前提是,内含子携带着对进化有利的信息。 因此,内含子才被有选择地保留下来。 [*22]

"内含子早现"的观点最终被"内含子晚现"的观点所取代(内含子起源于真核生物,而原核生物从未有过)。 [*23]杜尔特尔曾拿出一些证据来证明他最初的立场,但随后又承认他最初的说法并不正确。 可他并未放弃,最终将内含子的进化解释为"建设性的中性进化"中的一个例子。虽然,它与最初的观点有很大不同,但至少"内含子早现"理论还一息尚存。 [*24]近期,尤金·库宁(Eugene Koonin)提出了改进理论,认为"内含子早现"理论可以解释原核生物和真核生物之间的重要区别和两者之间的联系,"'内含子早现'理论包含了太多的好想法,不能就这样呜呼哀哉地消失了。" [*25]从这个角度来说,虽然杜尔特尔早期的观点并不正确,但它为该领域未来的研究和发展提供了重要启示。

杜尔特尔的其他几项研究也对适应性主义提出了质疑,包括他在自私DNA方面的开创性工作以及他与阿林·斯托尔茨弗斯(Arlin Stoltzfus)的一些早期合作。 [*26]斯托尔茨弗斯将这些讨论总结为"建设性中性进化理论"。 杜尔特尔与研究生卡门·萨皮恩扎(Carmen Sapienza)合著的《自私基因》[1](The selfish gene)是他被引用次数第二多的文章(被引用次数超过1600次)。 [*27]他在该论文中提到,没有理论或实验证据支持基因组中的大多数DNA具有表型功能——事实上,更有可能恰恰相反。 在这篇论文中,他们着重讨论了转座子,这一"非表型选择"的DNA序列。 与此同时,莱斯利·奥格尔(Leslie Orgel)和弗朗西斯·克里克1980年在《自然》(Nature)杂志上,发表了对同一现象的概述和解释。 两篇论文一致认为,把一切都归于适应性是非常危险的。 [*28]在那个以群体遗传学为主流、适应性理论大行其道、分子生物学刚起步的时代,非适应性观点能得到一致性认同,实属不易。

1　译者注:这篇论文指的是1980年发表在《自然》杂志上的论文《自私基因,表型范式和基因组进化》(Selfish genes, the phenotype paradigm and genome evolution),并非英国演化生物学家理查德·道金斯于1976年出版的书。

杜尔特尔倾向于在分子生物学层面质疑适应性主义，但也不局限于分子层面。DNA元素百科全书（ENCODE）不仅过去是，现在仍然是一个庞大的测序项目，旨在了解DNA在人类基因组中的功能。但是，由于该项目将进化（选择）的功能定义与最低限度的生化功能定义混为一谈，DNA元素百科全书的研究成果引发了科学界的广泛争议。而相关媒体宣传称，人类基因组几乎都有功能，更是激起了科学界强烈反应。[29]许多学者发文批评DNA元素百科全书所犯的常识性错误，但杜尔特尔和格拉乌尔等人是少数从经典的哲学角度，详细论述功能的学者。[30]他们将"选择效应"从"因果关系"中区分出来，以驳斥DNA元素百科全书过于自负的主张。[31]在许多读者看来，这场辩论显然已经早早地分出了胜负，但杜尔特尔却在做一些更细致的事情。他后来关于科学中的质疑和反驳作用的思考，清楚地表明了这一点。

推测，反驳和调查

杜尔特尔的观点发生了更为抽象的方向性变化，这与关于盖亚的讨论有关。1974年，林恩·马古利斯[32]与詹姆斯·洛夫洛克合作，提出了一种控制论观点，认为地球是一个单一的、类似有机体的生物圈（见第六部分詹姆斯·洛夫洛克——"盖亚假说"）[33]。利用理论和证据（尤其是生物地球化学），马古利斯和洛夫洛克提出了反馈控制系统的概念，即从行星层面进行调节，以保持地球目前的最佳状态。很多人对此表示反对。大部分的质疑主要针对将地球作为一个稳态系统的想法，而杜尔特尔和理查德·道金斯（Richard Dawkins）则从进化的角度进行反驳。[34]杜尔特尔质疑，如果盖亚像马库利斯和洛夫洛克认为的那样，是一个通过自然选择进化而来的有机体，那么只有一个盖亚[35]，没有竞争，自然选择——常用于识别生命系统的操作——不可能起作用[36]。此外，就像内含子一样，子系统（生物体）也不能使它们的行为有益于未来的实体。

杜尔特尔用同名的虚构人物做了一个比喻，这位虚构的杜尔特尔是一个热门电视剧中的角色[37]，他会和动物说话，还曾去了月球。在物种多样化的月球上，杜尔特尔博士发现，动物和植物（它们都有感知，体型庞大）没有竞争，而是组成了一个委员会来调节它们之间的相互作用。该委员会的目标和成就是在各个层面消除战争，实现"平衡"[*38]。杜尔特尔观察到，地球上不存在这种自上而下的机制，也确实不存在平衡，除了根据个体的达尔文适应性来理解所有的进化假说，别无选择。

这些批评收到了广泛好评，但论文只是发表在一本不知名的期刊《共同进化季刊》(CoEvolution Quarterly)上。[*39]虽然如此，杜尔特尔后来还是对他的一些论点进行了反思。尤其是这样一个概念：不是所有进化的系统都需要繁殖才能具有适应性，而且与其他实体的竞争对进化适应性可能不像他想象的那样重要。盖亚可能是一个持续存在的实体（"不朽的"），因此是一个以经典达尔文主义信条无法捕捉的方式进化的生命系统。提出这种相当抽象的论点并不能为盖亚概念平反，那么杜尔特尔的目的是什么呢？一个主要原因是，他通过将"生存选择"添加到日常自然选择中，填补了达尔文理论的一些空白[*40]。他认为，这种持久性可以被理解为最低限度的达尔文主义（而不是范式达尔文主义），因此，这与彼得·戈德弗雷-史密斯(Peter Godfrey-Smith)在描述由不同过程的不同组合，所创造的达尔文个性统一体的哲学努力是一致的。[*41]更通俗地说，我认为，这种哲学上的转变是杜尔特尔努力理解科学本身作为一个动态发展过程的一部分，这个过程鼓励对非正统思想的认真思考——即使这些思想最终被发现并不正确。

颠覆生命之树

杜尔特尔的反正统思想在修订版的《理解生命之树》(How the Tree of Life)中得到了充分的体现。到20世纪80年代末，分子系统学已成为重建进化树的新黄金标准。[*42]但是，分子数据使那些形态特征较少的生物体（如原核生物）也能够构建系统发育树。除去个体差异，这些微小的个体们似乎也存在着丰富的遗传活动。基因水平转移(LGT)发生在生物体之间（通常是单细胞生物，但不仅限于单细胞生物），受体获得的外源遗传物质，可能有着和受体基因完全不同的进化历程。与传统的具有严格遗传连续性的分支谱系不同，基因水平转移相关的进化谱系网络非常复杂且呈网状结构。 基因水平转移对系统发育的影响使杜尔特尔的工作受到了更广泛关注。[*43]他在1999年的《科学》(Science)杂志上发表的论文也被引用了1800多次，文中详细阐述了如果基因水平转移像最近数据显示的那样普遍，那么它可能对系统发育树产生影响。 为此，杜尔特尔用手绘图解演示了一些备选方案来支撑他的结论。

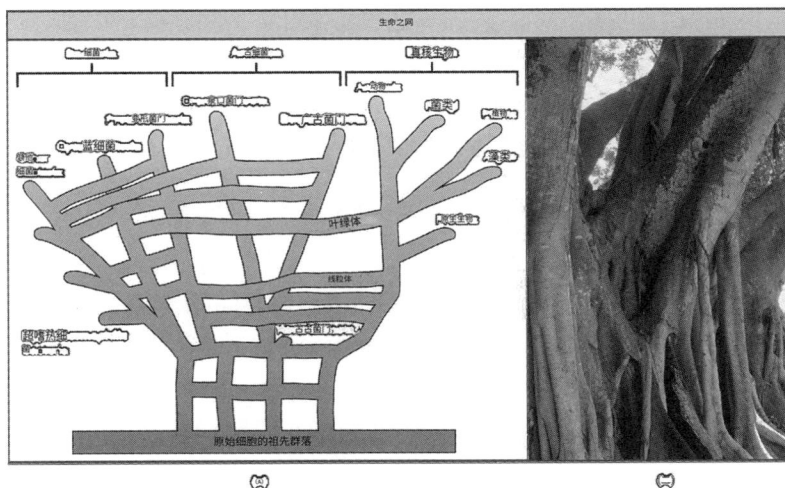

图9　杜尔特尔改进了进化树。普遍认为进化树上的每一支物种的进化是独立的，但杜尔特尔认为每一支之间也有一定联系，所以进化树网比较适合。摘自《系统发育分类与普遍树》，发表于《科学》杂志1999年第284期，第2124-2128页。经美国科学促进会授权转载。

　　另外，杜尔特尔并非一个人在正统的荒野中独自呼喊。 尽管他提出的观点确实具有革命性，但更重要的是其广泛地激发了进化学界其他学者重新思考基因水平转移对系统发育树的影响[*44]。 正是如此，杜尔特尔被称为一名"有远见"的科学家。 我并不是说他和他的同事们的观点都是对的——虽然从根本上说是对的（他们的观点代表着新的正统思想）——而是想指出杜尔特尔的特殊贡献在于哲学上的元方法论，从前是，现在也是。

把杜尔特尔视为一个有远见的"梦想家"时，我们需要认识到，他是有条件地提出了有关基因水平转移的论点。正如他后来所指出的："我只是想指出，如果基因水平转移是进化的主要推动力，那么它对系统发育的影响将非常有趣。"[45]由于大量数据的积累对该论点有利，这一陈述的条件性逐渐被无数的评论文章（包括科学的、哲学的和历史的）所覆盖而慢慢消失[46]。杜尔特尔是如何做到的呢？他并不仅仅是仔细收集数据和评估相互竞争的假设，而是给根深蒂固的框架以有力的一脚，看看有什么东西被踢走了。换句话说，这场辩论……展示了未完善的理论如何强烈地影响我们收集和解释客观事实的方式。[47]他职业生涯的大部分时间，包括对广为接受的思维方式的许多挑战，可以看作对科学哲学规律性的探讨和推动。

多元化

杜尔特尔最近的一篇被多次引用的论文（超过350次引用，但仅仅是他被引用次数最多的前20篇论文中的倒数几篇之一），是2009年杜尔特尔当选美国国家科学院院士的演讲。[48]这篇论文由杜尔特尔和他当时的博士后埃里克·巴普泰斯特（Eric Bapteste）共同撰写，论文讨论了系统发育树实践中多元化的含义。杜尔特尔和巴普泰斯特把"模式多元主义"概括为"不同的进化模式和关系的表现形式，对于不同的分类单元、不同的尺度或不同的目的，都是适当的、真实的。"[49]换句话说，就像现代的综合进化论认为除了自然选择还包括突变、漂移和重组一样，系统发育必须是多元的。[50]杜尔特尔认为，系统发育需要"一个功能齐全、内容丰富的解释工具包"，这不仅是为了科学，也是为了公众能够接受。[51]

在方法论上，杜尔特尔自称是"本体论"的还原论者[2]，即自己倾向于从分子层面寻求生物学上的答案。[52]虽然他对自己如此评价，但这并

---

2 译者注：还原论（Reductionism），又名化约论，是一种哲学思想，认为复杂的系统、事物、现象可以通过被化解、拆解来加以理解和描述，例如解剖学。

非说工作要局限在单一层面，而是说如何以最好的方式得到一些非常好的数据以及如何成功地解释这些数据。对哲学家来说，多元主义可以分为多元化的形而上学（即事物的本质不是一成不变的）以及一种认知立场（有时，但并不总是与形而上学的立场相联系）：即多种解释框架可以合理解释有趣的现象。当然，关于物种和生命之树，杜尔特尔可以被解读为一个本体论的多元论者。[53]但是，他并不一定以此观点看待所有现象（例如，"垃圾"DNA与"功能"DNA根本不属于一类，因为这些讨论是在不同的解释性框架下进行的）。那么，解释就是它的目的。而且在"解释"这一问题上，在他整个职业生涯的多次讨论中，杜尔特尔对生物现象的"错误"解释[54]——DNA元素百科全书发布的功能性解释、盖亚的进化论观点（"毫无疑问是错误的"）以及对叶绿体和线粒体的自生（非共生）解释——进行了严厉的抨击。然而，我们如何来解释杜尔特尔的多元主义呢？[55]

多元主义是如何与杜尔特尔相关联的呢？从杜尔特尔职业生涯的研究轨迹来看，多元主义似乎与他不愿局限于探究单一的"元叙事"或"一元论"的观点，以及他对新奇的猜想和开放性的创新解释相关。[56]的确，只要是解释，无论新旧，都需要进行严格的评估，但是关闭提出猜想的创造性大门，无疑是对科学进步的阻碍。他说："我试图寻找生物学模式和过程的标准进化论解释之外的其他解释，部分原因是，我相信，科学家和其他人一样容易固守占主导地位的理论或态度，即使其他解释也很显然站得住脚。"这一观点的产生，离不开杜尔特尔在艺术和科学两方面的极高造诣。[57]更确切地说，这一观点是他在艺术和科学之间寻找到的平衡点。

在杜尔特尔看来，艺术和自然科学非常相似，它们都具有"潜在的纯粹动机"和"内在的敌人，即懒惰和自欺"。然而，二者有一个很大的区别："为了评估（对他们作品的）反应，科学家不应该太过刻意迎合他们的观众，也不应该胡乱猜测。[58]这是艺术家为了生存而必须做的事情，我认为我们（科学家）可以向他们学习。"[59]他认为，科学解释中的自律约束往往出自害怕显得不传统和"不客观"。但这样的信念是建立在对科学的有限认识之上的：科学并不是完全由一群理性的、自我监督的个体(尽管这是通过后门进入的)组成的群体，而是一个在制度层面上进行评估和裁决的社会机构。它应该有更多的空间进行更"任性"但偶尔富有成效的解释，甚至这些领域可能需要它们。这就是杜尔特尔反对对科学家提出越来越多的商业化要求，反而倡导以好奇心为动力的基础科学的原因。

另一方面，他认为"科学家对自己也太不严谨了"，需要更多像罗西·雷德菲尔德(Rosie Redfield)这样的人，她以揭穿臭名昭著的砷生命假说而闻名，该假说提出砷可以代替生物体中的磷[60]。雷德菲尔德本身是一位标志性的进化微生物学家，喜欢驳斥各种所谓的膨化假说，有时甚至会暗示杜尔特尔的"哲学"思辨只是一种放纵，而不是科学的依据。[61]正如杜尔特尔所解释的那样，许多科学家担心，过多的哲学不仅与它所声称要分析的科学有太远的距离，而且会导致"分析瘫痪"，无法取得进展。通过对他抨击"盖亚"进化论以及其他生物学方面的解释，我在这个框架里表明这些问题，一个或多个方面的解释，甚至是完全相反的解释，是如何产生的。[62]在他与哲学的持续实践中，杜尔特尔可能是最有远见的，他超越了一些非常传统的界限并尝试进行了一种相当危险的融合。

总结和思考

杜尔特尔过着双重生活：作为一名科学家和一名"嵌入式"哲学家，他挑战了各种假设("解构主义")并提出了新颖的、有时有些左倾的解释("有趣的猜测")。虽然，杜尔特尔很多研究项目本身就具有前瞻性，但我觉得任何科学家本人或其所在的科学团体，甚至更广泛的科学机构，都应对规范科学的运作提供相关建议，负起责任。比如，检查每一个论点和解释并愿意怀疑现今最权威的科学框架。但是，这样做并非为了搞破坏，而是为了建设性地扩大可选择的范围。杜尔特尔的研究中的每一个主题都表明了这种方法的价值，不仅对他个人，而且对更广泛的科学共同体都是如此。

备注

1. W. Ford Doolittle, "Q&A: W. Ford Doolittle," *Current Biology* 14 (2004): R178-R179.

2. John Archibald, *One Plus One Equals One: Symbiosis and the Evolution of Complex Life* (Oxford: Oxford University Press, 2014).

3. W. Ford Doolittle, "ViewPoint Gallery: Ford Doolittle Philosophy" (2016), online at ford_doolittle.html.

4. W. Ford Doolittle and Charles Yanofsky, "Mutants of Escherichia coli with an Altered Tryptophanyl-Transfer Ribonucleic Acid Synthetase," *Journal of Bacteriology* 95 (1968): 1283-94; Charles Yanofsky, "Transcription Attenuation: Once Viewed as a Novel Regulatory Strategy," *Journal of Bacteriology* 182 (2000): 1-8.

5. Charles Yanofsky, "The Favourable Features of Tryptophan Synthase for Proving Beadle and Tatum's One Gene-One Enzyme Hypothesis," *Genetics* 169 (2005): 511-16.

6. Charles Yanofsky, "Advancing Our Knowledge in Biochemistry, Genetics and Microbiology through Studies of Tryptophan Metabolism," *Annual Review of Biochemistry* 70 (2001): 1-37.

7. Doolittle, "Q&A."

8. Jane Gitschier, "The Philosophical Approach: An Interview with Ford Doolittle," *PLoS Genetics* 11 (2015): e1005173.

9. Benno Müller-Hill, *The lac Operon: A Short History of a Genetic Paradigm* (Berlin: Walter de Gruyter, 1996); David L. Nanney, *Candide in Academe Meets Tracy Agonistes: A Memoir of the Morning of Molecular Biology: Coming of Age in Bloomington*, 1946-1951 (Draft of 23 March 2004), online at life.illinois. edu/nanney/autobiography/candide.html.

10. Masayasu Nomura, Benjamin D. Hall, and Sol Spiegelman, "Characterization of RNA Synthesized in Escherichia coli after Bacteriophage T2 Infection," *Journal of Molecular Biology* 2 (1960): 306-26; David Gillespie and Sol Spiegelman, "A Quantitative Assay for DNA-RNA Hybrids with DNA Immobilized on a Membrane," *Journal of Molecular Biology* 12 (1965): 829-42; Susie Fisher, "Not Just 'a Clever Way to Detect Whether DNA Really Made RNA': The Invention of DNA-RNA Hybridization and Its Outcome," *Studies in History and Philosophy of Biological and Biomedical Sciences* 53 (2015): 40-52.

11. Doolittle, "Q&A."

12. Jan Sapp, "The Iconoclastic Research Programme of Carl Woese," in *Rebels, Mavericks, and Heretics in Biology*, ed. Oren Harman and Michael R. Dietrich (Princeton, NJ: Yale University Press, 2008), 302-20.

13. W. Ford Doolittle and Norman Pace, "Transcriptional Organization of the Ribosomal RNA Cistrons in *Escherichia coli*," *Proceedings of the National Academy of Sciences USA* 68 (1971): 1786-90.

14. Gitschier, "Philosophical Approach."

15. Michael W. Gray and W. Ford Doolittle, "Has the Endosymbiont Hypothesis Been Proven?," *Microbiological Reviews* 46 (1982): 1-42; Archibald, *One Plus One*.

145

16. Michael R. Dietrich, "The Origins of the Neutralist-Selectionist Debates,' " Dibner Workshop, May (2002), transcripts, online at authors.library.caltech.edu/5456/1/hrst.mit.edu/hrs/evolution/public/transcripts/origins_transcript.html.

17. Doolittle, "Q&A."

18. Gitschier, "Philosophical Approach."

19. Walter Gilbert, "Why Genes in Pieces?," Nature 271 (1978): 501.

20. Gilbert, "Why Genes in Pieces?," 501.

21. W. Ford Doolittle, "Genes in Pieces: Were They Ever Together?," Nature 272 (1978): 581-82.

22. Doolittle, "Genes in Pieces"; W. Ford Doolittle, "The Origin and Function of Intervening Sequences in DNA: A Review," American Naturalist 130 (1987): 915-28.

23. Arlin Stoltzfus, David F. Spencer, Michael Zuker, et al., "Testing the Exon Theory of Genes: The Evidence from Protein Structure," Science 265 (1994): 206.

24. Olga Zhaxybayeva and J. Peter Gogarten, "Spliceosomal Introns: New Insights into Their Evolution," Current Biology 13 (2003): R764-R766; Gitschier, "Philosophical Approach."

25. Eugene V. Koonin, "The Origin of Introns and Their Role in Eukaryogenesis: A Compromise Solution to the Introns-Early Versus Introns-Late Debate?," Biology Direct 1 (2006): 22, doi:10.1186/1745-6150-1-22. (See Doolittle's referee comments for a very clear history of the debate.)

26. Arlin Stoltzfus, "On the Possibility of Constructive Neutral Evolution," Journal of Molecular Evolution 49 (1999): 169-81; Julius Lukeš, John M. Archibald, Patrick J. Keeling, et al., "How a Neutral Evolutionary Ratchet Can Build Cellular Complexity," IUBMB Life 63 (2011): 528-37.

27. W. Ford Doolittle and Carmen Sapienza, "Selfish Genes: The Phenotype Paradigm and Genome Evolution," Nature 284 (1980): 601-3.

28. Leslie E. Orgel and Francis H. C. Crick, "Selfish DNA: The Ultimate Parasite," Nature 284 (1980): 604-7.

29. Sean R. Eddy, "The ENCODE Project: Missteps Overshadowing a Success," Current Biology 23 (2013): R259-R261.

30. W. Ford Doolittle, "Is Junk DNA Bunk? A Critique of ENCODE," Proceedings of the National Academy of Sciences USA 110 (2013): 5294-5300; Dan Graur, Yichen Zheng, Nicholas Price, et al., "On the Immortality of Television Sets: 'Function' in the Human Genome According to the Evolution-Free Gospel of ENCODE," Genome Biology and Evolution 5 (2013): 578-90.

31. W. Ford Doolittle, Tyler D. P. Brunet, Stefan Linquist, et al., "Distinguishing between 'Function' and 'Effect' in Genome Biology," Genome Biology and Evolution 6 (2014): 1234-37.

32. For a discussion of how Margulis's basic position was fleshed out molecularly by Doolittle and others, see Archibald, One Plus One.

33. Lynn Margulis and James E. Lovelock, "Biological Modulation of the Earth's Atmosphere," Icarus 21 (1974): 471-89.

34. Richard Dawkins, The Extended Phenotype (1982; rev. ed., Oxford: Oxford

University Press, 1999).

35. Margulis and Lovelock, "Biological Modulation," 486.

36. W. Ford Doolittle, "Is Nature Really Motherly?," *CoEvolution Quarterly,* Spring 1981, 58-63.

37. Hugh Lofting, *Doctor Dolittle in the Moon* (1928; repr., London: Jonathan Cape, 1929).

38. Doolittle, "Is Nature Motherly?"

39. W. Ford Doolittle, "Natural Selection through Survival Alone, and the Possibility of Gaia," *Biology and Philosophy* 29 (2014): 415-23.

40. Doolittle, "Natural Selection," 421.

41. Peter Godfrey-Smith, *Darwinian Populations* (Oxford: Oxford University Press, 2009).

42. Edna Suárez-Diaz and Victor H. Anaya-Muñoz, "History, Objectivity, and the Construction of Molecular Phylogenies," *Studies in History and Philosophy of Biological and Biomedical Sciences* 39 (2008): 451-68.

43. W. Ford Doolittle, "Phylogenetic Classification and the Universal Tree," *Science* 284 (1999): 2124-28.

44. Elena Hilario and J. Peter Gogarten, "Horizontal Transfer of ATPase Genes—The Tree of Life Becomes a Net of Life," *Biosystems* 31 (1993): 111-19; William Martin, "Mosaic Bacterial Chromosomes: A Challenge en Route to a Tree of Genomes," *Bioessays* 21 (1999): 99-104; Michael Syvanen, "Horizontal Gene Transfer: Evidence and Possible Consequences," *Annual Review of Genetics* 28 (1994): 237-61.

45. Doolittle, "Q&A," R176; emphasis in original.

46. James O. McInerney, James A. Cotton, and Davide Pisani, "The Prokaryotic Tree of Life: Past, Present ... and Future?," *Trends in Ecology and Evolution* 23 (2008): 276-81; Maureen A. O'Malley and Yan Boucher, "Paradigm Change in Evolutionary Microbiology," *Studies in History and Philosophy of Biological and Biomedical Sciences* 36 (2005): 183-208; Jan Sapp, *The New Foundations of Evolution: On the Tree of Life* (New York: Oxford University Press, 2009).

47. Doolittle, "Q&A," R176.

48. W. Ford Doolittle and Eric Bapteste, "Pattern Pluralism and the Tree of Life Hypothesis," *Proceedings of the National Academy of Sciences USA* 104 (2007): 2043-49.

49. Doolittle and Bapteste, "Pattern Pluralism," 2043; W. Ford Doolittle, "The Attempt on the Tree of Life: Science, Philosophy and Politics," *Biology and Philosophy* 25 (2010): 455-73; and "The Practice of Classification and the Theory of Evolution, and What the Demise of Charles Darwin's Tree of Life Hypothesis Means for Both of Them," *Philosophical Transactions of the Royal Society, London B* (2009): 2221-28.

50. Doolittle, "Demise of Darwin's Tree."

51. Doolittle, "Attempt on the Tree of Life," 455.

52. Doolittle, "Q&A," R176.

53. W. Ford Doolittle, "Microbial Neopleomorphism," *Biology and Philosophy* 28 (2013): 351-78.

54. Doolittle, "Is Nature Motherly?," 58.

55. Gray and Doolittle, "Endosymbiont Hypothesis Proven?"

56. Doolittle and Bapteste, "Pattern Pluralism," 2048.

57. Doolittle, "Q&A," R176.

58. Doolittle, "Q&A," R177.

59. Doolittle, "Q&A," R177.

60. Erica C. Hayden, "Rosie Redfield: Critical Enquirer," Nature 480 (2011): 442-43.

61. Rosemary J. Redfield, "Is Quorum Sensing a Side Effect of Diffusion Sensing?," *Trends in Microbiology* 10 (1993): 365-70; Rosemary J. Redfield, "Genes for Breakfast: The Have-Your-Cake-and-Eat-It-Too of Bacterial Transformation," *Journal of Heredity* 84 (2002): 400-404.

62. W. Ford Doolittle, "Philosophy, Who Needs It?," *Current Biology* 25 (2015): R31.

Bruno J. Strasser
布鲁诺·J. 斯特拉瑟

玛格丽特·奥克利·德霍夫

在分子生物学的海洋中收集梦想

曾经有一段时间，生物学和计算机科学像巧克力甜甜圈和新斯科舍洛克鱼一样相去甚远。直到玛格丽特·奥克利·德霍夫的出现才改变了这一切。作为生物物理学会的首位女性官员，以及第一位既担任秘书又担任会长的人，德霍夫致力于在20世纪60年代和70年代将新兴的计算技术应用于生物学和医学领域。特别是，德霍夫首先看到了创建蛋白质和核酸数据库及其所需的计算工具的巨大潜力，而这一切发生在生物学与先进计算技术几乎毫无交集的年代。

引言

许多业余爱好者，比如集邮爱好者，最大的梦想可能就是集齐某一种邮票。但很多人穷极一生，都无法完成。现代的实验科学家绝不会有这样的偏执，这种偏执在很久之前就从实验者的理想中消失了。但是，在文艺复兴时期，博物学家梦想收集每一个现存物种的样本，尤其是那些奇异的物种，并将其保存在他们的神奇橱柜中。[*1] 新大陆被发现后，新大陆上的新物种导致"信息过载"，博物学家们的橱柜无法安放它们，梦

图10　玛格丽特·奥克利·德霍夫

想自然实现无望。[*2] 不过，在许多博物学家的团体中，它仍然以一种较为温和的形式存在着，即收集全一个较小的生物类群中的所有物种。[*3] 全面性的理想在自然历史中有着悠久传统，并成为一种决定性的特征——尽管从19世纪中期开始它就遭到实验科学家的奚落。实验物理学家欧内斯特·卢瑟福（Ernest Rutherford）在20世纪头几十年的宣言中总结了他们的态度："只有（实验）物理学才是科学，其他的都是集邮。"[*4]

到1965年，许多人宣布这种收集东西的理想已经死了且再也不会回来了：实验生物学正蓬勃发展，几乎每年诺贝尔生理学或医学奖都会授予分子生物学家。然而就在那一年，一个奇怪的"收藏"出现了。物理化学家玛格丽特·奥克利·德霍夫出版了《蛋白质序列与结构图谱》。[*5] 书的出版代表了一种新型收藏的出现。有意思的是，这却是现代实验主义的直接产物。10年前，生物化学家弗雷德里克·桑格（Frederick Sanger）发明了一种实验方法，使测定氨基酸（蛋白质的组成部分）的序列成为可能。[*6] 1951年，他用它测定了第一个蛋白质序列，即胰岛素B链的30个氨基酸。在这最初的突破之后，其他研究人员很快从一些很容易从屠宰场获得的生物（牛、羊、马和猪）身上获得了其他蛋白质序列。德霍夫就把这些数据全面地收集成册，付梓出版——读起来像电话簿，只不过电话号码被一串串的蛋白质名字代替。这是第一本描述氨基酸序列的书。

德霍夫的梦想源于她的信念，她相信拥有每种蛋白质之后，将会对它们的进化史和生化功能产生独特的见解，特别是如果数据可以被储存在计算机中。这是另一个梦想，因为当时计算机还没有在生物医学科学界大显身手。但是桑格的工作似乎开启了什么：在书出版之后不到一年的时间里，她的收藏就已经过时了，因为该领域出现了"信息大爆炸"。[*7] 1966年，为了能跟上实验研究的步伐，德霍夫出版了《蛋白质序列与结构图谱》的第二版，新版本涵盖的信息是第一个版本的两倍多。在现代实验时代，建造一个装满奇迹的电子储蓄柜是德霍夫的梦想。

对许多实验科学家来说，这个梦想看起来是如此的奇怪，以至于对德霍夫来说，它有时会变成一场职业挑战。在接下来的几十年里，她坚持全面收集分子数据的工作，她设想这是实验生物医学研究中最重要的工具之一。今天，在网上可以找到的电子"数据库"中，它已经成为一个不可或缺的工具，成千上万的研究人员每天从世界各地的实验室访问它，围绕它们形成了一门全新的科学学科——生物信息学。在20世纪60年代，德霍夫的收集显得如此新颖的原因是，它代表了第一次计算机化的分子数据收集。对许多实验主义者来说，它看起来如此旧的原因是，它就像另一个自然史收藏品。两者都解释了为什么在20世纪60年代，德霍夫的愿景看起来如此梦幻，而在几十年后，它又变得如此合理；但这些都没有解释为什么德霍夫认为它是一种合理的追求，是战后跨学科的科学文化？还是实验主义者对计算机的缓慢接受？

计算机和生物学

1925年，德霍夫出生于美国费城，原名玛格丽特·贝尔·奥克利（Margaret Belle Oakley），她的父亲是一位小企业家，母亲是一名高中数学老师。[*8] 10岁那年，她们举家搬到纽约，她在那里就读于一所公立学校。[*9] 1945年，她在纽约大学获得了数学学士学位。她的研究生涯始于哥伦比亚大学，她的导师是化学家乔治·金博尔（George Kimball）。在金博尔的指导下德霍夫完成了自己的博士论文。1948年，年仅23岁的她获得了量子化学博士学位。作为Watson IBM计算实验室的研究员，她利用穿孔卡计算机进行小分子物理性质的计算研究，穿孔卡是早期数字计算机常用的数据和程序输入存储介质。毕业后，她嫁给了爱德华·S.德霍夫（Edward S. Dayhoff），后者当时仍在哥伦比亚大学攻读物理学博士学位，随后他在洛克菲勒研究所（Rockefeller Institute，即现在的洛克菲勒大学）工作。作为电化学研究助理，她的工作包括测量蛋白质的密度。她的丈夫1951年毕业，她跟着他去了华盛顿特区，在那里她得到了美国国家标准局的一个职位。同一年，他们的第一个孩子露丝·E.德霍夫（Ruth E. Dayhoff）出生。3年后，第二个孩子朱迪斯·E.德霍夫（Judith E. Dayhoff）也出生了。在接下来的8年里，德霍夫放弃了研究工作，开始抚养孩子。1960年，她回到了科学界并在马里兰州银泉市的美国国家生物医学研究基金会（NBRF）任职。

事实上，美国国家生物医学研究基金会既不是全国性的，也不是生物医学研究机构。它是由计算机爱好者罗伯特·S.莱德利（Robert S. Ledley）创办的一个小型的、私有的、非营利性的研究机构[*10]。美国国家生物医学研究基金会的创立，也标志着计算机在生物领域应用的开始。玛格丽特指出："没有其他地方可以让计算机、工程和生物学或医学紧密结合。"她补充道："现在的组织，实际上都隶属于其中一个领域。"[*11]

莱德利也是一个梦想家，他渴望将生物学和医学"电脑化"。有了数字计算机这一技术，他就可以用它来解决问题。当实业家希望用装配线上的机器来代替工人时，莱德利就有了用计算机来代替工人的设想。1963年，他解释说："这些程序类似于实验室的工作人员。每一项日常工作都有各自的职责，就像实验室里的每位清洁工、技术人员、高级研究人员、图书管理员、机械师等，都有自己的工作要做一样。而程序员和蛋白质化学家可上升为计算机部门的主管。"[*12] 在美国国家生物医学研究基金会，莱德利和他的新员工开发了第一台计算机全身断层扫描仪，随后又开发了几种电子设备，其中一种可以通过应用概率从一些症状中计算诊断结果，另一种可以在显微镜图像上自动计算染色体数目。此外，他们还开发了很多类似的设备。但是，在20世纪70年代之前，这些发明对生物医学研究的影响微乎其微。就在这样一种氛围中，一样又一样的创新技术被开发出来，但是它们都不一定马上就能上市，而德霍夫的项目看起来也没有很不同寻常。之后的很多年，很少有分子生物学家能充分理解她收集分子数据的全部意义。

20世纪60年代，美国国家生物医学研究基金会也是实验文化和计算机文化相遇并追求生物医学梦想的极少数场所之一。[13] 计算机仍然是当时占地面积很大的大块头，虽然它们可以在美国的大学里找到，但是生物学家很少使用它们。他们忙于改进实验系统和获取新的数据，用计算机化的方法分析他们手头寥寥的数据，显然这不是他们的兴趣所在。在某些情况下，实验室的实验人员公开表达了对计算机的敌意，他们在概念上把计算机归为理论科学。有一次，一位实验员被要求将他的实验数据用计算机化的方法分析时，一位生物化学家表达了他所在学界许多人的观点："我不是理论家。"[14] 德霍夫很清楚这种态度。当一位学生提出了一个用计算机方法解决生化问题的项目时，德霍夫警告他："你要确保你的导师认可计算机！"[15] 当时，不认可计算机的人太多了。不过，在美国国家生物医学研究基金会却没有类似的困扰。美国国家生物医学研究基金会的工作人员包括"一名医生、一名牙医、一名化学家和一名生物学家、一名工程师和一名程序员，他们都密切相关，相互理解和欣赏对方的工作"。这个理想的环境，激发了德霍夫将生物学、计算机和信息科学相结合的梦想。

德霍夫第一次尝试将计算机与生物学相结合，是通过一种算法来帮助研究人员从几个重叠片段的序列中确定蛋白质的整个序列。她的FORTRAN程序是为IBM 7090大型机设计的，它可以提取一组部分序列并在不到5分钟的时间内找到解决方案。[16] 她设计了其他的算法来比较蛋白质序列，寻找重叠或规则的模式。为了测试它们，德霍夫开始收集一些已知的蛋白质序列，还在不知具体序列的情况下，用从胚胎材料提取的蛋白测序片段，确定整个蛋白质序列，制作蛋白质序列集。 罗伯特和德霍夫希望实验室研究人员能够理解他们的计算机程序的价值并广泛采用它们。 但是，显然那时它们没有对蛋白质测序产生影响，在生物学中，将计算文化和实验文化割裂开的鸿沟依然存在。

虽然，德霍夫想要努力建立一个完整的蛋白质序列集合是一个梦想，但这也只是她实现更大野心——了解生物体的"进化史和生化功能"——的第一步。 她对进化的兴趣是由计算机模拟激发的，她通过计算机模拟，试图掌握早期行星大气的化学变化，包括"在什么条件下产生了诸如氨基酸等具有生物学意义的化合物"。[17] 这项工作促成了她与天文学家、科普人卡尔·萨根(Carl Sagan)的合作。 1967年，德霍夫与萨根共同发表了一篇关于金星大气演化的研究报告。[18]这项工作符合太空时代的科学议程并吸引了美国国家航空航天局(NASA)的资金。[19] 虽然蛋白质序列集的早期发展还远远未让大多数生物学家注意到，但着眼于恒星的美国国家航空航天局看到了它的潜力：它可能会使人们对地球上最早的生命形式有更深的了解，从而可能对其他行星上的生命形式有更深的了解。[20]

把生物多样性带到实验室

其实，德霍夫蛋白质序列集索引立即引起了读者的注意：它囊括了多种动物，甚至包括野生动物。 物种多样性是自然史的一个标志，而实验生物学中却几乎没有这种多样性。 在当时的社会背景下，这样的安排是有意义的。 因为更好的和更新的工具出现以及一些最适合研究的模式生物被发现，实验主义自19世纪后期以来，一直在稳步置于各个实验室。 生物浩繁的多样性曾是博物学家的福音，但现在却成了实验主义者的灾难。 因为实验主义者往往希望从单一的、标准化的模式物种研究中得出普遍的自然规律。[21] 当克劳德·伯纳德(Claude Bernard)研究狗和兔子的胰腺和肝脏的生理作用时，他毫不怀疑地觉得他的发现适用于所有动物，包括人类。 特别是随着20世纪早期遗传学的兴起，研究人员开始关注他们称为"模式生物"的少数物种[22]。 例如，模式生物老鼠(小鼠)、苍蝇(黑腹果蝇)、蠕虫(秀丽杆线虫)、鱼(斑马鱼)或草(拟南芥)可以代表一大类生物，甚至可能代表整个生物王国。这一趋势在分子生物学家中表现得尤其明显，他们关注的是地球上一些最简单的生物：细菌和病毒。例如，大肠杆菌成为研究基因调控分子机制的人员的主要关注点。这个想法源于法国分子生物学家雅克·蒙诺(Jacques Monod)和弗朗索瓦·雅各布(Francois Jacob)[他们改写了艾伯特·克鲁伊弗(Albert Kluyver)的原话]1961年提出的一个主张："大肠杆菌的真实情况肯定也适用于大象。"[*23]从实用的观点来看，大自然的统一性是相当方便的，它为科学家们提供了一个忽视大象的理由，因为大象很难被带进实验室，也很难被追踪以获取组织样品。

德霍夫则持不同观点并且她的观点得到了生物化学中一个被称为"比较生物化学"的分支的支持。通过比较大肠杆菌和大象科学家可以获得关于这两个物种的重要知识，而这些知识无法通过研究其中一个物种而获得。[*24]德霍夫将这个想法扩展到不同生物体的蛋白质序列。她认为，比较可以揭示"隐藏在氨基酸序列中的"基本信息。[*25]这将包括蛋白质(及其宿主物种)的进化史信息以及允许蛋白质执行生化功能的分子机制[由莱纳斯·鲍林(Linus Pauling)和埃米尔·扎克坎德尔(Emile Zuckerkandl)提出]。这是一种很有效的比较方式。如果一种蛋白质，比如血红蛋白，在两个物种中有所不同，那么它们之间的差异就表明了它们的进化距离。序列中某些部分的相似性可能表明分子在进化上的保守区域并在其功能活动中起着关键作用。进化和生化研究都需要许多物种的分子数据——越多越好——而不仅仅是几个生物模型。一些人认为，德霍夫包罗万象的原创方法具有划时代意义，但也有许多人认为那不过是过时的想法。

这个项目的哲学挑战伴随着一些实际的挑战而来：找到不寻常物种的蛋白质序列信息并非易事。信息常常出现缺失，即使有人费尽周折从一个被实验员认为不寻常的物种那里得到了这些信息，结果也常常会在各种各样的期刊上发表。比如，要找到驯鹿的基因序列，人们不得不求助于《斯堪的纳维亚化学报》(*Acta Chemica Scandinavica*)。[*26]另一个问题是，尽管实验人员在描述实验方法时表现出了极强的精确性和谨慎，但他们对提取蛋白质所用材料的分类学描述却十分马虎。德霍夫不止一次亲自写信给论文作者，询问有关蛋白质来源的具体情况，她曾提醒一位生物化学家，"猴子"不是一个合适的科学名称（它指的是250多个物种）。[27]

20世纪60年代的许多实验主义者，他们大部分的职业生涯都在研究单一物种，或者至多研究几个物种。而玛格丽特把生物多样性，从自然历史博物馆引入了实验室，这个计划在他们看起来就像梦一样。然而，半个世纪过去了，这一切的实现超出了她最大胆的想象。她的蛋白质序列集的继承者之一是一个叫作GenBank的数据库，在2018年该数据库收集了超过40万个物种的序列。这样一来，这些收藏品就相当于世界上最大的自然历史博物馆了。[28]

建立开放的学术界

尽管德霍夫的技术视野非常开阔，但与她宏大的社会理想相比还是相形见绌。她梦想着建立一个由科学家组成的开放学界，大家能够共享那些花费了他们数月或数年进行繁琐实验工作才获得的数据。从学术界的角度来看，科学家显然会从全面收集数据中受益。然而，有科学家发现了一个明显的漏洞：如果某位科学家并不参与（分享数据），他也会从开放式的数据库中受益。现实也确实如此。但我们只能说认知目标和政治愿景是相互关联的，但并不相互决定。无论是科学领域还是其他领域的藏品，常常是政治愿景的体现，这一点在美国纽约大都会艺术博物馆的殖民时期的收藏品中表现得非常明显：它们所收藏的物品和获取这些物品的手段公开地表达了某种权力。[29]

德霍夫的收集全球科学数据的梦想并非想展示"帝国主义"式的影响和权力，她确实希望把研究人员聚集在一起，无论其学术地位或专业地位，都能团结起来，通过共享数据来理解自然。为了收集蛋白质序列集中的初始数据，德霍夫和她的团队像大多数收集者一样，手动翻看印刷的期刊，寻找描述蛋白质序列的文章。不幸的是，序列很少直接被印在文章中。它必须从作者对他们进行的实验的描述中推导出来，这意味着要对方法进行评估并验证其准确性。即使出现了一个序列，也常常会出现歧义或排版错误。因此，实际的序列信息通常必须通过与作者直接进行冗长的通信来获得。当研究小组最终获得数据时，他们将数据手工输入穿孔卡，计算机可以通过穿孔卡进行计算或打印图谱。因此，从一开始，德霍夫所做的不仅仅是收集数据，她也在为此作出贡献。每个博物馆馆长或图书管理员都知道，收集数据和策展是一个非常耗时的过程，它不仅包括许多日常工作，还包括从检查不完整的参考文献到纠正印刷错误，或解决两个条目之间的矛盾等极为细致的工作。但是对于大多数实验研究人员来说，他们并不知道其中的辛苦，所以他们通常低估德霍夫和她的团队需要付出的精力。

从一开始，序列数据的数量就增长得比她收集数据的速度快，所以德霍夫希望与获得它的研究人员建立合作关系。每一版图谱都邀请研究人员提交"新数据"，德霍夫在科学期刊的文章中重申了这一呼吁。但由于种种因素，她的数据共享的公共主义理想未能成为现实。她的理想首先与20世纪六七十年代实验科学家的职业精神格格不入，另外她对信息自由流动的愿景与她对整个收藏品的所有权意识之间有不可调和的矛盾。

显然，德霍夫忽略了科学家们通常在科学期刊上"公开"他们的研究结果的一个主要原因：建立优先权和著作权。著作权转化为科学信誉，这是一个科学家推进事业的主要"资本"。后来，一位分子生物学家和科学技术数据委员会的成员哀叹："科学家是狂热的个人主义者，他们认为自己是新知识的孤独探索者……他们是一个没有组织的思想团体的一部分。"[30] 其通过集体努力来寻求知识的想法，大多数人可能压根就没有。蛋白质序列集的出版既不授予作者身份，也不授予优先权，正如她在每个版本的前言中明确指出的那样："我们无意卷入历史或优先权的问题。"[31] 但是，要求研究人员在数据发表之前，也就是在作者的身份得到科学期刊的确认之前就提交数据的做法，忽视了这样一个事实，即实验研究人员之间存在着激烈的竞争。这肯定会阻止许多人透露他们获得的数据，特别是当它可以提供重要的线索，让他们的竞争对手可以确定相关的序列时。

德霍夫自由共享信息的梦想本来可能在20世纪60年代实现，虽然当时的反主流文化与这样的理想产生了共鸣，但免费共享序列与企业运营所需的实际条件，尤其是资金问题产生了冲突。为了保护团队在收集、验证和组装蛋白质序列方面投入的大量人力、物力资源，德霍夫决定为她的数据收集申请版权。这个项目急需出售蛋白质图谱的副本，以支付印刷费用、数据收集和管理产生的费用。1969年，当数据库以磁带的形式发布时，她要求支付每份几百美元的拷贝费用。[32]而且，火上浇油的是，那些拿到磁带的人必须签署一份合同，同意不得擅自分发数据。德霍夫提醒买家："这些信息是专有的。[33]"正如她后来所说的那样，德霍夫的"商业化"模式，与她免费共享数据的目标直接相悖，尤其是考虑到基于互联网的免费经济在未来还很遥远。科学界自然也注意到了这种矛盾。一名研究人员反问德霍夫："你在某种程度上就像一名'民歌收藏家'，却声称自己拥有已发布作品的版权。如果我唱《约翰·亨利》（*John Henry*）[1]，我还得付钱给他吗？[34]"所有这些都使收集工作处于一种模糊的状态，这进一步阻碍了德霍夫收集序列的脚步。收集序列需要研究人员的自愿参与，他们认为这个图谱是他们工作的一部分，而她却认为是她自己的劳动成果。

德霍夫别无选择，只能通过贡献者和用户来资助这个项目。美国国立卫生研究院和国家科学基金会（National Science Foundation）等科研资助机构不愿资助这个数据库的建设。因为他们觉得，它不属于科学研究的范畴，仅仅是一项行政任务或充其量是一项基础设施。这大大低估了制作图谱数据所需的科学专业知识。为了改变这种看法，德霍夫开始更加强调她对图谱数据分析的结果，特别是它在创建进化树或寻找蛋白质序列的共同模式方面的应用。尽管这项分析工作得到了广泛的认可和赞扬，但它与最初提供数据的科学家们产生了进一步的对立——现在她

1　约翰·亨利，几部美国民谣和离奇故事中的英雄人物。

正在滥用自己获得数据收集的特权。 德霍夫的梦想变成了噩梦。

虽然政治愿景受挫，但现实中蛋白质图谱的收集工作还进行得很顺利。《蛋白质序列与结构图谱》的第二版比第一版晚一年出版，但包含的数据是第一版的两倍。 两年后，也就是1968年，第三版所含的数据量又翻了一番。 德霍夫在承担了大部分收集工作的同时，还收集了大量的蛋白质序列数据，并对这些数据进行了仔细的验证和整理。 随着该书成为生物医学研究实验室的常用资料，它的销量迅速增长。 正如一位研究人员所说："我们像使用《圣经》一样使用你的书！"[*35] 评论也大多是正面的，包括她对数据的分析结果以及她提出的计算进化距离的方法。

德霍夫的书只是她的数字数据库的打印版。 随着时间的推移，研究人员想要的就不仅仅是一份印刷的参考资料：他们想要以计算机可读的方式访问数据，这样他们就可以进行其所能进行的分析。 最初，她拒绝分享穿孔卡片，但随着数据可转移到磁带，她同意按每份磁带400美元的价格出售。 到1980年，她开通了数据库订阅，允许用户将电脑连接到电话网络，使用调制解调器，直接访问她的数据库。

1977年出现了一种DNA测序方法，这种方法比以前的任何测序方法，甚至是蛋白质测序方法都要好用得多。 于是，科学家们将注意力从蛋白质转向了DNA。 在早期版本的图谱中，德霍夫也在最初的蛋白质图谱中收录了一些DNA序列，现在她顺应技术的进步，建立了一个单独的核酸序列数据库，她梦想着这个项目代表"一个终极宏伟目标的影子"。[*36]

直到1982年，美国国立卫生研究院才终于认识到，序列收集不是自然历史学家的古老工具，而是现代实验科学家不可或缺的工具。 意识到这一点后，他们决定在美国建立一个国家公共数据库，这在一定程度上是为了回应欧洲的一项发展：两年前，欧洲分子生物学实验室曾提议建立一个公共数据库。 德霍夫是最有可能获得美国国立卫生研究院合同的竞争者。 然而，经过漫长的科学、行政和法律斗争，她输给了洛斯·阿拉莫斯国家实验室（Los Alamos National Laboratory）。 德霍夫对数据私有制的模棱两可的立场以及她不愿将数据公开用于再分配和其他目的，对此产生了很大的影响。此外，20世纪80年代的美国国家生物医学研究基金会已经失去了20年前它在计算和生物学前沿的地位。阿拉莫斯能够通过提供诸如Cray（在生物计算中几乎不需要）这样的超级计算机和ARPANET（大多数潜在用户没有连接）的接入，来提升其在技术现代化和矛盾的开放性中的地位。1983年，在输给对手不到一年之后，德霍夫死于心力衰竭。

写在最后

20世纪60年代，分子生物学家试图通过接管生物学部门的职位来巩固他们的新兴学科。[*37] 他们的战略之一是去细化"现代"实验分子生物学，与"传统"自然史及其高度描述性的方法形成对比。对分子生物学家来说，以收集为基础的研究，特别是让人联想到自然历史博物馆，象征着自然主义者的生物学方法的一切错误。德霍夫的梦想看起来绝对是"复古的"，甚至是陈旧的。因为，当时实验技术的精湛正引导着生物学走向光明的未来。

但与分子生物学家追求提高自己的专业地位不同，德霍夫维持这样的梦想，部分原因是她自己从来没有做过实验并且跨越了许多学科的界限。虽然她在学术上有很大的抱负，但她的职业抱负却很低。她有时确实在寻求科学界的专业认可，例如，进入专业协会。但她在那里遇到了阻力。她以自己的方式实现梦想且毫不妥协，她开始专注于自己的数据收集，而不是寻求个人认可。德霍夫的职业轨迹也在很多方面受到性别影响，包括她的主要男性同事接受她工作的方式。当她的同事，一位自从1970年就与德霍夫合作的计算生物学家在一次采访中，被问及德霍夫的个性时，首先提到："她是，你知道……"他用整整两双手在胸前模仿她的乳房外形："一个非常母性的形象。"[*38] 然后他才提及了她的学术贡献。毫无疑问，她的性别肯定影响了许多在新兴的计算生物学领域工作的男性科学家对她工作的看法。

德霍夫试图为科学界建立一个共享的资源库，而不是推进自己的事业，这对许多（男性）科学家来说没有多大意义。但对于她来说，有一个家庭和两个孩子要照顾，还可以追求知识和梦想，已经是最大的意义了。在第二次世界大战刚刚结束的时期，平衡职业和家庭生活对任何妇女都是一项严峻的挑战（对今天的男性和女性仍然如此）。1967年，在反思自己断断续续的职业道路时，她说："'科学体制'并不能很好地满足女性的需求。我一直觉得，如果我不能在23岁时拿到博士学位，可能就根本拿不到。28岁或30岁太老了，已经不允许从事对妇女来说至关重要的其他活动了。[*39]"德霍夫将此归因于生殖生理学的问题，同样反映了对战后美国的婚姻期望。

在20世纪70年代，人们对数据收集的态度发生了巨大的变化。图谱不再只是作为个别序列的印刷参考，而是越来越多地以电子格式作为生化知识，特别是进化知识生产的资源。德霍夫和越来越多的分子进化论者已经证明了序列比较在重建生命历史中的潜力。1969年以后，人们对中性进化论展开了激烈的争论，她的收集经常被引用。越来越多微型计算机的出现，如流行的PDP-11（仍然是一个衣柜的大小），使更多的研究人员可以使用德霍夫收集的数据[*40]。许多数学家和计算机科学家开始发展强有力的序列分析方法，特别是序列的比对和比较，这促进了生物信息学这一新领域的发展。[*41]

到21世纪，基因组学革命全面展开。它对生物医学知识的价值在很大程度上取决于分析大量序列数据的能力，这些序列数据是在德霍夫最初的图谱出现后存储并整理的数据库中产生的。当她第一次梦想建立一个计算机化的基础设施来保存世界上所有的分子数据时，实验室的研究人员几乎不用计算机，而且数据太少，不值得收集。半个世纪后，她最初收集的70个序列演变成包含超过5亿个序列的庞大基因组数据库。今天的科学家正在实现德霍夫的梦想。

备注

1. Paula Findlen, *Possessing Nature: Museums, Collecting, and Scientific Culture in Early Modern Italy* (Berkeley: University of California Press, 1994); Lorraine Daston and Katharine Park, eds., *Wonders and the Order of Nature*, 1150-1750 (Cambridge, MA: Zone Books, 1998).

2. Brian W. Ogilvie, *The Science of Describing: Natural History in Renaissance Europe* (Chicago: University of Chicago Press, 2006).

3. Nicholas Jardine, James A. Secord, and Emma C. Spary, eds., *Cultures of Natural History* (London: Cambridge University Press, 1996); Paul Lawrence Farber, *Finding Order in Nature: The Naturalist Tradition from Linnaeus to E. O. Wilson* (Baltimore: Johns Hopkins University Press, 2000).

4. On the history of "stamp collecting," see Kristin Johnson, "Natural History as Stamp Collecting: A Brief History," *Archives of Natural History* 34, no. 2 (2007): 244-58.

5. Margaret O. Dayhoff, Richard V. Eck, and Robert S. Ledley, et al., *Atlas of Protein Sequence and Structure* (Silver Spring, MD: National Biomedical Research Foundation, 1965). On the early history of Dayhoff's Atlas, see Bruno J. Strasser, "Collecting, Comparing, and Computing Sequences: The Making of Margaret O. Dayhoff's *Atlas of Protein Sequence and Structure*, 1954-1965," *Journal of the History of Biology* 43, no. 4 (2010): 623-60.

6. Soraya de Chadarevian, "Sequences, Conformation, Information: Biochemists and Molecular Biologists in the 1950s," *Journal of the History of Biology* 29, no. 3 (1996): 361-86; Miguel Garcia-Sancho, *Biology, Computing, and the History of Molecular Sequencing* (New York: Palgrave Macmillan, 2012).

7. Richard V. Eck and Margaret O. Dayhoff, *Atlas of Protein Sequence and Structure* (Silver Spring, MD: National Biomedical Research Foundation, 1966), xi.

8. Lois Hunt, "Margaret Oakley Dayhoff, 1925-1983," *Bulletin of Mathematical Biology* 46, no. 4 (1984): 467-72.

9. Margaret O. Dayhoff, "Biographical Sketch, Margaret Oakley Dayhoff," 1965, National Biomedical Research Foundation Archives, currently processed at the National Library of Medicine, Bethesda (hereafter cited as NBRF Archives).

10. On Robert S. Ledley, see Joseph A. November, *Biomedical Computing: Digitizing Life in the United States* (Baltimore: Johns Hopkins University Press, 2012).

11. Margaret O. Dayhoff to Naomi Mendelsohn, 28 June 1966, NBRF Archives.

12. "Summary Progress Report of Grant Sequences of Amino Acids in Proteins by Computer Aids," 15 January 1963, NBRF Archives.

13. On the introduction of computers in the life sciences, see November, *Biomedical Computing*.

14. Gerhardt Braunitzer to Margaret O. Dayhoff, 18 April 1968, NBRF Archives.

15. Margaret O. Dayhoff to Naomi Mendelsohn, 28 June 1966, NBRF Archives.

16. "Summary Progress Report of GM-08710," 15 January 1963, NBRF Archives.

17. Margaret O. Dayhoff to Carl Berkley, 27 February 1967, NBRF Archives.

18. Margaret O. Dayhoff, Ellis R. Lippincott, and Richard V. Eck, "Thermodynamic Equilibria

in Prebiological Atmospheres," *Science* 146, no. 1461 (1964): 1461-64.

19. Margaret O. Dayhoff, Richard V. Eck, and Ellis R. Lippincott, "Venus: Atmospheric Evolution," *Science* 55, no. 3762 (1967): 556-58.

20. Margaret O. Dayhoff to George Jacobs, 12 January 1966, NBRF Archives.

21. Robert E. Kohler, *Lords of the Fly: Drosophila Genetics and the Experimental Life* (Chicago: University of Chicago Press, 1994); Karen A. Rader, *Making Mice: Standardizing Animals for American Biomedical Research, 1900-1955* (Princeton, NJ: Princeton University Press, 2004).

22. Jim Endersby, *A Guinea Pig's History of Biology* (Cambridge, MA: Harvard University Press, 2007); Rachel A. Ankeny and Sabina Leonelli, "What's So Special about Model Organisms?," *Studies in History and Philosophy of Science, Part C* 42, no. 2 (2011): 313-23.

23. Jacques Monod and François Jacob, "General Conclusions: Teleonomic Mechanisms in Cellular Metabolism, Growth, and Differentiation," *Cold Spring Harbor Symposia on Quantitative Biology* 21 (1961): 389-401.

24. Ernest Baldwin, *An Introduction to Comparative Biochemistry*, 4th ed. (Cambridge: Cambridge University Press, 1966).

25. Dayhoff, Eck, Ledley, et al., *Atlas* (1965), 2.

26. Birger Blombäck, Margareta Blombäck, and Nils Jakob Grondahl, "Studies on Fibrinopeptides from Mammals," *Acta Chemica Scandinavica* 19 (1965): 1789-91.

27. Eck and Dayhoff, *Atlas* (1966), xii.

28. On the history of GenBank, see Bruno J. Strasser, "The Experimenter's Museum: GenBank, Natural History, and the Moral Economies of Biomedicine," *Isis* 102, no. 1 (2011): 60-96.

29. Daniela Bleichmar, *Visible Empire: Visual Culture and Colonial Botany in the Hispanic Enlightenment* (Chicago: University of Chicago Press, 2012); Londa L. Schiebinger and Claudia Swan, eds., *Colonial Botany: Science, Commerce, and Politics in the Early Modern World* (Philadelphia: University of Pennsylvania Press, 2005); Lucile Brockway, *Science and Colonial Expansion: The Role of the British Royal Botanic Gardens* (New Haven, CT: Yale University Press, 2002).

30. Alain E. Bussard, "Data Proliferation: A Challenge for Science and for Codata," in *Biomolecular Data: A Resource in Transition,* ed. Rita Colwell (Oxford: Oxford University Press, 1989), 13.

31. Eck and Dayhoff, *Atlas* (1966), xiv.

32. Margaret O. Dayhoff, "LM 01206, Comprehensive Progress Report," 23 August 1973, NBRF Archives.

33. Margaret O. Dayhoff to Robert G. Denkewalter, 8 February 1971, NBRF Archives.

34. B. S. Guttman to Margaret O. Dayhoff, 10 June 1968, NBRF Archives.

35. Oliver Smithies to Winona Barker, 5 October 1970, NBRF Archives.

36. Margaret O. Dayhoff, "Technical Proposal: Establishment of a Nucleic Acid Sequence Data Bank," 1 March 1982, NBRF Archives, 12.

37. Edward Osborne Wilson, *Naturalist* (Washington, DC: Island Books, 1994). On the conflict between molecular biologists and "traditional" evolutionists, see Michael R. Dietrich, "Paradox and Persuasion: Negotiating the Place of Molecular Evolution within Evolutionary Biology," *Journal of the History*

of Biology 31 (1998): 85-111.

38. Interview with X, Cambridge, MA, 16 February 2006.

39. Margaret O. Dayhoff to Russ F. Doolittle, 18 October 1968, Judith Dayhoff Personal Archives.

40. Michael R. Dietrich, "The Origins of the Neutral Theory of Molecular Evolution," *Journal of the History of Biology* 27 (1994): 21-59.

41. Hallam Stevens, *Life out of Sequence: A Data-Driven History of Bioinformatics* (Chicago: University of Chicago Press, 2013).

Luis Campos
路易斯·坎波斯

乔治·丘奇

太空中的尼安德特人

图 11　乔治·丘奇，哈佛大学
生物学家

发表超过418篇论文、拥有74项专利，这些令人惊叹的成就来自同一人，乔治·丘奇。他是令人敬畏的当代合成生物学家、初创企业家和新兴知名科学家。从孩提时代起，丘奇就对生物学和计算机着迷，他一直热衷于"从大自然的操作系统入手，重新编程并以令人难以置信的方式设计新的工程生物体"。[*1]掌握生物和数字之间的接口，不仅有望实现遗传学的长期目标——从人类基因组测序的方法开始——甚至可能引领未来的"再生"技术。这个想法显然超出了所有人的想象，因为它要重塑自然和我们人类自己。而事实是，丘奇的梦想更为狂野：在"大肠杆菌"中设计新的遗传密码（利用生物工程确保生态系统的完整性），复活已经灭绝的猛犸象（一个解决气候变化问题的提案）和孕育尼安德特人的后代（未来某天需要逃离反乌托邦的地球时，他能带领人类进入太空）——丘奇对未来的科学梦想简直跟科幻小说的情节一般。

长久以来，梦想未来一直是丘奇工作的一个重要主题。"人们很容易忽视未来，"丘奇说，"人们混淆了今天不可能的事情和明天不可能的事情。人们很容易地说服自己不要做某事。[*2]他们认为这是百万年后才发生或永远不会发生的事情，实际上这是四年以后的事情。"[*3]通过拓展生物学远超常理的边界并不断促进和重新定义预想中未来的生命，丘奇已经成为一个典型的"梦想家"。[*4]而丘奇的许多梦想一次又一次地实现了，模糊了科幻与现实之间的界限。

虽然丘奇天马行空的思维，推动了实验室技术的创新。但在一些情况下，丘奇的梦想却引发了无休止的争议。最常见的情况是，他试图与公众分享自己的梦想，以此引发公众对未来生物合成发展的讨论。这些梦想通常会让公众觉得有些虚无缥缈，但当丘奇通过非凡的独创技术，将幻想在实验室变成现实时，一大堆分歧和担忧却席卷而来。如果仔细回顾丘奇那些更匪夷所思的梦想时，你会发现，他的远见卓识不仅具有巨大的力量，而且为梦想家们提供了一个个宝贵的警示。他身体力行地告诉人们，不要惧怕创新，要勇敢地突破现实的束缚。当梦想成为一种策略，激烈的伦理批判便会转化为安全性和有效性问题。而那些哗众取宠的未来想象，就将不攻自破。因此，做梦是永远不够的。俗话说"理性沉睡，心魔生焉"[1]，一个人需要特别注意，不要让美梦变成噩梦。

回到未来

丘奇一直试图回到未来。1954年8月28日，丘奇出生在美国佛罗里达州的麦克迪尔空军基地，他儿时的梦想是成为一名消防员、建筑工人或者作家。[*5]但是，参观1964—1965年的纽约世界博览会（New York World's Fair）的经历，影响了他的一生。"它亮闪闪、明晃晃的。所有的表面都很光滑。一切都不那么笨拙了，"他回忆，[*6]"它给我的印象是，它们来自那种我们大家都不适合居住的地方。当我回到佛罗里达的家，我有点期待未来的到来。但是，它没有来。我意识到，如果我要重新体验那一刻，我必须帮助创造它。"[*7]从那以后，丘奇一直试图回到未来。"我觉得自己仿佛从未来而来，我的一部分生活在未来，而我被困在了现在，"他说，"我被时间困住了，我必须充分利用它。"[*8]

回到佛罗里达州的克利尔沃特后，科学成了丘奇的世界中心，在一定程度上是他的阅读障碍所致，这让他更加依赖视觉信息（丘奇曾说："我会专注于有很多图片的科学书籍"）。生物学更是深深地吸引了他。8岁时，他开始对昆虫的变形着迷，9岁时，他开始崇拜著名的植物学家和育种家路德·伯班克（Luther Burbank）。他很激动地重复了伯班克的一些实验，比如，通过嫁接苹果和梨树来培育抗病性的新品种。丘奇还有"两个满是兰花的温室"——这是他的律师母亲从一位客户那里收到的实物报酬。[*9]丘奇对苹果、梨和兰花的研究，激发了他在生物技术研究中的天赋。

1　译者注：理性沉睡，心魔生焉（西班牙语：El sueño de la razón produce monstruos）是西班牙画家弗朗西斯科·戈雅创作的铜版画。对于拥护启蒙运动的人而言，这幅画描绘了人的理性被压制时所暴露的问题。然而它也可以被解读为戈雅献身创作和浪漫主义精神的表现——释放自己的想象力、情感甚至最恐怖的梦魇。

丘奇在少年时代，就萌生了将生物学与计算机"联姻"的梦想。但是他家附近没有电脑，"于是，我自己做了一台。"丘奇回忆说。1968年，14岁的丘奇来到位于安多弗的菲利普斯学院（Phillips Academy）学习[*10]，虽然他的课题是植物激素相关的实验（最终目标是培育出巨大的捕蝇草），但当时他已经开始认真地用电脑工作了。他在莫尔斯大厅的地下室里发现了一个废弃的电脑终端，它连接着达特茅斯学院的GE-635大型计算机。15岁时，他每周花无数个小时自学BASIC语言、LISP语言和FORTRAN语言，他对计算机线性代数的学习非常投入，以至于"翘"了很多课。[*11]尽管他不得不重读九年级，但他已经梦想着有一天可以把自己对生物学和计算机的热爱结合起来，对人类基因组进行测序。[*12]

1972年从菲利普斯学院毕业后，他被杜克大学录取，仅用两年时间就获得了两个学士学位（化学和动物学）。丘奇继续留在杜克大学（而不是他的第二志愿哈佛大学）攻读生物化学的研究生课程，利用X射线晶体学研究tRNA的结构。丘奇回忆说："这是当时生物学中为数不多的几个拥有坚实的物理理论支撑并广泛使用计算机自动化的领域之一。[*13]"然而，旧习难改，而丘奇在实验室里的过分专注——每周工作100多个小时——导致他忽视了其他功课的学习。[*14]

一门研究生课程挂科后，丘奇被杜克大学开除。但仅仅一年之后，他就开始了在哈佛大学的研究生生活并于1984年最终毕业。[*15]丘奇的博士课题发展了基因组DNA测序的方法，并预言不久以后"全基因组测序将从数十亿美元降低到数千美元"。这些工作也使得丘奇成为人类基因组计划的核心人物之一。随后，丘奇领导的实验室发明了新一代测序技术，将测序成本显著降低。[*16]而此时，丘奇的职业生涯目标也变得清晰：他的梦想不仅是渐进式的改进，还包括创造变革性的，有时甚至是具有积极意义的突破性技术。[*17]

丘奇实验室：将科幻变成科学

丘奇在渤健研究公司[2]（Biogen Research Corporation）工作了一段时间，随后在加州大学旧金山分校（University of California San Francisco）开始博士后研究。之后，他于1986年跟随妻子、分子生物学家吴昭婷（Chao-Ting Wu）回到哈佛医学院（Harvard Medical School），并于1998年晋升为遗传学教授。[18]作为实验室的负责人，丘奇醉心于自己的工作，以至于一连几天都忘了吃饭（实验室曾有传说，"他整整一年几乎都是靠从穿梭于各实验室的流动小贩那里买来的肉汤维持的"）。从艺术到生物学等不同学科的研究人员都在这个平台找到了方向："我的实验室特别依赖于跳出框框的思维，不会因为事情听起来太科幻就不加考虑。"丘奇指出，保持实验室人员的年轻化也有助于保持思维的灵活性，"因为他们会让我大胆追逐自己的梦想。而且，他们从不认为有什么事情是不可能的。"[19]丘奇对实验室的构成和管理采用了一种非正统的方法。然而，这种非正统的管理方法使他的"梦想实验室"跻身为哈佛大学最具创新力的实验室之一——"既是哈佛大学的顶级生产者之一，也是众所周知的'异想天开'科学项目的接收中心"。[20]

在21世纪的前十年丘奇实验室就已经在下一代测序方面取得了一些显著的成就。2004年丘奇提出了一种利用微芯片合成DNA的新方法，可以大大降低成本。2005年，他宣布了一项新的"多路复用"方法（类似于电子学中的信号复用），可以同时对数百万个基因组进行并行测序，而不是之前的串行毛细管测序。在2009年，丘奇发明了一种新的多路自动基因组工程（MAGE）方法，可以同时对一个细菌基因组进行多达50个位点的改变。丘奇报告说，他的"进化机"使用插入寡核苷酸和高通量筛选，"在一天之内，你可以通过'自动方式'从'批发基因变

2　译者注：渤健公司（Biogen Idec）是一所位于美国马萨诸塞州剑桥的生物科技公司，专门从事神经系统疾病、自体免疫性疾病和癌症药物的开发。其建立于2003年，由Biogen与Idec合并而成。丘奇所工作的公司就是Biogen Idec的前身之一。

化'中生成10亿个基因组"。[*21]

这样的技术使得很多深入研究成为可能，比如一项名为"*rE.coli*（大肠杆菌）"的项目，通过重新编辑大肠杆菌的基因组，构建只能在特定营养条件下存活的缺陷型菌株。"我们正在创造不能逃脱、不能影响生态系统的转基因物种，因为它们无论在遗传学上还是在代谢方面，都是孤立的。"他解释说这是为了消除人们对转基因生物可能逃逸并对生物圈造成严重破坏的担忧。[*22]

丘奇超越生物学既定边界的方式十分多样，从一个不涉及隐私的"个人基因组计划"到生物燃料的新研究（"制造新石油应该像酿造啤酒一样简单和直接"）。[*23]他很快就提出了各种各样被认为是"适当的建议"，正如他所称的："如果有可能让人类对所有已知或未知的病毒、自然的或人造的病毒都具有免疫力，那将会怎样？"[*24]通过构建具有相反手性化学结构的"镜像生物"，就能达到目的。到2013年，新型基因组编辑技术CRISPR开始应用在人类基因组工程中，利用CRISPR技术[3]可以敲除猪体内多达62种内源性逆转录病毒（PERVs），有望为器官异种移植开辟新的、更安全的途径。但丘奇对未来最令人叹为观止的梦想或许是超越了生命本身的界限。正如丘奇所指出的："人们常常会想到一句古老的谚语'灭绝是永远的'。可事实并非如此……基因技术可以让我们起死回生。"[*25]

复活生物

科幻的点子不断在他脑海涌现，丘奇甚至幻想到复活远古生物。他认为古生物DNA序列的重建并不是那么遥不可及，2003年7月30日，

3　CRISPR是存在于细菌中的一种规律回文重复序列及其关联蛋白系统（Clustered Regularly Interspaced Short Palindromic Repeats/CRISPR-associated proteins），该类基因组中含有曾经攻击过该细菌的病毒DNA片段。细菌通过这些DNA片段来侦测并抵抗相同病毒的再次攻击继而摧毁其DNA。这是细菌免疫系统的关键组成部分。利用这一天然防御机制，人类可以准确且有效地编辑生命体内的部分基因，也就是CRISPR/Cas9基因编辑技术。

西班牙布卡多山羊[4]"西莉亚"的成功复活更是证明了这一点。"2003年7月30日是生物学历史上的一个转折点，因为在那一天，突然之间，灭绝不再是永远的了。"[*26]此外，像CRISPR这样的新技术使现存物种和灭绝物种的杂交触手可及。"这是真实存在的，而非只存在科幻小说中，"他总结道，"它可能适用于……已经灭绝的物种。"[*27]

2012年2月，在哈佛医学院举行的一次具有里程碑意义的"复活灭绝动物"会议上，与会者兴致勃勃地讨论着旅鸽[5]。但是丘奇真正想复活的是猛犸象："猛犸象应该是迫不及待地想被复活吧。永久冻土层中出土的一些标本是如此栩栩如生，以至于它们看起来就像在睡觉，而不是死亡，更不用说是灭绝了。"反对"睡美人故事"的人认为"把它们带回一个栖息地早已消失的世界是毫无意义的"，丘奇反驳道："把这些栖息地连同动物本身一起带回来是有可能的。"[*28]事实上，丘奇"侏罗纪公园"似的梦想是从谢尔盖·济莫夫[6]（Sergey Zimov）那儿得到的灵感。后者打算在西伯利亚东北部创建一个"更新世公园[7]"。[*29]

在丘奇看来，复活猛犸象是"最接近时间旅行的事情——回到更新世时期的动植物群，一种近代西伯利亚的伊甸园。"[*30]不仅更新世公园贫瘠的北部荒地可以变成"高产牧场"（这可能让人想起18世纪林奈在北欧拉普兰种植甘蔗的尝试），复活猛犸象甚至可能成为"解决人为全球变

4　译者注：布卡多山羊，即比利牛斯山北山羊，于2000年1月6日确认灭绝。它是西班牙源羊（*Capra pyrenaica*）。2003年，西莉亚被成功克隆，但仅存活7分钟就因肺部缺陷而死亡。

5　译者注：旅鸽（学名：*Ectopistes migratorius*）又名候鸽、旅行鸽，为鸽形目鸠鸽科的一种，也是旅鸽属的唯一物种，曾经是世界上最常见的鸟类之一。其主要以植物果实和小昆虫为食。据估计，过去曾有多达50亿只的旅鸽生活在美国。它们以庞大的群体活动著称——最大可达宽1.6千米和长500千米的"飞行团"，需要花上几天的时间才能穿过一个地区，而其中大约包含10亿只个体。后来推测是由于遗传多样性低、被人类大量食用和栖息地丧失，没有时间适应因而灭绝。绝种时间是1914年。

6　译者注：谢尔盖·济莫夫，全名Sergey Aphanasievich Zimov，是俄罗斯科学家。他主要研究北极以及亚北极地区生态，是一名地球物理学家。

7　译者注：更新世（Pleistocene），亦称洪积世，时间自258.8万年前到1.17万年前，为地质时代中新生代第四纪的早期。这一时期绝大多数动植物属种与现代相似。其显著特征为气候变冷、有冰期与间冰期的明显交替。人类也在这一时期出现。

暖问题的潜在手段"。因为猛犸象"把枯草除掉，把树踩倒，把冬天的保温雪踩实，这样北极的严寒就可以存入永久冻土层。而这些只有复活猛犸象才能实现。"[*31]

复活猛犸象——通过固碳拯救受全球气候变化影响的世界——是个令人神往的想法。但丘奇的想法更为务实，他指出："我们并不试图精确复制庞大的猛犸象，而只是创造出一种耐寒的大象。我不会称它们为猛犸象，除非有人非要坚持认为它们是。在我看来，它们仅仅是携带猛犸象DNA的大象。"[*32] 2015年3月，丘奇的团队利用CRISPR技术成功地将长毛象的基因植入亚洲象体内。[*33] 此后，丘奇自己也开始怀疑是否会有一个决定性时刻所有灭绝物种重返世间。[*34] 就在"复活灭绝物种"逐步成为现实的那一刻，复活猛犸象依然像一场遥不可及的美梦。

然而，复活其他物种的工作已经小有成就。虽然，复活已经灭绝的物种，从技术上看，只是往前迈了一小步，但从影响力上看，却着实迈了一大步。因为它创造了下一个科技前沿：复活灭绝的人类物种。"同样的技术也适用尼安德特人，"丘奇指出："你可以从一个成年人的干细胞基因组开始，然后利用反向工程手段，将其基因组变成尼安德特人的或者一个相近的物种基因组……然后将其植入人类（或黑猩猩）的胚胎中，接着将胚胎植入一个极具冒险精神的人类女性的子宫中，或者黑猩猩的子宫中。"[*35]

丘奇给出了人们需要做这样一件事的几个理由，其中最主要的是"增加多样性"。多样化程度低，对社会是有害的，无论对文化、进化或物种，还是整个社会都是如此。如果你变成一种单一物种，你将面临灭亡的危险。因此，对尼安德特人的改造主要是规避社会风险。或者，正如他在接受德国新闻杂志《明镜周刊》（*Der Spiegel*）记者采访时所说的那样："尼安德特人的思维方式可能与我们不同。我们知道他们的头比较大。他们甚至可能比我们更聪明。当面临流行病或离开地球或其他什么的时候，可以想象他们的思维方式可能对人类大有裨益……他们甚至可能创造一种新的尼安德特文化，成为一股政治力量。"[*36] 丘奇提到尼安德特人是"生物"，而人类的母亲是"极具冒险精神的女性"，这引起了媒体的极大关注。在采访后的一周内，有关丘奇正在寻找代孕志愿者的消息就像病毒一样迅速传播开来，有600多家新闻媒体和新闻网站对此事进行了报道。[*37]

月球探测器

丘奇梦想将尼安德特人送入太空并让我们已经灭绝的原始人类祖先去外星球殖民、开疆扩土以拯救人类文明。这显然是一个更加脑洞大开的梦想，但事实上这只是他几个太空奥德赛[8]之一。逃离地球及其隐含的荒诞未来，一直是丘奇梦想中反复出现的主题，他甚至开始把DNA本身视为一种神奇的宇宙飞船——"我们收到了生物学赋予我们的伟大礼物……这就好像一个高级工程师把一艘宇宙飞船停在我们的后院，里面没有那么多的说明书，但毫无疑问它很神奇。"为什么不把DNA当作在星际空间运输生命的宇宙飞船呢？20世纪中叶，H.J.穆勒[9]（H. J. Muller）在其著作中呼吁建造"遗传人造卫星"（Genetic Sputnik）。丘奇梦想着把DNA当作胚种，直接送入太空。他指出这或许是"温柔地迈向未来"的另外一种方式。"我们至少得把我们的基因组和文化保留下来，否则说不定哪天就会损失数万亿年的进化过程……我们需要朝太空发射SCHPON（硫、碳、氢、磷、氧、氮等关键元素——装载成"种子"）……我们需要我们自己或我们的后代在太空播种。"[*38]

把DNA送到月球，是丘奇的另一个梦想。丘奇将其2012年出版的《再生》（Regenesis）一书中的53 426个单词和11幅图像全部编码到DNA中，而且在比这句话末尾的句号还小的芯片上拷贝了700亿份。丘奇不仅实现了他的文学永生之梦，而且提供直接证据证实DNA可以作为一

8　译者注：《奥德赛》是古希腊最重要的两部史诗之一（另一部是《伊利亚特》）。《奥德赛》延续了《伊利亚特》的故事情节，是诗人荷马所作。这部史诗是西方文学的奠基之作，是除《伊利亚特》外现存最古老的西方文学作品之一。在英文及其他很多语言中，单词"奥德赛"（odyssey）用来指代一段史诗般的征程。

9　译者注：赫尔曼·约瑟夫·马勒，美国遗传学家及教育家。他因发现X射线诱导突变而获得1946年诺贝尔生理学或医学奖。

种数据存储介质并且其存储能力是当前所有硬盘的存储密度的一百万倍。[*39] 作为存储介质，DNA的稳定性也非常惊人。稳定的存储特性吸引了诸多公司的关注，他们设想在将电影和录音制品存储到DNA中，一些公司甚至设想把月球作为长期的仓库。[*40] 2015年，丘奇和他的实验室已经开始与法国电影公司特艺七彩[10]（Technicolor S.A）合作，用DNA编码一部基于儒勒·凡尔纳（Jules Verne）的小说的早期无声电影——《月球之旅》（*A Trip to the Moon*）（1902）。虽然工作量陡增了大约一百倍，但丘奇不仅完成了任务，而且发现了如何增加数据存储密度以及合成工业级强度的DNA存储介质的方法。连同他的基因登月梦一起，丘奇将合成生物学技术，创新地应用到做梦都想不到的新领域。不仅如此，有了这项最新的技术，他甚至可以像凡尔纳设想的那样，把它发射到月球上去。[*41]

　　虽然长久以来，月球一直是丘奇的一个梦想之地，但他也曾设想瞄准更远的地方：增加生命的内在交换能力和相应的数字化，并与睿智的思想结合，将成百上千亿可能的新基因组带到辽阔的宇宙之中。为此，丘奇甚至提出了DNA"打印"这一新概念：将人类基因组分散成片段并存储到细菌中，以便于星际运输。当到达合适的星球时，再把这些片段重新拼接到一起。[*42] 无论是将尼安德特人放到太空中、践行人类的银河系之旅，抑或是长期数据存储这类更世俗的目的，还是将生命数字化、摆脱身为凡人的束缚——放飞生命一直是一个从不过时的梦想。不管是登月还是赚钱，丘奇的梦想总是远大于生活："我认为有些人的工作就是跨越障碍，而我就是这样的人。"[*43]

10　译者注：特艺七彩（英文：Technicolor）又称特艺彩色，是一种采用于拍摄彩色电影的技术，约在20世纪20年代被发明，最初应用在美国好莱坞的电影制作环节。特艺七彩技术主要利用彩色滤镜、局部镜子、三棱镜以及三卷黑白底片，同时记录三原色光，在进行冲印及染色过程后，就可以利用普通电影放映机播放彩色电影。早期的特艺七彩由于技术所限，只能记录红绿两色并需要以特制器材播放，在当时的商业电影市场中竞争力不强。特艺七彩以呈现超现实色彩及有着饱和的色彩层次而闻名，初时多被用于拍摄对色彩要求较高的舞蹈音乐及卡通类型影片。很多著名电影使用特艺七彩拍摄，如《乱世佳人》《绿野仙踪》《白雪公主》等。

清醒地面对批评

有些人可能会觉得丘奇是一个梦想家，但并非所有人都这么觉得，事实上丘奇关于未来生物学的梦想饱受争议。比如复活尼安德特人这一想法，就曾遭到著名的进化遗传学家斯万特·帕博（Svate Pääbo）的公开批评。帕博是马克斯·普朗克进化人类学研究所的所长，也是第一个成功测定尼安德特人基因组序列的人。在给《纽约时报》撰写的一篇题为《尼安德特人也是人》（*Neanderthals Are People, Too*）的专栏文章中，他写道："在一个文明社会里，我们绝不能为了满足科学上的好奇心而创造人类。"[44] 哈佛大学毕业的合成生物学家克里斯蒂娜·阿加帕基斯（Christina Agapakis）在《科学美国人》（*Scientific American*）上发表的一篇文章中，从一个不同的重要而又深具性别色彩的层面，强烈地批评了丘奇毫无意义的梦想：

> 在这样的科学想象中，我们得到了一些非常复古的关于性别文化观念的未来主义版本。虽然我知道这些人其实并没有把生活中和实验室里的女性仅仅当成DNA的容器（我的一些好朋友就是男性合成生物学家！），但我也知道，如果不对这些言论进行审视，就会产生这样一种环境：女性在这些实验室里工作更难，女性更难被选为定量合成生物学会议的演讲者，女性更难在自己的领域里得到提升和进步。在讨论克隆尼安德特人促进人类多样性的潜力之前，我们必须首先考虑我们在促进实验室、公司、教室和会议中实际存在的人类的多样性方面的作用。[45]

在丘奇看来，围绕他的这些批评之声，是当代科学新闻的病态反映。正如《明镜周刊》的一篇后续文章所指出的："在过去的20年里，……丘奇已经被采访超过500次，而像这样深陷舆论的漩涡，还是第一次。"[46] 为此，丘奇不得不展开一场澄清行动，反复强调复活尼安德特人并非他实验室的课题："绝对没有！我们没有开展相关课题，也没任何计划，没有论文，更没有资金支持（去复活尼安德特人）。"虽然深陷舆论的漩涡，但他仍指出："希望几年以后，我们可以冷静地讨论这个问题。未雨绸缪总是好的。"[*47]而一些观察者认为，这个以无数种方式成功改造了生命形式的人，似乎并没有改掉"乱说话"的毛病。

　　丘奇是否在积极寻找"极具冒险精神的女性"作为"代孕"者，这无关紧要。无论是通过媒体采访，还是在他自己的书里，丘奇都已经反复强调：正如他的其他梦想一样，预想这样一种可能性以及把它纳入未来科学发展的范畴之内，有时确实触碰到了当今科学和文化的敏感神经。在《再生》一书中，他举了这么一个美国历史上著名的案例"洛文诉讼弗吉尼亚州"[11]（Loving v. Virginia, 1967），在美国最高法院的判决书中有这样一句陈诉："反对异族联姻将会把人类推向进化的反方向，不利于新人类的形成。"这条判决从某种意义上来说，对社会遗传学的早期发展，具有普遍的指导意义。[*48]然而，从当今人们反对物种多样性的角度来看，支持多样性的"洛文诉讼弗吉尼亚州"这一"里程碑式"的案例，无疑是人类进化史上的一个阻碍。

　　因此，丘奇的梦想是作为即将成为现实的设想，还是作为自称具有挑衅性的空话，一切都视情况而定。换句话说，这一切都是丘奇为了避免严重的争议而采用的一种策略——要么声称他被误解了，要么声称他关于人类的言论只是梦想——"我并没有承诺什么。我只是开辟了一条道路，让人们看到未来的一些可能性。"他说。正如合成生物学创始人德鲁·恩迪（Drew Endy）所指出的那样："丘奇非常乐于提出大胆的想法并看看哪些最终能实现。就像是科学技术的高通量筛选。然而，这并非大多数人的工作方式。"[*49]

　　然而，在丘奇的笔下，未来的完美世界总是与现在的可能纠缠在一起。鉴于丘奇将看似遥远的梦转化为现实的"光辉历程"，他的梦，似乎

11　洛文诉讼弗吉尼亚州，美国司法诉讼史上著名的案件。事件发生在1967年，当时的种族隔离非常严重。弗吉尼亚州就禁止黑人和白人通婚，因此，弗吉尼亚州法院判决，身为白人和黑人的洛文夫妇的结合违法。但最终联邦最高法院推翻了弗吉尼亚州的判决并顺势推翻了所有关于不同种族之间不能通婚的法律。

很难长期安分地保持在科幻状态，也似乎很难区分他所谓的梦，到底仅仅是遥不可及的可能性，还是对不远将来的如实报道。[*50] 那么，如何能合理理解他的主张呢？ 数百名女性在了解了能够复活尼安德特人的可能性之后，自告奋勇地成为"代孕"母亲，献身科学，或许就是对丘奇的主张的最好注解。[*51] 如果像丘奇一样，不予考虑那些反对他主张的科学新闻，那就错过了数百名极具冒险精神的女性了解到尼安德特人怀孕的可能性，基于一个非常合理的解释，将她们的身体作为"代孕"母亲提供给科学是一种可能的回应。 像丘奇所做的那样，把他们那些不受欢迎的解释当作科学新闻的失败，而不予考虑他的主张。 那么你可能不知道，事实上，他的梦想激发了更多的人并得到了更广泛的群众支持。

在其他情况下，当公众对他的梦想产生意想不到的回应时，丘奇选择将有争议的最新技术，描述为"仅仅是"过去已知的成熟技术和方法的延续——"我们是在遗传编辑人类吗？ 答案是，绝对是的！ 我们已经这样做了很长一段时间了。"[*52] 即使像人类生殖细胞编辑这样有争议的话题，在丘奇看来也并不特殊。 在其他情况下，不管他是在谈论如何设计"镜像生物"（批评家怀疑它们能与自然生物争夺有限资源并在竞争中属于优势种），还是复活猛犸象和尼安德特人，抑或是CRISPR基因编辑技术的潜在应用和基因驱动，丘奇都会选择坦诚面对公众的忧虑并将其纳入自己对未来生物学的梦想中，作为自己进一步研究的理由。 他说："聆听公众的忧虑是非常重要的。 从公众的忧虑中，可以试着想象可能的差错并想出防范的办法。"丘奇指出，争议和批评的确不是"进步的阻碍"，它们常常会"导致良好的对话，如果有什么不同的话，那就是加速了合成生物学的研究。"[*53] 丘奇说："毫无疑问，我们的未来最终将由我们自己创造。 让我们用精心设计的安全措施和广泛的社会参与，作出明智的选择吧！"[*54] 在这条和平共处的声明中，丘奇把自己的梦想和民主精神联系到一起。 或许，这条声明最巧妙的地方在于，他把梦想当作一种战术——这不仅仅是他的梦想，而且是我们共同梦想、共同创造的未来。

虽然丘奇有时将他的反对者的批评描述为"缺乏具体依据的批评"，

但他往往一开始就同意他的异议，然后根据其对技术细节的高度关注来重新定义他的立场。[*55]在一个典型的技术官僚乌托邦式的行动中（详见1975年阿西洛玛会议关于重组DNA研究的潜在生物危害的一页），丘奇经常使用安全和有效性的语言来重新架构伦理问题，同时把任何未能遵循他的梦想的行为，都说成是真正未被考虑的风险。例如，在人类种系基因编辑这一问题中，他将一些批评家描述为"将模糊的未知与非常具体的安全和有效性问题纠缠在一起，毫无用处。"[*56]更通俗地说，他声称："传统上被概括为'首先，不做任何伤害'的预防原则，不应被简化为'首先，什么也不做'，特别是在解决我们日益恶化的生物圈和经济的技术问题上。"[*57]

当别人没有分享他的梦想时，丘奇有时会感到茫然。2007年在苏黎世召开的"合成生物学3.0"会议上，丘奇与激进的民间社会组织ETC的代表吉姆·托马斯（Jim Thomas）展开了一场精彩的辩论。[*58]当托马斯对以合成生物学产业化为中心的新自由主义世界秩序提出激进的左派批判时（丘奇是其中的主要支持者），丘奇沉默地坐了片刻，最终作出了回应："让我们来谈谈愿景，而不是假设所有技术必须停止。"那些不能立即被解释或采纳的批评可以被"安全"地忽略——或者作为将来梦想的指导。

通过从梦境到现实，再到未来，丘奇既能产生争议，又能平息争议，这是一种为他自己的研究议程所做的永恒的运动。但这种从哗众取宠到看似负责任的风险评估声明的不断转变，并不总是让丘奇的同行们满意。2014年9月，在华盛顿特区的美国国家科学院举行的合成生物学论坛上，一位委员会成员抱怨："乔治的声音最大。因为乔治对它感兴趣，我们在这里谈论它就好像它已经发生了，但这是一个严重的威胁。"在谈到合成生物学所面临的可能的现实问题时，与会者想知道丘奇的说法是否过于耸人听闻，分散了其他更重要的事情：没有过多关注他的主张——"丘奇就是混淆我们应该担心的风险，因为他认为这不是他实验室的研究范畴？"

另一个委员会的成员表示认同，丘奇很善于利用媒体，他将丘奇善用舆论的策略总结为："首先提出一个根本不存在的风险来引起舆论，接着向公众开放自己的技术，接受公众的监督，因为他想让公众觉得他是良好的公民。于是，公众会一直注意那个并不存在的风险，但最终风险根本不存在。他用这种捏造的假象控制舆论、筹集资金、开展研究。"这位委员指出，丘奇并非唯一一个以这种方式"推销"自己梦想的人，其他的联邦机构也纷纷效仿，而且"为了自己的预算而制造风险"是每位研究人员在博士阶段工作的永恒主题之一。

对一些联邦工作人员来说，这种耸人听闻的说法并非没有代价。在很多情况下，追随他人的梦想会招致非常现实的代价。据报道，美国国防部高级研究计划局（DARPA）生物技术办公室的副主任，就极为反对这种行为，因为它会引起政府对特定项目的关注。由于在一些情况下，美国国防部高级研究计划局的一些项目被拖延了大约1年，"虚假风险"的制造引起了美国国土安全部的注意。作为美国食品和药物管理局（FDA）的生物技术高级顾问和一名负责众多公众评论过程的官员，她警告论坛的成员们，对她和她的员工来说，这种风险传播的真正代价是什么。"我希望你们都能理解，当你们在公共场合开始这类辩论时，会发生什么……我不会告诉你我们会因此受到死亡威胁。"在根据新的生物技术发明乌托邦式或世界末日的方案之前，我们应该最大限度地克制。否则，在公众意见征询的过程中，这些耸人听闻的方案会产生相当多数量的奇怪请求。比如，一些即将释放的联邦监狱中的囚犯"希望我们克隆詹妮弗·洛佩兹（Jennifer Lopez）的屁股"。她指出："当您开始像讨论《星球大战》（Star Wars）那样讨论您能做什么和不能做什么时，您实际上是在跟陪审团进行赌博。当您在'通知和评论'过程中对陪审团进行预判时，会发生什么呢？法律可是要求我们考虑陪审团成员们的每条评论的。"即使是一个较为平常的议题，如之前对AquAdvantage Salmon™的转基因三文鱼的风险评估，就收到了超过200万条意见。该官员还指出："我们必须考虑所有的意见。想想这一切对你们这些在这里开发技术的人来说意味着什么，你们的资助者将对预计的资金和时间表说什么。我只是敦促你们理解所有的意外后果是什么。"梦想不仅会成为现实——它们也会造成噩梦。

梦与人生

作为对路德·伯班克[12]"让大自然变得更好"（"go Nature one better"）的强烈呼应，丘奇宣布："今天我们处在科学技术的关键时刻，我们人类可以复制大自然已经完成的东西，然后加以改进。我们也可以把无机的变成有机的。我们也可以解读和解释基因组以及修改它们。我们也可以创造基因多样性，在大自然已经产生丰富基因多样性的基础上，再增加多样性。"[59]简单地说，他认为："我们远远超出了达尔文对进化的限制。现在的进化唾手可得。"[60]无论梦想是在火星上进行无菌外星手术，还是绘制人类大脑的图谱，有朝一日"将我的大脑备份到我背包里的另外一个大脑上"，还是清除PERVs、用DNA探测器探测暗物质WIMPs（质量弱相互作用粒子）或是合成一个人类基因组（"人类基因组合成项目"，后来改名为"HGP-Write"），丘奇从不缺乏那些迷人的，甚至能开创一门科学的梦想。[61]但丘奇的一些梦想，确实让有些人产生了噩梦般的幻觉。在一档深夜电视访谈节目中，主持人斯蒂芬·科尔伯特（Stephen Colbert）曾提了一个令人印象深刻的问题："你认为你的工作最终将如何毁灭全人类？"

现在，丘奇年过花甲，他的梦与人生的时间似乎也所剩不多了。他已经是基因组学的巨擘，他的梦想不断激励着年轻的合成生物学家，也不断转化成强大的新技术、孵化新兴公司甚至创造全新的行业，同时让记者们摸不着头脑，胡乱报道（有时甚至导致国际丑闻），挑拨公众的神经，给善意的活动人士制造麻烦，甚至引起科学院同行们的抱怨。"还有一些事情，我觉得理应发生，"丘奇指出，"如果我们至少谨慎地探索它们，或许情况会更好。我的遗愿清单上还有不少事情没有完成。"[62]毫无疑问，这位逍遥自在的叙事者无疑会一直梦想着自己的未来。但谁知道他又会做什么梦呢？

12　译者注：路德·伯班克，美国著名植物学家、园艺学家。曾培育出800多种植物新品系，有"植物巫师"一称。

备注

1. George Church and Ed Regis, *Regenesis: How Synthetic Biology Will Reinvent Nature and Ourselves* (New York: Basic Books, 2012), 170.

2. Peter Miller, "George Church: The Future without Limit," *National Geographic*, 2 June 2014, online at news.nationalgeographic. com/news/innovators/2014/06/140602-george-church-innovation-biology-science-genetics-de-extinction.

3. Church's proleptic views echo those of the famed science fiction author William Gibson (who once wrote, "The future is here. It just not evenly distributed yet"); see "Welcome to My Genome," Economist, 6 September 2014, online at www.economist.com/news/technology-quarterly/21615029-george-church-genetics-pioneer-whose-research-spans-treating-diseases-altering.

4. Patrick McCray has described a "visioneer" as "a future-looking scientist who promoted bold new technological ventures that would create worlds of new possibilities." See his *The Visioneers: How a Group of Elite Scientists Pursued Space Colonies, Nanotechnologies, and a Limitless Future* (Princeton, NJ: Princeton University Press, 2012), 136. McCray has written about George Church on his *Leaping Robot* blog, "The Church of Synthetic Biology," online at patrickmccray.com/2013/01/11/the-church-of-synthetic-biology.

5. John Sundman, "Synthetic Biology Legend George Church and I Talk about Science and Civilization," *The John Sundman Blog*, online at http://johnsundman. com/2015/11/synthetic-biology-legend-george-church-i-talk-about-science-and-civilization.

6. Miller, "George Church."

7. Wyss Institute, "Disruptive: Synthetic Biology," online at soundcloud.com/wyssinstitute.

8. James Temple, "Meet the Time-Traveling Scientist behind Editas, the BiotechCompany Going Public with Google's Help," 5 January 2016, online at recode. net/2016/01/05/meet-the-time-traveling-scientist-behind-editas-the-biotech-company-going-public-with-googles-help.

9. Jessica McDonald, "10 Questions for George Church, Geneticist," online at sciencefriday.com/articles/10-questions-for-george-church-geneticist/.

10. David Ewing Duncan, "On a Mission to Sequence the Genomes of 100,000 People," *New York Times*, 7 June 2010, online at nytimes. com/2010/06/08/science/08church.html; George Church, "George M. Church Personal History and Interests," online at http://arep.med. harvard.edu/gmc/pers.html.

11. Thomas Goetz, "How the Personal Genome Project Could Unlock the Mysteries of Life," *Wired*, 26 July 2008, online at wired. com/2008/07/ff-church.

12. Church, "Personal History and Interests"; Emilie Munson, "This Harvard Scientist Is Coding an Entire Movie onto DNA," *Global Post*, 10 August 2015, online at globalpost. com/article/6628554/2015/08/09/harvard-scientist-coding-entire-movie-dna.

13. Prashant Nair, "Profile of George M. Church," *Proceedings of the National Acad emy of Sciences of the United States of America* 109, no. 30 (2012): 11893-895, doi:10.1073/pnas.1204148109.

14. Temple, "Meet the Time-Traveling Scientist."

15. Jeneen Interlandi, "The Church of George Church," *Popular Science*, 27 May 2015, online at popsci.com/church-george-church.

16. Interlandi, "The Church of George Church."

17. Wyss Institute, "Disruptive."

18. Interlandi, "The Church."

19. Duncan, "On a Mission."

20. Interlandi, "The Church."

21. "Welcome to My Genome," *Economist*.

22. Katherine Xue, "Synthetic Biology's New Menagerie: Life, Reengineered," *Harvard Magazine*, September-October 2014, online at harvardmagazine.com/2014/09/synthetic-biologys-new-menagerie.

23. "Welcome to My Genome," *Economist*.

24. Church and Regis, *Regenesis*, 8.

25. Church and Regis, *Regenesis*, 133, 9.

26. Church and Regis, *Regenesis*, 136.

27. Church, "Hybridizing with Extinct Species," TEDxDeextinction, 15 April 2013, online at youtube.com/watch?v=oTH_fmQo3Ok.

28. Church and Regis, *Regenesis*, 137, 148.

29. "Pleistocene Park: Restoration of the Mammoth Steppe Ecosystem," online at pleistocenepark.ru/en/.

30. Church and Regis, *Regenesis*, 149.

31. Church, "Hybridizing with Extinct Species."

32. David Biello, "Fact or Fiction? Mammoths Can Be Brought Back from Extinction," *Scientific American*, 10 June 2014, online at scientificamerican.com/article/fact-or-fiction-mammoths-can-be-brought-back-from-extinction/?&WT.mc_id=SA_HLTH_20140610.

33. Or, as a fake George Church Twitter account would sum things up, "I make hairy elephants. #DescribeMyJobToA5YearOld." "Bored George Church" (@BoredSynBio), 2 September 2015. See also Lila Shapiro, "We May Resurrect the Mammoth Sooner Than You Think," *Huffington Post*, 18 December 2015, online at huffington post.com/entry/woolly-mammoth-crispr-climate_us_567313f8e4b0648fe302a45e.

34. Biello, "Fact or Fiction?"

35. Church, and Regis, *Regenesis*, 147-48. The dream was so compelling to Church that he even described it twice in the same book: "If society becomes comfortable with cloning and sees value in true human diversity, then the whole Neanderthal creature itself could be cloned by a surrogate mother chimp—or by an extremely adventurous female human" (11).

36. "Interview with George Church: Can Neanderthals Be Brought Back from the Dead?," *Der Spiegel*, 18 January 2013, online at spiegel.de/international/zeit geist/george-church-explains-how-dna-will-be-construction-material-of-the-future-a-877634.html. Church expanded on this idea in *Regenesis*: "Admittedly, this will only ever happen if human cloning becomes safe and is widely used and if the possible advantages of having one or many Neanderthal children are expected to outweigh the risks" (147).

37. "Surrogate Mother (Not Yet) Sought for Neanderthal," *Der Spiegel* blog, 23 January 2013, online at spiegel.de/international/spiegel-responds-to-brouhaha-over-neanderthal- clone-interview-a-879311.html.

38. Church and Regis, *Regenesis*, 252.

39. He estimates that DNA storage

could last seven hundred thousand years with minimal corruption. See Alan Boyle, "Encoding Data in DNA for Millennia? UW and Microsoft Research Are on It," *GeekWire*, 4 December 2015, online at geek wire.com/2015/encoding-data-into-dna-molecules-uw-microsoft-research-on-it.

40. John Markoff, "Data Storage on DNA Can Keep It Safe for Centuries," *New York Times*, 3 December 2015, online at nytimes.com/2015/12/04/science/data-storage-on-dna-can-keep-it-safe-for-centuries.html.

41. Boyle, "Encoding Data."

42. Erol Araf, "Space Travel Is in Our DNA, and DNA Might Be the Solution," *Montreal Gazette*, 4 August 2015, online at montrealgazette.com/technology/space/opinion-space-travel-is-in-our-dna-and-dna-might-be-the-solution.

43. Shapiro, "We May Resurrect."

44. Svante Pääbo, "Neanderthals Are People, Too," *New York Times*, 24 April 2014, online at nytimes.com/2014/04/25/opinion/neanderthals-are-people-too.html.

45. Christina Agapakis, "Alpha Males and 'Adventurous Human Females': Gender and Synthetic Genomics," *Scientific American's Oscillator blog*, 22 January 2013, online at blogs.scientificamerican.com/oscillator/alpha-males-and-adventurous-human-females-gender-and-synthetic-genomics.

46. "Surrogate Mother (Not Yet) Sought," *Der Spiegel*.

47. Malcolm Ritter, "Scientist: I'm noT Seeking a Mom for a Neanderthal," Associated Press, 22 January 2013, online at phys.org/news/2013-01-scientist-im-mom-neanderthal.html.

48. Church, *Regenesis*, 249

49. Thomas Goetz, "How the Personal Genome Project Could Unlock the Mysteries of Life," *Wired*, 26 July 2008, online at wired.com/2008/07/ff-church/.

50. Interlandi, "The Church."

51. George Church, "Encourage the Innovators," *Nature* 528 (December 3, 2015): S7, doi:10.1038/528S7a.

52. Interlandi, "The Church."

53. George Church, "The Future of Human Genomics and Synthetic Biology," presentation at Genetics and Society Symposium, North Carolina State University, 19 September 2014, online at youtube.com/watch?v=0Eoa5ZaE6Gk.

54. George Church, "Safeguarding Biology," *Seed Magazine*, 2 February 2009, online at seedmagazine.com/content/article/safeguarding_biology/.

55. Shapiro, "We May Resurrect."

56. Wyss Institute, "Disruptive: Synthetic Biology."

57. Church, "Safeguarding Biology."

58. As McCray has noted, Church is a good example of "how today's scientistcelebrities ngage, often simultaneously, in research, self-promotion, and entrepreneurship" ("The Church of Synthetic Biology").

59. Church and Regis, *Regenesis*, 12.

60. "Welcome to My Genome," *Economist*.

61. "Welcome to My Genome," *Economist*.

62. Wyss Institute, "Disruptive: Synthetic Biology."

第四部分

生态学家

Michael R. Duetruch and Laura Lovett
迈克尔·R. 迪特里希和劳拉·洛维特

约翰·托德

生物工程之梦

图 12　约翰·托德

当约翰·托德、南希·托德（Nancy Todd）和威廉·麦克拉尼（William MacClarney）在20世纪60年代末在美国科德角成立新炼金术研究中心（New Alchemy Insitute）时，他们想要从科学角度重新思考我们如何生活、生产食物、建造住所、获取能源以及处理废物。这是一个大胆的梦想。作为在伍兹霍尔海洋研究所工作的生态学家，约翰·托德和威廉·麦克拉尼利用他们在生态系统和水产养殖方面的专业知识，将新炼金术研究中心打造成一个可持续生活的研究实验室。尽管该研究中心在1991年关闭，但托德夫妇利用他们在科德角发现的生态创新技术，创建了能够大规模修复污染水体的生命机器。在此过程中，他们创造了一种与传统的工业水体修复系统截然不同的基于生物学的替代方案。

引言

1968年，斯图尔特·布兰德（Stewart Brand）的《全球概览》（*Whole Earth Catalog*）成为指导整整一代"回归土地"的自耕农、公社社员和生态社区建设者的指南。这些现代的自耕农想要离开城市和郊区，去过一种被认为是军工复合体之外、更有意义、更真实、更有生态可持续性的农村生活。[*1]20世纪70年代初，约翰·托德、南希·托德和威廉·麦克拉尼创建了一个实验农场社区——新炼金术研究中心。但它的实验方式只有生态学家共同创建的社区才能做到。托德和麦克拉尼是圣地亚哥州立大学的年轻助理教授，当时托德的搭档南希·托德加入他们的行列，设想一种将生态学付诸实践的方法，创造一种更具生态意识和可持续性的生活方式。[*2]他们想要科学地重新思考我们如何生活、生产食物、建造住所、获取能源及处理废物。把生态学付诸实践是一个大胆的梦想。

在新炼金术研究中心，托德和他的合作者们将新的生态系统设计成"活的组合体"。这些太阳能水生修复系统被命名为"活的机器"或"生态机器"。用托德的话来说，这些活的机器是"根据在自然界中发现的相同设计原则来建造的，用来调节森林、湖泊、草原或河口的生态。"然而，他们的生活组件被"以新的方式重新组合"并被安置在一个轻量级结构中，在那里他们可以完成他们的工作。[*3]最初，这些活机器被设计用来生产食物，作为传统水产养殖的一种形式。然而，在20世纪80年代，约翰·托德和南希·托德离开了新炼金术研究中心并开始彻底地重新思考他们对待生命机器的方法：他们把生产食物的系统改造成了处理废物的系统。约翰·托德和他的合作伙伴提供了作为生物修复工具的生物机器成为化学工业水处理系统的生态替代品。这种处理方式最初遭到了极大的质疑，但活机器在科德角化粪池泻湖系统的成功应用，使它很快从罗得岛的普罗维登斯到中国福州的广大地区被普及。[*4]

新炼金术研究中心

约翰·托德和比尔·麦克拉尼（Bill McClarney）在密歇根大学读研究生时结识，当时他们都是生物学家约翰·巴达克（John Bardach）的学生。托德正在研究鱼类如何利用化学信号交流，而南希·托德正参与领导安娜堡的反战和环境运动。[*6]1968年，约翰和比尔·麦克拉尼刚获得博士学位就被圣地亚哥州立大学录用了。圣地亚哥并不是安娜堡，他们意识到，如果想要在环保运动中保持活跃，就必须在圣地亚哥创建一个组织。于是，新炼金术研究中心就于1969年诞生了，诞生地点正是托德的家。创始人包括约翰·托德、南希·托德和比尔·麦克拉尼。[*7]

尽管约翰·托德在圣地亚哥的研究进展顺利（他发现杀虫剂DDT干扰了鱼类的信息传递），但他却被推到了学术管理岗位上，离实际解决环境问题的工作越来越远。1970年，比尔·麦克拉尼和托德一家搬到了科德角，他们在伍兹霍尔海洋研究所（WHOI）工作。约翰·托德继续他的化学信号研究，而比尔加入了约翰·瑞瑟（John Ryther）的实验室，研究鱼类养殖。瑞瑟当时是伍兹霍尔海洋研究所的生物系主任，为1972年伍兹霍尔海洋研究所建立环境系统实验室（ESL）发挥了重要作用。[*8]在许多方面，环境系统实验室和新炼金术研究中心在20世纪70年代平行发展。环境系统实验室开发了大型的水产养殖和海洋系统中的废物处理项目，而新炼金术研究中心则创建了依赖太阳能和风能等可再生能源的水生系统。

新炼金术研究中心还从霍华德·奥德姆（Howard Odum）那里获得

了科学灵感。[*9]霍华德和他的兄弟尤金·奥德姆（Eugene Odum）是著名的生态学家，致力于应用生态学和解决环境问题。[*10]在1971年，霍华德的书《环境、动力和社会》（*Environment，Power, and Society*）从能量流动的角度为普通读者重新构建了生态系统。[*11]正如其标题所示，霍华德的书试图将人类、社会制度、历史甚至宗教置于物质和能量交换的系统和网络之中。对于新炼金术士来说，霍华德对生态工程的设想尤其有趣。[*12]用霍华德的话说："数以百万计的植物、动物和微生物物种是自然界现有网络的功能单元，但未来取得重大进展的令人兴奋的可能性在于，为了人类和大自然的利益，操纵自然系统，使之成为全新的设计。"[*13]霍华德阐述他对生态工程的想法的方式之一，是1969—1970年在北卡罗来纳州进行的一项试验，在3个污水处理池中收集污水，其中一个池中播种了湿地生物，这些生物可能会加速污水的分解。随后，霍华德宣布这一试验成功，是"混合人类部门与非人类部门的有用项目"。霍华德认为废物在化学层面极具能量，所以理解、建模和调整这样一个系统中的能量流对他来说是生态工程的课题。新炼金术的太阳能养殖项目实现了将霍华德的生态系统作为能源和材料网络的目标。他们的重点不是废物处理，而是可持续地生产粮食。

新炼金术研究中心在1971年找到了一个新址。当时，约翰·托德一家开始在伍兹霍尔以北几英里的马萨诸塞州哈奇维尔租用了一个农场。约翰·托德说，在农场里，他们可以"直视世界，证明可持续的食物、能源和住所是可能的"。[*14]在接下来的10年里，这个农场成为建筑、食品和能源系统的试验田，这些系统融合了生态原理，创造了可持续的、自给自足的生物庇护所——被称为"方舟"。第一艘方舟是由哈奇维尔的炼金术农场改造而成的。第二艘是在加拿大政府的支持下在爱德华王子岛建立的。这些方舟在很多方面都是新炼金术研究中心最显眼的产品，但从长远来看，建造和维护它们的成本非常昂贵。[*15]

从一开始，新炼金术研究中心的农场就进行了水产养殖试验，随后，试验的复杂度不断提高。[*16]比尔·麦克拉尼在农场里建了两个池塘，并将其围在半透明的塑料网罩里（其中一个有循环过滤系统，另一个没有）。

两个池塘里都养有罗非鱼，以池塘里生长的藻类为食。池塘上的圆顶可以收集太阳能，保持水温，使得鱼类能够熬过新英格兰的冬天。从1971—1974年，比尔·麦克拉尼和约翰·托德尝试了不同的配置和不同种类的食物来源。在1974年，约翰·托德开始试验在5加仑的罐子中建立池塘生态系统，然后他们开发了透明的玻璃纤维容器，容器直径为18英寸、5英尺高。这些容器被称为"太阳能水箱"。[17]"因为他们允许太阳能到达水箱里的每个角落，而太阳能只能从上面进入池塘，能够捕获更多的能量，进而支持更多的植物和动物生长，最终生产更多的食物。"太阳能水箱实验是由罗恩·茨威格（Ron Zweig）进行的。茨威格是加州大学伯克利分校的毕业生，也是新炼金术士的新成员。1975年，茨威格开始用太阳能水箱做实验，和池塘的鱼的产量进行对比。茨威格和其他人使用耦合在一起的容器，比较了不同季节、不同类型的鱼的生长以及鱼密度的差异。[18]按平均大小计算，最多产的太阳能水箱的产量是池塘的十倍。[19]和池塘一样，一些水箱被放置在温室里，太阳能收集的热量将在那里被保留并在一夜之间释放出来。当这些容器连接在一起时，他们创造了新炼金术士所说的太阳河。鱼缸之间的差异产生了营养流，可以对鱼缸中产生的废物（尤其是氨）进行生物净化。据约翰·托德说："我们那里的太阳能养殖箱把鱼的生产力提高了10倍，但我们有严重的污染问题，直到我们偶然开始在箱顶水培植物，它们的根系为系统中的细菌提供了附着地，使水质得到了显著改善。"[20]

回想起来，约翰·托德记得："我们从水产养殖开始——养殖鱼类——到20世纪70年代中期，我们知道，这些养殖场不仅运作良好，而且在自我调节、自我净化和生产能力方面也很出色。[21]我们能够证明，如果一个人能在一个小空间里恰当地拥有阳光，他就能在不依赖化石能源网络的情况下大量种植食物。"水产养殖系统内能源的重要性是炼金术士方法的一个关键因素。他们的目标是建立一个尽可能少依赖化石燃料能源的可持续粮食系统。事实上，水产养殖项目只是新炼金术士太阳能、风能和有机农业试验的一个方面。

20世纪70年代初，比尔·麦克拉尼开始在马萨诸塞州和哥斯达黎加之间奔波，因为他在那里成立了一个类似的组织。[*22]他和约翰·托德仍然与伍兹霍尔海洋研究所和正在进行海洋水产养殖工作的生态系统实验室保持联系。 这种联系可能帮助他们吸引生物学家进行新的炼金术水产养殖实验。 1977年，早期太阳能箱试验的成功，使新炼金术研究中心的一组研究人员获得了美国国家科学基金会的资助，以监测和记录太阳能养殖系统。 约翰·托德、茨威格等领导了美国国家科学基金会的研究小组，卡尔·鲍姆（Carl Baum）领导了水培植物实验，乔尔·沃尔夫（Joel Wolfe）创建了模拟整个太阳能水生网络的计算机模型。[*23]这个小组知道太阳能水箱系统是有生产力的。 这笔资金允许他们对系统进行建模和监控并找出系统运行的原因。 尽管太阳能水产研究取得了成功，该系统作为食物来源的生产率也很高，但当资金在20世纪80年代初用完时，新炼金术研究中心做出了一个有争议的决定——终止其水产养殖项目。一些成员认为这是社区的一个转折点，是对他们使命的一种逃避。 罗恩·茨威格和托德夫妇随后离开了新炼金术研究中心。[*24]

污水、污水处理和太阳能水上运动

20世纪80年代，托德夫妇准备进入生态创新的新阶段。[*25]约翰·托德将这种新的炼金术研究和探索描述为从建筑设计到可持续食品生产的新尝试。 托德夫妇在生态创新的过程中选择了水。 这个阶段的标志是两个新组织——海洋国际方舟和生态工程协会（EEA）——的成立。[*26]国际海洋方舟公司作为非营利性的实验对象被发展壮大，而生态工程协会则变成了商业现实。[*27]从非营利性过渡到营利性公司的部分动机是学术界缓慢的研究步伐。 用托德的话来说："让这些信息被下一代学生慢慢吸收，并从他们那里传播到学术界、工程公司，最终进入社会，最少需要20年，太慢了！ 我能想到的压缩这个过程的唯一方法是通过公司这一平台。"于是，生态工程协会成立了并得到了所需的支持和管理。[*28]此外，著名的人类学家玛格丽特·米德[1]（Margaret Mead）也是促进他们

1　玛格丽特·米德（Margaret Mead，1901年12月16日—1978年11月15日），美国人类学家、美国现代人类学成形过程中的重要的学者。 1978年逝世后，她随即获授总统自由勋章。

1981年创建"海洋方舟国际"（Ocean ark International）的因素。

米德向托德提出挑战，要求他们与发展中国家的人一起生活。 1976年，约翰·托德和南希·托德应邀参加米德75岁生日的庆祝活动。[29]几个月后，米德邀请他们到巴厘岛和她一起参加太平洋科学大会技术峰会。在与米德一起旅行时，托德夫妇深刻感受到当地农民如何小心翼翼地将他们的住房、用水、植物种植和动物护理系统相互连接和整合在一起。米德看到了在新炼金术研究中心设计的可持续系统和技术与在巴厘村庄使用多年的系统之间的相似之处。 在她去世之前，米德敦促托德夫妇设法使他们的技术在发展中国家得到应用。 让新炼金术方舟上路的想法刺激了海洋方舟的设计，这种方舟将"为世界各地遭到破坏的沿海地区提供生命支持系统"。[30]他们建造了两艘船，用来帮助圭亚那和哥斯达黎加的渔民。 但是，正如他们回忆的那样："海上方舟被证明是一个超前的想法。"尽管获得了来自加拿大国际开发署（Canadian International Development Agency）的启动资金了，项目仍未取得预期成果。 因此，在20世纪80年代中期，托德夫妇将注意力转向了水污染治理。[31]他们回忆："做出这个决定是因为意识到我们镇上的水质正在迅速下降。 癌症发病率飙升，而我们却在这里抚养孩子。 我们不得不出去买矿泉水。 这对我来说是一个警示——我们从根本上破坏了我们的环境。[32]太阳能水上乐园提供了一个可能的解决方案。"

托德夫妇在水质恢复方面的新尝试始于1986年的两个废物处理项目：佛蒙特州的一个污水处理项目和科德角的一个污水处理项目。 这两个项目都设计为在寒冷的气候中全年使用，这为可持续的废物处理系统提出了一个强有力的挑战。 解决方案是适应新的炼金术的太阳能养殖废水处理设计。

当时，冯·特拉普（Von Trapp）一家在纳粹德国吞并奥地利后，逃离奥地利后，在距离佛蒙特州斯托（Stowe）不到30英里的地方建立了一座山间小屋，"群山生机勃勃"，但是附近的一处滑雪场让人颇为困扰。 由于滑雪场生意兴隆，当地被严重污染，舒格布什公司接到了绿山州（Green Mountain State）官员的命令，要求其建立新的废物处理设施。

此前，该州位于滑雪公寓（Ski Condos）下游的渗滤场排放的污水被检测含有高浓度的氨。舒格布什公司设计了替代方案，公司的管理层提议对两种污水处理方法进行比较，看看哪个效果更好。正如记者兼环保活动家多内拉·梅多斯（Donella Meadows）在1988年的一篇文章中所指出的那样，这些迥然不同的设施代表了污水处理的两种方法。一种是氯气，这是18世纪发现的一种消毒工具，在19世纪后期首次在美国广泛用于净化水以抗击霍乱。另一种是回到最初由大自然使用的净化系统——创造一个太阳能水生修复系统。这个系统是由新炼金术研究中心的食物生产系统改造而来的。正如梅多斯所指出的，最初由汉弗莱·戴维（Humphrey Davy）爵士命名的氯气是一种危险气体："（广场上没有窗户的建筑物）的墙上挂着一个防毒面具，上面写着氯气在紧急情况下的指示。"另一个工厂是一个塑料温室，里面放着水箱，水箱里的东西蜿蜒在漂浮的竹子、猫尾草和沼泽菖蒲中。污水处理厂的招牌开玩笑地写着："禁止跳水。" *33

舒格布什公司的新污水处理系统是一个个半透明的玻璃纤维容器，它们在温室内排成一列。细菌、藻类、水蚤、一些蜗牛和鱼类生活在漂浮植物层的下面。进入太阳河一边的废物五天后被排出，在此期间污水会经过人工湿地，人工湿地布满猫尾草、球根草、竹子和菖蒲。最后，经过新污水处理系统处理产生的水几乎没有氨和细菌。

太阳能水生修复系统面临的第一个挑战是能量问题。在春季和夏季，太阳能系统工作良好，污水处理水平高。然而，冬天要处理的污水量增加，温度下降，阳光减少（隆冬时节下午2点左右，处理设施没有阳光直射），系统光能输入明量不足。随着生物需氧量的增加，太阳能养殖系统对氨气的去除需求增加，虽然如此，但系统仍去除了99％的氨气。 *34

太阳能水生修复系统的第二个挑战是管理问题。"太阳能水生生物国家科学基金会"（NSF）的资助下，新炼金术研究中心开展了生态水系统的现场监测研究。第一次使用的监测方法是该生态机器的关键组成部分，因为它们提供了水质的直接证据。佛蒙特州有美国最严格的水质标准，从化学处理系统到生态处理系统的转变受到了极大质疑。 *35舒格布什公司的伊丽莎白·沃克（Elizabeth Walker）指出："州工程师看待温室的方式和医生看待脊椎按摩师的方式是一样的。"[36]虽然该系统在整体效果上表现良好，但冬季在数据收集方面有明显的不同之处，而且该系统对干预没有迅速作出反应。 对一个接受过快速化学反应训练的行业来说，太阳能水处理的复杂生态系统需要不同的专业知识和不同的管理预期。 最后，舒格布什公司不得不采用传统的化学处理方法。 然而，舒格布什公司是约翰·托德的绿色机器的一个重要孵化器，为托德团队提供了关键数据和经验，特别是在理解监管流程、系统冗余设计和风险应对方面。

第二项试验是在马萨诸塞州的哈威治进行的。 和美国25％的家庭一样，哈威治的居民长期使用化粪池来处理家里的排泄物。[37]每隔几年，从这些化粪池里抽出来的污水就被倾倒在泻湖里。 通常情况下，污水的浓度是泻湖湖水的50~100倍，所以泻湖的污染非常严重。[38]多年来，哈威治一直用户外的泻湖排泄污水。 由于其地下水位仅在泻湖底部25英尺以下，该镇面临着严重的地下水污染威胁，马萨诸塞州环境保护部命令其在1992年之前找到更好的解决办法。[39]

哈威治的居民亨特·克雷格（Hunter Craig）听说了舒格布什公司的生态污水处理实验，促成了哈威治镇的官员去参观。 他们同意让约翰·托德在1988年夏天为哈威治开发一个净化分离系统。[40]新成立的生态工程协会由苏珊·彼得森（Susan Peterson）领导，她是一位人类学家，曾与约翰·托德一起在伍兹霍尔海洋研究所工作。 约翰·托德建造了二十个太阳能水生净化系统。 彼得森与伍兹霍尔海洋研究所的高级科学家约翰·M.蒂尔（John M.Teal）一道，对哈威治试验及其商业化处理设施的发展进行了技术评估。[41]

哈威治的系统由20个相互连接的玻璃纤维太阳能水箱组成，这些水箱一起组成了约翰·托德所说的"生态机器"。 污水被泵入，创造了最初的生态系统。 6月15日，生态工程协会开始以每秒0.13升的速度，即每天最多4.6立方米的速度，向油箱中泵入污水，每天10小时，每周5天。[42]污水经过大约15天的时间才流遍整个系统。 结果显示，挥发性有机化合物和重金属含量显著降低，这为蒂尔和彼得森提供了证据，证明该系统能够生产出符合饮用水标准的水。[*43]

哈威治的实验给了约翰·托德和生态工程协会信心，让他们相信生态机器的方法可以同时处理污水和污染物。[*44] 1989年，哈威治镇同意建立一个以太阳能水净化系统为基础的污水处理试点工厂。试验太阳能水处理系统于1990年3月开始运作，经过几个月的试运营之后，已进入全面处理阶段。[*45] 1992年，在哈威治的试点工厂处理污水一年之后，马萨诸塞州认证了生态工程协会的废物处理的生态方法是一种合法的处理方法。[*46] 同年，约翰·托德为太阳能水生垃圾处理工艺申请了专利并将其转让给生态工程协会。[*47] 据蒂尔和彼得森回忆："太阳能水生净化系统（SAS）技术的创新之处在于，能集中系统优化的混合生物组件、控制过程和在所有季节集中处理废水。类似的理由也证明了专利申请的合理性，专利申请还强调了该系统与池塘式系统的区别，比如与奥杜姆早在1969年就已经试验过的系统相对比。[*48] 位于温室中的太阳能水箱比池塘能实现更多的能量传输和保存。结合搅拌以保持固体悬浮物和控制水箱水的循环以保持生物多样性，太阳能水生修复系统提供了一个可持续的人工生态系统的结构，能够处理污水和化粪池。在不使用化学品、不产生污泥的情况下，生态工程公司开发出了一种经济、有效和生态的机器。

结语

在评论约翰·托德从新炼金术士到生态工程师的道路时，记者兼活动家多内拉·梅多斯（Donella Meadows）将他描述为"一个生态学家、一个有远见的人、一个完整的系统思想家"。[*49] 的确，托德和他的同事们体现了W.帕特里克·麦克雷（W. Patrick McCray）的"梦想家"概念—— 一个集研究人员、未来学家和推广家于一身的人；他能够想象一项技术如何彻底改变未来，进行研究以创造该技术并有效地将该工具和愿景带给公众。[*50]

托德和他的伙伴们的创新本质，就像他帮助设计的系统一样，是一种适应性组装。他和他的合作者寻求思想、技术、人员和组织的最佳组合，以推进他们对真正可持续生活方式的愿景。面对污水处理的挑战，约翰·托德和他的同事们借用了为可持续粮食生产而开发的太阳能水再生技术，并将其重新设计为污水处理的手段。这种改造的成功依赖于他们创造新的生态系统或组合的能力，这些系统或组合在不同的地方环境中能够作为自我维持系统发挥作用，而这些地方的需求可能是完全不同的。

约翰·托德从学术界到伍兹霍尔海洋研究所、新炼金术研究中心、国际海洋方舟和生态工程协会的职业历程，也是他的追梦之路。因为这些机构让他有更大的自由度来试验复杂的生态系统，并越来越重视将其应用于解决紧迫的社会和环境问题。这些机构支持了约翰·托德和他的合作者的创新，但是约翰·托德和他的合作者们挑战了这些机构的极限。事实上，当学术界被认为限制过多时，他们就转到了不同的组织，这样的组织允许他们从事不同形式的科学工作和应用不同的科学设备。

把一个为粮食生产而设计的太阳能水生修复系统，改造成一个可持续的污水处理的活机器，这具有深刻的创造性。而约翰·托德和同事们的工作根本性创新价值在于，他们意识到，他们的科技创新在不同的社会和组织结构中会得到最好的发展。当学术生活被证明过于拘束时，他们搬到了伍兹霍尔海洋研究所的研究实验室并创建了一个农场。当农场发展到一定程度时，他们发明了一个营利性和非营利公司的组合，以推进他们对活体机器工程的设想。作为创造新的组装系统的大师，约翰·托德和他的同事们在他们的活体机器和人类系统中创造了生态系统，以最好的方式看到他们的愿景实现。

备注

1. Jeffrey Carl Jacob, *New Pioneers: The Back-to-the-Land Movement and the Search for a Sustainable Future* (College Station: Pennsylvania State University Press, 1997). For earlier "back to the land" movements, especially irrigation settlements, see Laura L. Lovett, "Rooted in the Soil: Family Ideals, Land Reclamation and Irrigation Resettlement as Welfare in the United States, 1897-1933," in *Families of a New World: Familialism and the Process of State-Making*, ed. Lynne Haney and Lisa Pollard (New York: Routledge, 2003), 85-98.

2. Henry Trim, "A Quest for Permanence: The Ecological Visioneering of John Todd and the New Alchemy Institute," in *Groovy Science: Science, Technology, and American Counterculture*, ed. David Kaiser and W. Patrick McCray (Chicago: University of Chicago Press, 2016); Nancy Jack Todd, *A Safe and Sustainable World: The Promise of Ecological Design* (Washington, DC: Island Press, 2005). Todd's book and Trim's essay richly document the history of the New Alchemy Institute. Here our focus is not on the institute per se, but on the development of "living machines" in the 1970s and their application by John Todd and his colleagues in the decades after the New Alchemy Institute to the problem of treating waste water.

3. John Todd and Beth Josephson, "The Design of Living Technologies for Waste Treatment," *Ecological Engineering* 6 (1996): 109-36.

4. Molly Farrell, "Purifying Wastewater in Greenhouses," *BioCycle* 37, no. 1 (1996): 30-33.

5. Todd, *Safe and Sustainable World*.

6. John Todd, J. Atema, and J. E. Bardach, "Chemical Communication in the Social Behavior of a Fish, the Yellow Bullhead (*Ictalurus natalis*)," *Science* 158 (1967): 272-73; J. Bardach, J. H. Todd, and R. Crickmer, "Orientation by Taste in Fish of the Genus *Ictalurus*," *Science* 155 (1967): 1276-78; John Todd, "The Chemical Languages of Fishes," *Scientific American,* May 1971, 98-108.

7. Nancy Jack Todd and John Todd, *From Eco-Cities to Living Machines: Principles of Ecological Design* (Berkeley, CA: North Atlantic Books, 1993).

8. "In Memoriam: John H. Ryther," Woods Hole Oceanographic Institute, July 10, 2006, online at whoi.edu/mr/obit/viewArticle.do?id=14526&pid=14526; John E. Huguenin, "Development of a Marine Aquaculture Research Complex," *Aquaculture* 5 (1975): 135-50.

9. Todd, *Safe and Sustainable World*, 61.

10. Joel B. Hagen, "Teaching Ecology during the Environmental Age, 1965-1980,"

Environmental History 13 (2008): 704-23; and *An Entangled Bank: The Origins of Ecosystem Ecology* (New Brunswick, NJ: Rutgers University Press, 1992).

11. Howard T. Odum, *Environment, Power and Society* (New York: John Wiley, 1971).

12. Odum, Environment, *Power and Society*, 279.

13. Odum, Environment, *Power and Society*, 289.

14. Donella Meadows, "The New Alchemist Turns Tycoon — John Todd's Wastewater Treatment Plant," box 6, folder 41, Donella Meadows Collection, Rauner Special Collections Library, Dartmouth College, Hanover, NH.

15. Trim, "Quest for Permanence"; Todd, Safe and Sustainable World.

16. Earl Barnhart, "A Primer on New Alchemy's Solar Aquaculture," New Alchemists Publications (21 February 2006), online at newalchemists.files.wordpress.com/2015/01/solar-aquaculture-primer-by-eab1.pdf.

17. Todd, *Safe and Sustainable World*, 43-45.

18. Ron Zweig, "Solar Aquaculture," *Journal of the New Alchemists* 6 (1979): 93-95.

19. Todd, *Safe and Sustainable World*, 45; Ron Zweig, "The Saga of the Solar-Algae Ponds," *Journal of the New Alchemists* 4 (1977): 63-68.

20. Meadows, "New Alchemist Turns Tycoon."

21. Robert Gilman, "Restoring the Waters: An Interview with John and Nancy Todd," *In Context: A Quarterly of Humane Sustainable Culture* 25 (1990): 42.

22. William McClarney, "New Alchemy — Costa Rica," *Journal of the New Alchemists* 4 (1977): 17-23.

23. The New Alchemy Institute, *Solar Aquaculture: Perspectives in Renewable, Resource-Based Fish Production* (results from a Workshop at Falmouth, Massachusetts, 28 September 1981); David Engstrom, John Wolfe, and Ron Zweig, "Defining and Defying the Limits of Solar-Algae Pond Fish Culture," *Journal of the New Alchemists* 7 (1981): 83-87; John Wolfe, Ronald Zweig, and David Engstrom, "A Computer Simulation Model of the Solar-Algae Pond Ecosystem," *Ecological Modeling* 34 (1986): 1-59.

24. Todd, *Safe and Sustainable World*, 50.

25. John Todd and Nancy Jack Todd, *Tomorrow Is Our Permanent Address: The Search for an Ecological Science of Design as Embodied in the Bioshelter* (New York: Harper & Row, 1980).

26. Kenny Ausubel, *The Bioneers: A Declaration of Independence* (White River

Junction, VT: Chelsea Green, 2001).

27. Farrell, "Purifying Wastewater in Greenhouses."

28. Gilman, "Restoring the Waters," 42.

29. Todd, *Safe and Sustainable World,* 145-47.

30. John H. Todd, "History," online at http://oceanarksint.org/index.php?id=a-history.

31. Todd, *Safe and Sustainable World,* 147.

32. Gilman, "Restoring the Waters," 42.

33. Meadows, "New Alchemist Turns Tycoon"; Donella Meadows, "Ecology vs. Engineering: A Clash of Values on a Mountain in Vermont," *Los Angeles Times,* 10 July 1988, online at http://articles.latimes.com/1988-07-10/opinion/op-9355_1_sewage-treatment-systems.

34. Todd, *Safe and Sustainable World,* 149.

35. Björn Guterstam and John Todd, "Ecological Engineering for Wastewater Treatment in New England and Sweden," *Ambio* 19 (1990): 173-75; Gilman, "Restoring the Waters," 42.

36. William Burke, "Restoring Water Naturally," *Technology Review* 94 (1991): 16-17.

37. John M. Teal and Susan Peterson, "The Next Generation of Septage Treatment,"
Research Journal of the Water Pollution Control Federation 63 (1991): 84-89; Ausubel, Bioneers.

38. Todd and Josephson, "Design of Living Technologies."

39. Laura Van Tuyl, "A 'Living Machine' Purifies Waste," *Christian Science Monitor,* 13 February 1991.

40. Todd, *Safe and Sustainable World,* 152.

41. John M. Teal and Susan Peterson, "A Solar Aquatic System Septage Treatment Plant," *Environmental Science and Technology* 27 (1993): 34-37.

42. Teal and Peterson, "Next Generation"; Guterstam and Todd, "Ecological Engineering."

43. Teal and Peterson, "Next Generation."

44. Todd, *Safe and Sustainable World,* 155.

45. Ocean Arks International, Past Projects, online at oceanarksint.org/?id=past-projects; Robert Spencer, "Lower Cost Way to Septage Treatment," *BioCycle* 33, no. 3 (1992): 64-68.

46. Todd, *Safe and Sustainable World,* 156.

47. John Todd and Barry Silverstein, "Solar Aquatic Apparatus for Waste Treatment," US Patent Number 5,087,353 (11 February 1992), online at google.com/patents/US5087353.

48. Teal and Peterson, "Solar Aquatic System," 37.

49. Meadows, "New Alchemist Turns Tycoon."

50. McCray, *Visioneers*. Henry Trim identifies Todd as an ecological visioneer in "A Quest for Permanence."

Philippe Huneman
菲利普·霍尼曼

史蒂文·哈贝尔

中性理论

史蒂文·哈贝尔的《生物多样性与生物地理学的统一中性理论》（*The Unifited Neutral Theory of Biodiversity and Biogeography*）是理论生态学的一个里程碑。 在这本书中，哈贝尔提出了一个挑战性的，同时也被许多人认为是创见性的想法，即随机过程是驱动生态学中生物多样性模式背后的机制。 这一理念及其复杂数学模型的阐释，震动了习惯于将生态位效应和自然选择视为生物多样性模式的最终原因的生态学界。 本章认为，中性理论不仅在生态学中带来了一个新的视角——以一种新的替代假设的形式，与之前的理论立场相比较——而且带来了一种新的、大胆的方法论态度。

引言

2001年，随着生态学巨著《生物多样性与生物地理学的统一中性理论》的出版，史蒂文·哈贝尔成了"中性理论"之父。[*1] 在这本书中，哈贝尔提出了用多种指标对生物多样性进行系统性阐释的理论。 其中的很多指标，已经被大多数生态学家所熟知，如一个群体中的物种丰富度、物种-相对丰度以及物种-面积曲线。它看起来既简单又反直觉，这两个特点共同构成了它的开放性特征。想象一下走进一片森林——一片热带森林，一个像哈贝尔这样的生态学家研究的经典对象。你会发现成千上万种不同的树，然后你会想：为什么这里会有这些物种？是什么导致了3~4个物种非常丰富，而其他多是稀少的，甚至是罕见的？一个答案来自我们对达尔文生物学的认识：一些树木善于利用潮湿的土壤，一些在干燥的土壤中生长良好，一些在几乎没有光照的情况下生长旺盛，而另一些则需要更多的光照，等等。因此，每一个物种都是在它生长的地方、它的生态位，在这些地方的分布最终决定了树种的分布，每一个物种都生活在它适应的地方。正如达尔文告诉我们的那样，所有的过程是适应的基本解释——即自然选择。

哈贝尔认为这个解释听起来非常符合直觉或常识，但其实是完全错误的，只是无法被证伪。因此，他构建了一个复杂且系统的理论。该理论表明，假设自然选择失去效力，那么所有树种的分布都可以被精确预测。这个假设的前提是，种群的规模和其他方面不足以产生竞争效应，也无法形成主要的自然选择维度。换句话说，假设所有个体的适应能力都相同（即不同物种的个体有相同的平均出生率和死亡率），你就可以建立一个模型，预测与所记录的多样性模式非常接近的多样性模型，特别是在关于丰度的分布上尤其接近。从20世纪70年代开始，哈贝尔在巴拿马巴罗科罗拉多岛这样的热带森林中收集了几十年的数据，在那里，生态中性理论比生态位、竞争和自然选择等理论的模型更好。

然而，这引发了一个令人深思的悖论：就其参数和假设而言，哈贝尔的理论比传统的理论更简单，而且至少具有同等或更好的预测的准确性；然而，它非但没有得到一致的肯定，反而引发了一场关于模型测试的深刻哲学问题的激烈争论——这样一个简单而明显且不现实的理论为什么会如此准确呢？

中性生态学理论的核心设定是简单的（除了它的技术设备，它是非常复杂的）——如此简单以至于很少有生态学家真正地认为它是一个严肃的选择。大多数生态学家更倾向于将现存的生态位理论复杂化，以拟合数据，并加入许多似乎越来越相关的生态过程。可以这样说，哈贝尔的生态中性理论之梦使群落生态学理论发生了革命性的变化。那么，哈贝尔是如何得出这个理论的？它是如何以一种全新的方式解决生态学家面临的问题的？它的野心是什么？它是如何被接受并被纳入生态理论的？

理论背景：小生境、竞争排斥和限制相似性

生态学被称为"生存斗争的科学"（海克尔）或"有机体与其环境之间关系的科学"。[*2] 这种二元性表明，竞争和选择在生态学概念中或多或少都受到重视。群落生态学关注的是组成群落的物种多样性及其变化（特别是在相对稳定的条件下）。20世纪60年代，群落生态学和生物地理学深受《岛屿生物地理学理论》（*Theory of Island Biogeography*）的影响，该书于1967年出版，作者是麦克阿瑟（MacArthur）和威尔逊。这些生物学家和生态学家与理查德·列文斯（Richard Levins）和理查德·列万廷（Richard Lewontin）一道，想要把数学的严谨性和系统模型引入生态学。他们中的许多人是乔治·伊芙琳·哈钦森（George Evelyn Hutchinson）的学生。在20世纪50年代和60年代，哈钦森在生态学领域取得了重大成就。[*3] 生态学按照不同尺度，有不同的划分：生物地理学认为区域是由各种群落组成的，这些群落可以通过扩散来交换物种。

生物地理学和群落生态学提出生物多样性的一个主要问题是，生物多样性的模式。生物地理学研究的一个关键模式是"物种-面积曲线"，它将一个地区的面积与其包含的物种数量联系起来。麦克阿瑟和威尔逊提出了所谓的"岛屿-大陆"模型，该模型模拟了产生物种面积曲线的生物多样性动态。简单地说，在岛屿-大陆模式中，物种占据一个大陆并可以"殖民"岛屿。每个岛屿上的物种数量取决于岛屿的大小、与大陆的距离以及在大陆和其他岛屿上的物种数量；这个数量由个体灭绝和迁移之间的平衡决定。[*4] 这个简单的模型可以使用物种-面积曲线、它们在大陆和岛屿上的差异以及这些物种的某些特征的进化

命运（特征之间的趋同性或分歧）来进行检验。

反过来，传统的群落生态学提出了这样的问题：根据物种的丰度，它们是如何分布的？[*5]什么样的过程导致了这些模式？[*6]正如费舍尔（Fisher）所指出的，许多物种丰度分布是对数级数；然而，普雷斯顿反驳了他的观点，他认为有些分布也是对数正态曲线，但主要是在较小的范围内。撇开规模不谈，这里有一个规律需要解释，也有一个对这些差别的解释。[*7]

这里的关键词是竞争和利基[1]。高斯在1935年建立了"竞争排斥原理"：两种完全相同需求（如生存和繁殖所需的水和光、与捕食者的距离等）的物种不能共存，因为竞争，总会导致其中一个灭绝。根据哈钦森的观点，一个物种所特有的整套需求其实只是生态参数（如温度、水份、pH值、光照等），就像超空间的一个子空间，这就是所谓的"生态位"。[*8]从这个"基本生态位"出发，我们可以区分出"已实现生态位"，即两个物种之间竞争的结果，它们的基本生态位重叠。较好的竞争者将占据其适当的基本利基，而较差的竞争者将占据其基本利基中不属于较好的竞争者基本利基的部分。因此，竞争将生态位空间分割为非重叠的已实现生态位，这些生态位对应竞争后的每个物种，这解释了物种在平衡状态下的共存。这一过程被称为"限制相似性"（因为每个物种共享生态位参数时可能会限制其他物种的基本生态位）。

然而，哈金森意识到，这种解释并没有完全抓住生物多样性的事实。正如他在几篇论文中提出的著名观点，[*9]如果考虑浮游生物的种类，海洋环境中存在差异的参数很少：光、pH值、温度等。因此，我们应该很少意识到生态位，我们期望的物种也很少；但事实上，我们发现了数千种浮游植物。哈钦森创造了"浮游生物悖论"这一短语，他

1　译者注：利基（niche）原本是经济学名词，指针对企业的优势细分出来的市场，这个市场不大，而且没有得到令人满意的服务。产品进入这个市场，有盈利的基础。按照菲利普·科特勒（Philip Kotler）在《营销管理》中给利基下的定义：利基是更窄地确定某些群体，这是一个小市场并且它的需要没有被满足，或者说"有获取利益的基础"。在这里特指从大的物种生存环境中，细分出来维持某一群落生存的小环境。

断言，仅靠模拟已实现的生态位不足以解释生物多样性。哈金森提出了其他的解释：例如，环境参数变化很快，竞争的方向不断变化，最好的竞争者没有时间去竞争地排斥其他物种。

竞争理论的发展和完善是为了通过在热带森林、红树林、珊瑚礁和自然公园的普查发现的生物多样性的事实和模式。从理论上讲，群落生态学围绕着这一公理：物种共存应始终以生态位差异为基础，无论是明显的差异还是微小的、周期性的、混沌的、不可察觉的差异。但是哈贝尔提出了一个全新的概念来反对这个公理：在他看来，解释物种共存和多样性的模式在原则上或经验上不需要考虑物种之间的任何差异。

史蒂文·哈贝尔和中性理论

"生态学中的中性理论"首次出现在哈贝尔2001年出版的《生物多样性与生物地理学的统一中性理论》书中。这本书并没有总结现有的和讨论过的论文（哈贝尔自20世纪70年代以来一直是这一领域的活跃研究者），而是试图阐释一个单一理论。这一理论是30多年来，哈贝尔在关于巴拿马的巴罗科罗拉多岛（Barro Colorado Island）的群体生态学理论形成和数据收集过程中不断思索的结果。哈贝尔出生于1942年，他的母亲是一名统计学家，父亲是昆虫学家和进化生物学家（曾任美国密歇根大学动物博物馆的馆长）。童年时期，父亲常带着他去收集标本，让他对野外调查产生了浓厚兴趣。哈贝尔曾想成为一名建筑师，但缺乏绘画天赋，于是他转向了一些更接近他父母背景的方向（如生物化学）。从明尼苏达大学毕业后，他开始研究生物化学。在伯克利读研究生时，他转向生态学，研究等足类甲壳类动物。他现在认为这种转变可能是推动经验主义科学及其应用的一部分，这种推动是由对苏联人造卫星作为一项重大技术成就的恐惧引发的。后来，他在密歇根大学担任研究员，并被派往哥斯达黎加教授热带生态学。这次经历使他转向了他的主要课题：热带植物生态学。他随后得到了爱荷华大学的一个职位，但仍然与热带森林保持着"联系"，特别是通过史密森学会参与热带森林项目。从

20世纪70年代末开始，哈贝尔开始在巴拿马的巴罗科罗拉多岛收集数据。在1980年，他与罗宾·福斯特（Robin Foster）一起承担了一个项目：详细地监控巴罗科罗拉多岛一块五十公顷的土地（每年记录其中种群的增长、分布以及所有树种的生长等）。[*10]

而他对巴罗科罗拉多岛的兴趣也表明，中性理论的提出，离不开他非常仔细的数据收集（即野外工作）和数学建模工作。不仅如此，作为他科学工作的重要组成部分，他也在全方位关心热带雨林的各个方面。比如，他从未停止出版过关于热带森林特定功能的著作。[*11]这些

图13　史蒂文·哈贝尔，加州大学洛杉矶分校教授

著作绝大部分是与罗宾·福斯特和理查德·康迪特（Richard Condit）合作完成，[*12]发表的时间从20世纪70年代开始，一直到现在。其中有一篇论文试图评估热带森林中的物种数量，其他一些论文涉及生态保护，巴罗科罗拉多岛与帕索岛（Pasoh）之间的逐年比较等（主要是物种的生长状况、分布和所有树种的生长等）。[*13]帕索岛与巴罗科罗拉多岛类似，岛上同样有一块50公顷大的热带森林研究片区。数以百计的科学家都曾到访巴罗科罗拉多岛中心并将其作为生态学理论工作和生态保护的基地。比如，西奥多·施奈莱（Theodore Schneirla）就在岛上居住了35年，研究蚂蚁生态学；爱格伯特·雷因（Egbert Leig）写了两本关于这个岛的群落生态学的书。

在开始研究热带森林之前，哈贝尔比较认可"限制相似性的理论"。然而，在巴罗科罗拉多岛中心，他意识到这样的模型不容易应用（个人交流）。由于物种的数量和它们之间的接近性，竞争者之间的差距非常小；物种通常会和它们的邻居竞争，但是在热带森林里，考虑到大量的普通物种个体，这些物种在某种程度上并没有"看到"它们的邻居，所以它们实际上并不竞争。这种认识构成了他的中性理论观的基础。

哈贝尔在1979年发表了第一篇论文，题为《热带干旱森林中树木的分布、丰富性和多样性》（*Tree Dispersion, Abundance, and Diversity in a Tropical Dry Forest*）。[*14]这是中性理论思想的早期萌芽。这篇论文讨论了詹森-康奈尔假说（Janzen-Connell hypothesis），根据该假说，一个生态圈中的任何一个树种由于分散和种子被捕食等因素，都无法通过个体更迭，主宰整个生态圈。[*15]哈贝尔的论文通过与巴罗科罗拉多岛的数据进行对比，验证了这种密度依赖的观点。在论文的讨论中，哈贝尔提出了一种种群观，这是未来中性模型的核心，但在当时这种观点只是一个侧面的假设，并没有得到深入讨论。[*16]

又过了20多年，哈贝尔才终于在新书中详细阐述了中性理论。与此同时，哈贝尔发表了3篇文章，其中加入了一些核心思想，但在这本书出版之前，没有任何主流生态学或生物学杂志阐明他对中性理论的观点。结果，许多群落生态学家——尤其是热带生态学家或珊瑚礁生态学家——都知道哈贝尔的部分信息，正如生态学家马克·麦克匹克（Mark McPeek）所回忆的（个人交流），他们在本书出版之前并没有把这些信息当作一个主要的理论命题。

在普林斯顿大学的时候，哈贝尔开始写他的中性理论专著，题为《生物多样性与生物地理学的统一中性理论》。他试图提供一种关于群落生态学和生物地理的新观点。尽管许多想法已经存在，但他的书更加系统化。通过系统分析巴罗科罗拉多岛上收集的珍贵数据，他建立了一组组模型，同时衔接系统化的观点，进行理论预测和实际验证并最终将其呈现出来。[*17]

最不可思议的是，该理论从雏形到最后成文，跨度竟长达20多年。延迟的一部分原因是作者本身对理论建构的谨慎度有关，但即使不考虑作者本身的原因，这种"超长待机"也是极为罕见的。

要知道早在1979年的那篇论文中，哈贝尔就已明确提出了一个中性理论核心思想：即生物多样性模式的解释，它不依赖于任何东西，只是简单地说，随机替换死亡个体（不管它们属于哪个物种）。而该理论的最终提出，在2001年才被完成。

这种"超长待机"很有趣，意味着中性理论对哈贝尔意义重大。关于生物多样性的描述并不适用于自然选择，而是主要关注于物种的分布，这一概念已经存在了一段时间，尤其是在麦克阿瑟和威尔逊的岛屿生物地理学理论中（哈贝尔在他的书中称这种理论为"分散-聚集"理论）。但是作者关注的是生物地理学和物种面积曲线，而不是群落生态学和物种丰富度分布。

在哈贝尔发表第一篇论文时，群落生态学领域正处于激烈的辩论之中。辩论的主题就是"零模型"，即一些能够无差别地对自然选择的作用进行假设并成功预测的模型。贾里德·戴蒙德（Jared Diamond）认为，当生态系统呈现出物种的棋盘式分布时，例如在一个群岛上，只有当另一个物种在当地或相互之间不存在时，物种才会出现在岛上，那么这种模式就是竞争的结果。[*18]对此，丹尼尔·辛贝洛夫（Daniel

Simberloff) 和约翰·康纳 (John Connor) 反驳说，这种模式毫无意义，因为，首先，人们应该随机"洗牌"数据，产生所有随机发生的模式，然后计算其中棋盘格分布的概率。[*19] 由于这种可能性很高，他们得出结论：对于棋盘式竞争的影响，我们无话可说。这一场激烈的争论，在一些评论家看来，反映了以田野为导向和以数学为导向的生态学家之间的差异。最终这场旷日持久的辩论，在《美国博物学家》(American Naturalist) 杂志上以"生态学和进化生物学研究圆桌会议"(第122卷，第122页5 [1983])的形式结束。哈贝尔发表第一篇论文后，迟迟没有正式发表这个理论，也是希望远离这场辩论，而且因为可能的敌意，中性理论发表之后，哈贝尔很有可能被划分到以数学为导向的生态学家一边。但哈贝尔自认为其是两边的综合，并不属于任何一派。于是，哈贝尔推迟发表中性理论，直到这场"零模型战争"稍微平静下来。

哈贝尔的理论延伸到群落生态学和生物地理学的范围，使其有别于早期的理论阐述。虽然在公平竞争的意义上，中性理论并不新鲜，但哈贝尔的想法是，它可以产生一个非常普遍的理论，可能包括生物地理学和群落生态学。他的梦想是，在元群落中严格地形成适应性中性的概念，可以导致一个非常简单的理论来解释所有周期性的生物多样性模式——而不是遵循生态学家的自然实践——即让限制相似性的生态位理论复杂化。[*20] 中性实际上是最简单的假设，因为它假定的相关过程最少。而且，最简单的理论总是比可以调整大量参数以适合数据的理论更具可测试性。因此，哈贝尔梦想着人们能以一种完全不同的方式来对待生物多样性：不再在自然选择下产生所有这些模式的可能方式，重新朝向随机发生的事情——也就是说，不进行选择——并对其进行详细建模。

简单性和可测试性，是哈贝尔提出的重要认知价值，同时该理论的另两大特性还包括统一性和简约性。可测试性的观点是由哲学家卡尔·波普尔 (Karl Popper) 提出的。哈贝尔说，在学生时代，生物学家约瑟夫·普拉特 (Joseph Platt) 在《科学》杂志上发表的一篇论文《强有力的推论》(Strong Inference)，给他留下了深刻的印象。这种"假设-

演绎"的科学模型支持预测和数学的简单性，这是他的方法论的第一个灵感，也是一个持续的灵感，然而很少有科学哲学家出现在他的参考文献中。更广泛地说，哈贝尔从一开始就从物理学家那里获得灵感，尤其是在数学的运用方面（个人交流）。而这些都是由于学生时代那些让他印象深刻的课。它们从简单的理论开始，通过实验验证、修改参数等，所有这些都在数学框架内进行，这给他留下了深刻的印象。

这个关于大理论的梦想可以用一个简单的想法诠释，加入简单性和可测试性的统一学科，是"生态等价"的概念：随机性——无任何决定性或定向过程——是如何转变成一种资源，从规模上塑造生态群落并用来构建一个通用理论的。

生态等效性是中性理论的基石

生态等效性假设是中性理论所探索的模型的基础：它假定所有物种的个体平均出生率和死亡率以及迁移或物种形成的概率都相等。这个假设可能不正确或不现实，但哈贝尔的第一个问题是：建立在这个基础上的生物多样性动态模型是怎样的？鉴于假设明确提出特定的自然环境，不会对群落中的个体的出生率和死亡率造成本质影响，建立的模型有没有明显消除利基效果，或影响自然选择效果？第二个问题，群落中的物种，到底经历几个过程？当后代出现在离其母体一定距离的地方时[21]，物种就形成分布；物种形成（即新物种出现），这一过程并没有出现在哈贝尔于1979年提出的理论中，但是对哈贝尔的统一理论至关重要。要指出的是，这里的物种通常是指"一群在营养上相似、在相同区域分布的个体，它们实际上或潜在地在一个局部地区竞争相同或相似的资源"。哈贝尔书中的大部分内容都认为，相对于群落中的其他物种，新物种的形成是瞬时发生的。最后还有一个问题是"生态漂移"，即随机出生和死亡，包括个体随机死亡或被随机替换。[22]这个概念与席沃·怀伊特（Sewall Wright）所提出的"随机遗传漂变"，即等位基因在群体遗传学中的频率变化完全一致。无独有偶，木村资生（Motoo Kimura）的生态理论也密切关注了遗传漂变，提出与中性理论完全平行的理论：上一物种的等位基因也存在于下一物种中，是突变导致上一物种形成下一新物种，诸如此类（一些公式和关键参数在两种理论中是通用的，哈贝尔在写书的时候注意到了这一点）。[*23]哈贝尔在2001年以后撰写的论文中对这种相似性进行了说明。[*24]

哈贝尔的模型是一个"零和博弈"。假设群落中某一特定物种的个体死亡，然后由随机选择的物种的个体取所代之。零和博弈的假设是建立生态等效模型的一种方法。从经验上讲，零和博弈是合理的，因为生物群落通常是饱和的。[*25]生态漂移与扩散相结合，后者表现为一个个体在一个群落中死亡，然后被另一个具有不同物种池的群落中的个体所取代。因此，在每一时步，个体的随机死亡都会被随机挑选的同物种或不同物种的其他个体所取代。哈贝尔的第一个模型，通过纯粹漂变决定了一个物种的固定时间（正如种群遗传学模型仅仅通过遗传漂变，计算一个等位基因的固定时间一样）。

本地群落嵌入一组被称为元群落的区域性群落是至关重要的。"元群落"这个术语的词源是"复合种群"。该词由理查德·莱文斯（Richard Levins）[*26]提出，并由伊尔卡·汉斯吉（Ilkka Hanski）等人发展而来。汉斯吉曾提出"复合种群生态学"，该学科在20世纪90年代发展起来，主要关注种群在不同栖息地的破碎化。[*27]元群落就像一个库，在这个库中群落通过殖民交换个体，但在其他方面是分离的（因此没有竞争）。群落和元群落之间的关系，也实时反映了局部规模（由对相对丰度模式感兴趣的群落生态学家提出）和区域规模（由麦克阿瑟和威尔逊的生物地理学提出）之间的关系。哈贝尔的理论首先探索了群落中的中性动态，接着探索了元群落中的动态，而它们的关系定义了该理论所针对的跨尺度统一。[*28]而生物多样性模式就是这种耦合动力的结果。

这个模型的一大特征就是，种群的丰富度来自模型，种群的丰富度分布（SAD）无须像利基理论中通常做的那样，通过假设种群的数量得到丰富度分布。一个至关重要的结果就是，在这些方程中出现了一个无量纲数，哈贝尔称之为"生物多样性指数"。[*29]这个指数在确定物种数量和那些决定种群的丰富度分布的方程中都有出现（木村的理论中也有类似发现，认为该技术也加剧了有效种群大小和变异率，控制了中性进化）。

此外，从哈贝尔的模型中还可以推导出元群落的物种面积曲线。因此，生物地理学研究的物种-面积曲线和生态群落的相对丰富，可以合并在一个数学理论中。这个理论集中在生态等效、元群落建模（包括新物种形成、分布和漂变）中，并且可由单个参数主导。最终，可以从每一个元群落中估计丰度数据。在每个步骤中，哈贝尔都对比了模型给出的结果和收集到的现有数据——主要是巴罗科罗拉多岛上收集的数据。结果显示模型预测的结果与利基理论一样好，甚至更好。

现在，就像任何后达尔文主义的生物学家 / 生态学家一样，哈贝尔知道自然选择在塑造物种性状和控制种群中等位基因频率动态的强大作用。那么为什么还要有生态等价呢？首先，分散——特别是种子的分散——可以通过最小化与近邻的竞争影响，来延缓竞争排斥。以这种方式，竞争排斥被战胜了，个体似乎具有不变的适应性。因此，个体在考虑自身时，即使具有不同的适应性，也可以假定生态等价或近似等价。[30] 由于分散性、生态等效性是任何生态系统进化动力的一个非常可能的结果。此外，正如哈贝尔在书中第十章解释的，由于物种和性状繁多，不同物种的不同个体在其生命周期的不同阶段会有多样的权衡措施，而这些最终导致了不同物种之间有了相同的适应性："个体生命周期的不同权衡导致生态位分化，这导致一个群落之中，不同物种之间形成了均势的机制。"[31]

岛屿生物地理学的遗产：生态位与分散组合

哈贝尔的中性理论曾被认为是故意提出来的。因为当生态学家寻找生态位差异作为最终的参数时，中性理论却开始使用生态等效。哈贝尔预料会遇到一些阻力，事实上，他的中性理论引发了一场尚未解决的争论。然而，正如哈贝尔在他的书的第一章中指出的，中性理论是麦克阿瑟和威尔逊的岛屿生物地理学理论的延伸。他们的论文一开始只考虑了迁移和灭绝，因此他们模拟岛屿-大陆的动态而没有考虑物种适应性差异。从这个意义上说，岛屿生物地理学理论是一个群落的"分散-聚集"模型，而先前的群落生态学大多倾向于生物多样性动态的小生境-聚集模型。然而，它们的生态等效性被精确地认为是在物种水平上，而哈贝尔的中性等效性被定义为个体等效性。因此，后者扩展了麦克阿瑟和威尔逊的框架，使哈贝尔能够模拟物种内部个体频率的变化——即物种的丰度。

在这个意义上，哈贝尔不仅可以像岛屿生物地理学理论那样预测物种-面积曲线，而且可以预测物种-相对丰度——一个适合于群落生态学的程式，而群落生态学是用假设物种数量来计算物种-相对丰度分布的。正如哈贝尔所说，通过改变等价水平，他的理论统一了"岛屿生物地理学和相对物种丰富度理论。"[32]通过这样做，它大大减少了该理论的参数数量，这使该理论比当前涉及巨大参数空间的复杂生态位理论更易于测试，不用进行特别校准。[33]

但在中性理论中，"统一"也意味着对多样性的小生境-分散-组合观点的统一。对哈贝尔来说，为了考虑任何可能的统一，必须首先在中性理论中详细阐述"分散"组合。最终出现的生态平衡，可能是由生态位差异以某种复杂的方式产生的。因此，生态位组装允许生态等效性这一设定，从而产生分散-组装过程，"统一"的观点因此形成。鉴于分散-组装的研究是在大的区域范围内进行的，而小生境组装的观点是在当地和群落范围内阐述的，这两种统一相互重叠。

这种对统一的长期关注在群落生态学的历史背景下是有意义的。当哈贝尔开始他的职业生涯时，生态学的分支学科激增：在尤金·奥德姆的生态系统生态学之后，对营养网络的关注产生了功能生态学；以景观生态学补充群落生态学，考虑更大尺度的时空对象；种群生物学产生了偏种群生物学；随后，保护生物学和生物地理学出现，它们在这些领域共享了一些理论原则。这就对群落生态学的地位提出了质疑，而群落生态学并没有一个绝对恰当的方法或对象。从这个意义上说，哈贝尔的中性理论生态学是一个应对怀疑和反对孤立的群落生态理论：在他自己看来，生物多样性在所有尺度上的动态（生物地理学、景观生态学、生态和社区）都应该有相同的理论框架，生态等效的假设可能解释所有这些分支学科。

群落生态学家彼得·艾布拉姆斯（Peter Abrams）在《科学》杂志上发表了一篇题为《一个没有竞争的世界》（A World without Competition）的书评[*34]。这则书评是学界对哈贝尔这本书的首次正式评价。艾布拉姆斯表达了许多生态学家的共同感受——从高斯到麦克阿瑟的马尔伯罗学派，再到哈钦森，广大生态学家一直被视为瑰宝的"竞争"，其在生态学中的地位被哈贝尔撼动了。话虽如此，哈贝尔的广义等同性质的梦想，已经出现在了其他方面，首当其冲的自然是生态学之外的中性进化遗传学以及生态学之内的岛屿生物地理学。哈贝尔的中性理论的激进创新是通过扩展这样的理论要素而来的：通过在新的视野中对现存概念的激进改写，改写还注重尺度的统一和形式的简洁，最终引出了一种新的理论。

但是，哈贝尔创造的是一种不平衡的生态学。在1979年的论文中，该理论就已经从经验中得出："现有的间接证据表明，森林处于一种不平衡的状态。[*35]生态学的主要理论是均衡理论，即从达到均衡的角度来考虑事物的状态。岛屿生物地理学理论中迁移与灭绝的平衡在行为生态学中通过选择达到了最佳平衡状态。"在许多情况下，自然选择带来了那些平衡，这使生物学家能够从既定选择的观点来考虑特征和表型。[*36]但这在哈贝尔的中性理论中并不存在。相反，零和博弈模型的系统不是以均衡为导向的（如适应性最大化）。我们最熟悉的生态学理论都与特定的、命名的或标记的物种的种群动力学和群落生态学有关，每个物种都有一个指定的动力学方程或一组方程。然而，由于元群体中任何给定物种集都动态服从一个吸收过程（所有物种最终都会灭绝），因此在元群体中任何一组命名物种都不可能存在固定的、非平凡的均衡优势-多样性分布。因此，元社区动力学分析的本质是不同于大多数经典的生态理论。[*37]由于"自然的平衡"在生态学中一直是一个强有力的隐喻，所以哈贝尔引入的破坏被理所当然地看作深刻的挑战。[*38]

命运和发展

尽管大多数评论都承认这本书具有开创性和新意，但人们对生态学中的中性理论褒贬不一。生态学和普通期刊上充斥着复杂的讨论，这些讨论大多是由一个明显的、违反直觉的事实引发的：像生态效等效这样不切实际的假设，听起来就像解释已知生物多样性模式的最精确的生态位模型一样好。在这些讨论中，该理论的几个方面得到了特别的讨论：首先，与现存数据的契合度；其次是生态等效概念的合理性；最后是理论本身的逻辑地位。

2001年以来，哈贝尔本人在这几点上取得了决定性的进展。他一如既往地与许多合作者合作——如预期的那样，关于巴罗科罗拉多岛的论文常常涉及十多人——将中性理论应用于巴罗科罗拉多岛的数据和其他热带森林区域，他还开发了其他各种中性的模型，并与沃尔科夫和玛丽坦一起[*39]进行了一个物种分布在生态等效下的解析，而他经常做模拟。[*40]他提出了一种生态等效性的假说，[*41]最近他又阐述了真菌与树木之间的寄生关系影响树木之间的竞争关系的假说，使生态等效性成为可能。[*42]

目前关于中性理论的研究，主要关注他2006年关于生态等效性进化的论文中所强调的：许多过程，通常是生态位过程，可能导致中性模式。因此，与其试图证伪中性理论，不如换一种方式，将生态位纳入中性理论。[*43]在这个框架中，生态位差异的影响应该逐步添加到一个基线中立模型中。[*44]无论接下来的发展如何，似乎可以公平地断言，就像中性进化的情况一样，一个最初听起来如此具有颠覆性的想法，关于近一个世纪之久的生态学教学，已经被证明是科学理论工具的一部分并明显地推动了经验研究计划的实施——尽管其核心是数学建模的转变。

其他作者在《中性主义》（*Place for Null Hypothese*）等发表之后，对该理论的普遍有效性（例如，关于珊瑚礁）提出了批评。然而，关于该理论地位的一个主要问题是无效假设的位置。有些生态学家确实认为，中性理论是一种零假设，与此相反，任何关于物种共存或SADs的假设都应该加以衡量，但中性理论本身并不是一种假设。[*45] 然而，中性理论并不完全是一个空穴来风的假说，在 20 世纪 80 年代初，森博洛夫（Simberloff）和康纳（Connor）就反对戴蒙德提出的模型，[*46] 因为它是对过程的简约描述，而不是模式的随机化。[*47]

结语

如今，中性理论已经成为理论生态学的主体。在《生物多样性与生物地理学的统一中性理论》一书出版 8 年之后，莫林的群落生态学教科书中，专门有一节讲了中性理论。[*48] 在某种程度上，这个理论的命运与它的前身在进化生物学中的命运相似。而木村提出的新问题，不仅与中性的程度有关，还与新的影响因子，如与分子钟相关。哈贝尔向生态学家们提出了一个新问题：生态等效的程度，如何在现有的生态系统中检测等价生态模式以及如何估算基础的生物多样性数量。

其实，生态学中的中性观点早在哈贝尔之前就产生了。卡斯韦尔（Caswell）和莱文顿（Levuntion）在 20 世纪 70 年代发表的论文，作为这一理论的先驱，也提出了以个体生态等效性为基础，构建生态模型。[*49] 但为什么中性理论直到 2001 年才由哈贝尔完整诠释呢？这就不得不提到哈贝尔的学术兴趣和正确的研究方法以及他对系统性和普遍性的独特认识，同时也与他在测量和检测热带森林中的树木时，全面而翔实的工作密不可分。正是这样的工作，给他提供了第一手的数据，为后来数学模型的建立、迭代和预测提供了重要的数据来源。

当然，哈贝尔的中性理论根植于早期的理论，特别是岛屿生物地理学的理论——就像木村发展了关于随机漂移理论并扩展了它们一样。然而，哈贝尔的中性理论在扩展早期理论之时，借用数学方法对它们进行了彻底的处理，从随机的生态多样性中寻找到最重要的构成部分，采用的是一种与达尔文提出的"自然选择的超能力"完全不同的方法。但他为我们提供了深入了解群落水平、规模和生存状况的强大工具。

备注

1. S. Hubbell, *The Unified Neutral Theory of Biodiversity and Biogeography* (Princeton, NJ: Princeton University Press, 2001).

2. G. E. Hutchinson and P. Deevey, "Ecological Studies on Population," *Survey of Biological Progress*, vol. 1, ed. G. Avery (New York: Academic Press, 1949), 325-55.

3. See Jay Odenbaugh, "Searching for Patterns, Hunting for Causes: Robert Mac-Arthur, the Mathematical Naturalist," in *Outsider Scientists: Routes to Innovation in Biology*, ed. O. Harman and M. Dietrich (Chicago: University of Chicago Press, 2013), 181-200.

4. R. H. MacArthur and E. O. Wilson, *The Theory of Island Biogeography*, Monographs in Population Biology (Princeton, NJ: Princeton University Press, 1967).

5. The abundance of a species in a community means the number of individuals of this species.

6. R. A. Fisher, A. S. Corbet, and C. B. Williams, "The Relation between the Number of Species and the Number of Individuals in a Random Sample of an Animal Population," *Journal of Animal Ecology* 12 (1943): 42-58; F. W. Preston, "The Commonness and Rarity of Species," Ecology 29 (1948): 254-83.

7. "Some are steeper, and some are shallower, but all of the distributions basically exhibit an S-shaped form, bending up at the left end and down at the right end. Is there a general theoretical explanation for all of these curves?" Hubbell, *Unified Neutral Theory of Biodiversity*, 4.

8. A. Pocheville, "The Ecological Niche: History and Recent Controversies," in *Handbook of Evolutionary Thinking in the Sciences*, ed. T. Heams, P. Huneman, G. Lecointre, et al. (Dordrecht: Springer, 2015).

9. See G. E. Hutchinson, "Homage to Santa Rosalia; or, Why Are There So Many Kinds of Animals?," *American Naturalist* 93 (1959): 145-59; and "The Paradox of the Plankton," *American Naturalist* 95 (1961): 137-45.

10. For more on ecological research in Panama, see Megan Raby, "'The Jungle at Our Door': Panama and American Ecological Imagination in the Twentieth Century," *Environmental History* 21 (2016): 260-69; and "Ark and Archive: Making a Place for Long-Term Research on Barro Colorado Island, Panama," *Isis* 106 (2015): 798-824.

11. S. Hubbell, F. He, R. Condit, et al., "How Many Tree Species Are There in the Amazon, and How Many of Them Will Go Extinct?," *PNAS* 105, no. 1 (2008): 11498-504.

stephen hubbell an d the paramount powe r of
ran domness | 193

12. S. P. Hubbell, "Species-Area Relationships Always Overestimate Extinction Rates from Habitat Loss," *Nature* 473 (2011): 368-72.

13. R. Condit, P. S. Ashton, N. Manokaran, et al., "Dynamics of the Forest Communities at Pasoh and Barro Colorado: Comparing Two 50-ha Plots," *Philosophical Transactions of the Royal Society B: Biological Sciences* 354 (1999): 1739-48.

14. S. P. Hubbell, "Tree Dispersion, Abundance, and Diversity in a Tropical Dry Forest," *Science* 203 (1979): 1299-1309.

15. D. H. Janzen, "Herbivores and the Number of Tree Species in Tropical Forests," *American Naturalist* 104 (1970): 940; J. H.

Connell, "On the Role of Natural Enemies in Preventing Competitive Exclusion in Some Marine Animals and in Rain Forest Trees," in *Dynamics of Population*, ed. P. J. Den Boer and G. R. Gradwell (Wageningen: Pudoc, 1970).

16. "Suppose that forests are saturated with trees, each of which individually controls a unit of canopy space in the forest and resists invasion by other trees until it is damaged or killed. Let the forest be saturated when it has *K* individual trees, regardless of species. Now suppose that the forest is disturbed by a wind, storm, landslide, or the like, and some trees are killed. Let *D* trees be killed, and assume that this mortality is randomly distributed across species, with the expectation that the losses of each species are strictly proportional to its current relative abundance. Next let *D* new trees grow up, exactly replacing the *D* "vacancies" in the canopy created by the disturbance, so that the community is restored to its predisturbance saturation until the next disturbance comes along. Let the expected proportion of the replacement trees contributed by each species be given by the proportional abundance of the species in the community after the disturbance. Finally, repeat this cycle of disturbance and resaturation over and over again. In the absence of immigration of new species into the community, or of the recolonization of species formerly present but lost through local extinction, this simple stochastic model leads in the long run to complete dominance by one species. In the short run, however, the model leads to lognormal relative abundance patterns, and to geometric patterns in the intermediate run." Hubbell, "Tree Dispersion," 1306.

17. The same year, Graham Bell, ecologist at Montreal, published a long paper in Science entitled "Macroecology," where he presented roughly similar ideas about ecological equivalence — also referring to Hubbell's forthcoming book; see his "Ecology — Neutral Macroecology," *Science* 293 (2001): 2413-18.

18. J. M. Diamond, "Assembly of Species Communities," in *Ecology and Evolution of Communities*, ed. M. L. Cody and J. M. Diamond, 332-445 (Cambridge, MA: Harvard University Press, 1975).

19. E. F. Connor and D. S. Simberloff, "The Assembly of Species Communities: Chance or Competition?," *Ecology* 60, no. 6 (1979): 1132-40.

20. Consider, for example, the powerful R* ("resource-ratio") theory, developed in D. Tilman, *Resource Competition and Community Structure* (Princeton, NJ: Princeton University Press, 1982).

21. Hubbell, *Unified Neutral Theory of Biodiversity*, 5.

22. Sewall Wright, "Evolution in Mendelian Populations," *Genetics* 16 (1931): 97-159.

23. M. Kimura, *The Neutral Theory of Molecular Evolution* (Cambridge: Cambridge University Press, 1985).

24. For instance, see X.- S. Hu, F. He, and S. P. Hubbell, "Neutral Theory in Macroecology and Population Genetics," *Oikos* 113 (2006): 548-56.

25. Hubbell, *Unified Neutral Theory of Biodiversity,* 53.

26. R. Levins, "Some Demographic and Genetic Consequences of Environmental Heterogeneity for Biological Control," *Bulletin of the Entomology Society of America* 71 (1969): 237-40.

27. I. Hanski, "Metapopulation Dynamics,"

Nature 396 (1998): 41-49. A major driver of fragmentation is human activities; hence, metapopulation ecology directly connects to conservation biology.

28. Hubbell, *Unified Neutral Theory of Biodiversity*, 111.

29. Hubbell, *Unified Neutral Theory of Biodiversity*, 113.

30. G. C. Hurtt, and S. W. Pacala, "The Consequences of Recruitment Limitation: Reconciling Chance, History, and Competitive Differences between Plants," *Journal of Theoretical Biology* 176 (1995): 1-12.

31. Hubbell, *Unified Neutral Theory of Biodiversity*, 325.

32. S. P. Hubbell, "A Unified Theory of Biogeography and Relative Species Abundance and Its Application to Tropical Rain Forests and Coral Reefs," *Coral Reefs* 16 (1997): S9-S21.

33. See, for instance, the R* theory.

34. P. Abrams, "A World without Competition," Nature 412 (2001): 858-59.

35. Hubbell, "Tree Dispersion," 1305.

36. See, for example, R. H. MacArthur and E. R. Pianka, "On Optimal Use of a Patchy Environment," *American Naturalist* 100 (1966): 603-9.

37. Hubbell, *Unified Neutral Theory of Biodiversity*, 115.

38. S. Pimm, *The Balance of Nature? Ecological Issues in the Conservation of Species and Communities* (Chicago: University of Chicago Press, 1991); D. Simberloff, "The 'Balance of Nature' : Evolution of a Panchreston," *PLoS Biology* 12, no. 10 (2014): e1001963.

39. I. Volkov, J. R. Banavar, S. P. Hubbell, et al., "Neutral Theory and Relative Species Abundance in Ecology," *Nature* 424 (2003):

1035-37.

40. Hubbell, Unified Neutral Theory of Biodiversity. He did simulations because he had no time to get involved in the analytic treatment before handing the book manuscript to the publisher, even though he wanted ultimately an analytic solution, because it would provide an indubitable result about the model (personal communication).

41. S. S. Hubbell, "Neutral Theory and the Evolution of Ecological Equivalence," *Ecology* 87 (2006): 1387-98.

42. A. Barberan, K. L. McGuire, J. A. Wolf, et al., "Relating Belowground Microbial Composition to the Taxonomic, Phylogenetic, and Functional Trait Distributions of Trees in a Tropical Forest," *Ecology Letters* 18 (2015): 1397-1405.

43. P. B. Adler, J. Hillerislambers, and J. M. Levine, "A Niche for Neutrality," *Ecology Letters* 10 (2007): 95-104; R. D. Holt, "Emergent Neutrality," Trends in Ecology and Evolustephen tion 21 (2006): 531-33; B. J. McGill, "Towards a Unification of Unified Theories of Biodiversity," *Ecology Letters* 13 (2010): 627-42.

44. M. Vellend, "Conceptual Synthesis in Community Ecology," *Quarterly Review of Biology* 85 (2010): 183-206.

45. B. McGill, B. A. Maurer, and M. D. Weiser, "Empirical Evaluation of Neutral Theory," *Ecology* 87 (2006): 1411-23; C. P. Doncaster, "Ecological Equivalence: A Realistic Assumption for Niche Theory as a Testable Alternative to Neutral Theory." *PLoS ONE* 4 (2009): e7460.

46. E. F. Connor and D. S. Simberloff, "The Assembly of Species Communities: Chance or Competition?," *Ecology* 60, no. 6 (1979):

1132-1140; E. F. Connor and D. S. Simberloff, "Interspecific Competition and Species Co-occurrence Patterns on Islands: Null Models and the Evaluation of Evidence," *Oikos* 41 (1983): 455-65. The controversy started with J. M. Diamond, "Assembly of Species Communities," in *Ecology and Evolution of Communities*, ed. M. L. Cody and J. M. Diamond (Cambridge, MA: Harvard University Press, 1975), 332-445. The second paper by Connor and Simberloff responded: see J. M. Diamond and M. E. Gilpin, "Examination of the 'Null' Model of Connor and Simberloff for Species Co-occurrences on Islands," *Oecologia* 52 (1982): 64-74.

47. For more about the epistemic status of the neutral theory, see F. Munoz and P. Huneman, "From the Neutral Theory to a Comprehensive and Multiscale Theory of Ecological Equivalence," *Quarterly Review of Biology* 91, no. 3 (2016): 321-42.

48. P. J. Morin, *Community Ecology* (London: John Wiley, 2008).

49. Caswell built an ecological model in an explicit correspondence with Kimura's neutral theory; though Hubbell discusses in detail its model, it did not much influence community ecologists, and Hubbell overlooked it at the time; see H. Caswell, "Community Structure— Neutral Model Analysis," *Ecological Monographs* 46 (1976): 327-54. Levinton proposed a model based on ecological invariance to account for paleontological patterns of marine diversity; see J. S. Levinton, "A Theory of Diversity Equilibrium and Morphological Evolution," *Science* 204 (1979): 335-36.

Janet Browne
珍妮特·布朗

蕾切尔·卡逊
环保先知

　　蕾切尔·卡逊是一位美国海洋生物学家，她的职业生涯始于美国渔业局，后在20世纪50年代成为一名全职自然作家，以1962年出版的《寂静的春天》(*Silent Spring*)最为著名。卡逊对合成杀虫剂对环境造成的破坏深感忧虑，她充满激情且有效地写作，强调发展保护环境的文化和伦理的必要性。面对化学公司的激烈反对，卡逊变得更加坚定。最终，卡逊的愿景产生了巨大影响，促使了美国杀虫剂政策的转变，并激发了一场草根环境运动，促成了美国环境保护局的创建。在20世纪的历史中，鲜有书籍能像蕾切尔·卡逊的《寂静的春天》那样产生如此巨大的影响。

引言

　　今天，蕾切尔·卡逊通过她1962年出版的环保书籍《寂静的春天》向我们发出最直接的声音。她被尊为杰出的作家和文学博物学家，继承了约翰·缪尔(John Muir)和奥尔多·里奥波尔德(Aldo Leopold)的传统——知识渊博、科学思维灵敏、富有远见、满怀激情。她深爱着美国东北部的原始海岸和原始岩石景观。在更深层的意义上，她梦想着一个

图14　蕾切尔·卡逊

相互关联的世界，在这个世界里，自然和人类紧密地交织在一起，和谐相处。一个平衡的生态系统的早期愿景，帮助产生了现代生态的思维方式。她对人类轻率地破坏这种和谐的前景感到沮丧，这使她成为一名特别专注的作家，她使现有的科学知识具体化并为日益增长的环保运动提供了强有力的新方向。在《寂静的春天》一书中，她就滥用农药不可避免地会造成的生态破坏发出了警告。卡逊在写这本书的时候正在与癌症抗争，并于1964年4月去世，享年57岁。《寂静的春天》引起了人们极大的兴趣，并为规范环境中化学品使用的重要立法行动奠定了基础。她的梦想成了许多人的梦想，她在环境运动中的作用至关重要。许多学者都问过卡逊的变革性梦想是如何产生的。[*1]

蕾切尔·卡逊的成长之路

1907年，她出生在美国宾夕法尼亚州的斯普林代尔，她一生的大部分时间都在为经济保障和强烈的文学抱负而奋斗。她是教师玛丽亚·弗雷泽·麦克莱恩（Maria Frazier McLean）和保险销售员罗伯特·沃登·卡逊（Robert Warden Carson）的第三个孩子，也是他们最小的孩子。虽然她的父亲长期以来难以承担家庭经济重担，但1935年他的去世还是让全家的生活雪上加霜。蕾切尔·卡逊刚成年就开始为母亲、姐姐和姐姐的孩子们的生活操劳奔波。

卡逊深受一系列杰出女性的影响，她的母亲毫无疑问是第一位对她影响至深的女性。在她的一生中，她与她的母亲保持着一种无可比拟的亲密关系。母亲管理家务，帮助编辑和打印她的手稿并一直鼓励她，直到1958年母亲去世。玛丽亚·卡逊回忆，她的母亲让她从小就爱上了大自然。可以说，她的母亲在美国的"自然研究"运动中培养了她，这一运动促进了她积极进行户外学习。[*2]她的母亲还引导她走进了"文学世界"。11岁时，她开始从宾夕法尼亚州的家中给《圣尼古拉斯杂志》（St. Nichoals Magazine）的儿童专栏投稿短篇小说，其中有几篇被正式发表。玛丽亚·卡逊认为，她从母亲那里学到了一种毫不妥协的加尔文主义道德观。在这种道德观中，浪费和智力上的懒惰是令人憎恶的。她早年是个虔诚的基督徒，但到了中年就放弃了这种信仰。然而，即使没有一个明确的宗教信仰，这些个人承诺也会重新变成一个在自然界作为人类生活的整体设置的强烈信念和人类有道德义务保护、理解、欣赏一切形式的本质的个人信条。这种形式的世俗宗教为卡逊提供了一个与任何传统信仰一样令人信服的意义框架。

卡逊在宾夕法尼亚女子学院(现在的查塔姆大学)接受教育，主修生物学。在那里，她遇到了玛丽·斯科特·斯金纳(Mary Scott Skinner)，这是一位生物学老师，后来成了她的导师。斯金纳从约翰·霍普金斯大学获得硕士学位后继续攻读动物学博士学位，但由于经济困难，于1932年中断了其在约翰·霍普金斯大学的学业，仅获得文学硕士学位。在此期间，她曾在雷蒙德·珀尔(Raymond Pearl)实验室担任助手，在那里她与老鼠和果蝇一起"工作"，赚取学费。她自己的研究方向是关于鱼的胚胎发育。因此，受斯金纳影响，卡逊在生物科学的前沿领域，尤其是在遗传学方面接受了格外良好的教育，这一点或许没有被认识到。在斯金纳的鼓励下(后来与斯金纳保持联系)，她在美国渔业局(US Bureau of Fisheries)找到了一份工作，在大萧条时期撰写有关生物问题的广播稿并为《巴尔的摩太阳报》(the Baltimore Sun)撰写有关自然史的文章，以增加收入。她的家人搬到马里兰和她住在一起，而她负担了整个家庭的开销。随后，她参加了公务员考试并在所有申请人中取得了最高分。由此，她于1936年成为渔业局的第二位女性官员。之后，她升任为该局[后来是美国鱼类和野生动物管理局(US Fish and Wildlife Service)]所有出版物的总编辑。事实上，她的职业生涯一直是后来科学界女性的一盏明灯，也是女权主义学者大量精辟文章的主题。她的一生标志着妇女参与科学的方式的一个转折点，而且她在把妇女通过各种辅助作用对科学作出贡献的流行观点转变为，妇女被认为在从事完全积极的科学事业方面起了重要作用。[*3]

除此之外，卡逊第一次接触大海时的情景也给她留下了深刻印象。那是1928年夏天，在马萨诸塞州科德角的伍兹霍尔海洋生物站，她第一次看到了真正的大海，对她来说，大海具有一种神秘的气质。[*4] 在一封未注明日期的信中（约1941年），她提到，她想象自己在水下，"仿佛目睹了那些海洋生物在海洋世界里的全部生命"。这表明一种与其他非人类生物的整体感和认同感正在形成，这为她对生态系统的理解奠定了基础。在她继续在美国鱼类和野生动物管理局工作期间，这些想法也深刻地影响和指导了她的工作。她在那里编辑了许多最新的海洋学研究成果。其中就包括一系列关于新型杀虫剂DDT（二氯二苯三氯乙烷）的报告，这些报告在她之后的工作中扮演了很重要的角色。其实，卡逊曾计划为《读者文摘》写一篇关于农药研究的通俗报道，但遭到了拒绝。

成为作家

在她生命的这个阶段，她的家庭经济状况非常糟糕。为此，她决定写一本自然历史畅销书来缓解生计压力。在20世纪30年代，她开始以极大的决心和奉献精神在工作后抽出几个小时专心写作，力求获得普利策奖。[*5] 她的第一本书《海风下》（*Under the Sea Wind*，1941年），最初只是一篇关于大西洋动物迁徙的文章。在西蒙与舒斯特（Simon and Schuster）出版社的一位编辑和作家亨德里克·威廉·范·龙（Hendrik Willem Van Loon）的鼓励下，她写成了一本书，从个性化的海洋和陆地生物在各自的生命周期中的移动，展示了海洋生物。它是基于对美国动物群的大量第一手观察，包括从巴塔哥尼亚迁徙到阿拉斯加的海鸟，从寻找配偶、筑巢育雏、遭遇捕食者等主要事件的叙述。除了拟人主义，这本书还真实地描写了自然：坚韧、无情、偶然。她把人类包括在这个全球生态系统中——例如，描述渔民捕捞一群鲻鱼。她表现出对生命有机循环的深刻理解："因为在海洋中，没有什么是真正的终结。一个生命结束了，是另一个生命的延续，因为宝贵的生命元素在无尽的链条中代代相传。"这本书最初很受欢迎，威廉·毕比（William Beebe）在1944年出版的《美国最伟大自然主义作家选集》（*Anthology of America's Greatest Naturalist Writers*）一书中收录了其中两章并被重印了，但战争的爆发使公众对自然作品的关注骤减，湮没了她能够声名鹊起的机会。最终，这本书销量不佳，被出版商清仓处理。

10年后，她出版了广受赞誉的《大蓝海洋》(*The Sea Around Us*, 1951年)。这本书最初以连载形式发表在《纽约客》(*The New Yorker*) 上，共分三部分。这本书不仅为卡逊赢得了"天才作家"的赞誉，也给她带来了急需的经济收入。她辞去了在美国鱼类和野生动物管理局的工作，购买了一辆双色的奥尔兹莫比尔 (Oldsmobile) 汽车并在缅因州南部港附近的海岸上建了一座小房子，她和家人在那里度过了多个夏季。这本书尽管没有获得普利策奖，却赢得了美国国家图书奖。在这本书中，她试图把大海塑造成一个环境整体，她根据海洋深度描述海洋生物、风和洋流的运动、海底地形、鱼类以及其他商业资源和海洋对气候的影响，把书分为多个章节。然而，她不仅关注海洋自然特征，还有更大的野心。她写了生命永恒的节奏和周期，写了人类无法控制海洋的事实，写了连续性和相互联系。书的开头几页带有《圣经》的语气，但没有提到任何创作力量。她写道，所有的生命都依赖于海洋。这本书在对自然的长期进化理解方面给予了读者深刻的启示，她在很多地方谈到了生物学核心的激烈竞争力量。她在约翰·霍普金斯大学的时候就接受了现代的达尔文主义，到她出版这本书的时候，她似乎已经不再是一个虔诚的基督徒了。

之后，她出版了《海之滨》(*The Edge of the Sea*, 1955年)。在此期间，她与缅因州的邻居多萝西·弗里曼 (Dorothy Freeman) 成了好朋友。从工作中解脱出来，她和弗里曼在大自然中散步，从潮汐线的池塘中收集生物，在昂贵的新显微镜下检查标本——所有这些都为这本新书提供了素材。卡逊有其他亲密的朋友，他们为她提供专业和文学上的支持，但她越来越依赖多萝西·弗里曼 (Dorothy Freeman)。这本书有些像地理书，它包括各种类型的海岸线：沙质、岩石和亚热带 (珊瑚)。第三本书出版后好评如潮。她的出版商相应地以海洋三部曲的形式，重新发行这三本书，从探索海边生活到海岸线再到海洋深处。

盛名之下

然而，在这一来之不易的成功之后，卡逊在文学上暂时迷失了方向。在此之前的几年里，她一直在计划写一本关于进化论的畅销书——这个想法十分契合当时的时代背景，因为即将到来的1959年是达尔文的《物种起源》问世100周年。然而，朱利安·赫胥黎（Julian Huxley）的《行动中的进化》（*Evolution in Species*，1953年）的出版，抢先了一步，使她最终放弃了该主题。她曾尝试为美国国家电视台撰稿并在1956年播出的《云》节目中发表了一部极具吸引力的剧本。因此，直到1957年初，她才开始着手一项生态学的研究项目并将其名称暂定为"地球的记忆"。关于这个项目，与其他项目不同的是，她对自己的故事情节还没有一个概念。然而就在这时，她的灵感出现了。

她当时正在为《妇女之家伙伴》（*Women's Home Companion*）杂志写一篇题为《帮助你的孩子思考》（*Help Your Child to Wonder*）的短文，文章中提到了她的侄孙罗杰，罗杰和她住在一起。慢慢地，她开始清晰地表达她的主题。它将是生命本身以及现代原子时代生物与物理环境的关系。她的思想随着广岛原子弹爆炸开始转变。12年后，她在写给弗里曼的信中说，她发现自己很难对生活有信心，很难承受这样的攻击。她开始质疑以前她认为理所当然的科学进步。人类"似乎有可能掌握在他手中……上帝的许多职能……他这样做时必须谦逊，而不是傲慢"。[*6]

是什么促使她如此勇敢地关注农药和农业化学工业呢？卡逊并不是唯一一个对环境中的化学物质表示担忧的人。早在1933年，亚瑟·卡勒特（Arthur Kallet）和弗雷迪克·施林克（Frederick Schlink）就在他们的书《一亿只豚鼠：日常食品、药品和化妆品中的危险》（*100, 000, 000 Guinea pigs: Dangers in Everday Food, Drugs, and Cosmetics*）中提出对农药的严重警告。标题中的一亿只豚鼠指的是当时美国人口的数量。与此同时，像《大西洋月刊》《读者文摘》和《哈泼斯杂志》（*Harper's Magazine*）这样被广泛阅读的期刊偶尔也会对农药问题表达关注。美国食品和药物管理局首席信息官鲁思·德福瑞斯特·兰姆（Ruth Deforest

Lamb）曾撰文指出，农作物上的农药残留物中含有剧毒物质——砷。[*7]
甚至连人造肥料也受到了教育家、有机农场主鲁道夫·斯坦纳（Rudolf Steiner）的批评。1945年，英国昆虫学家文森特·威格尔斯沃思（Vincent Wigglesworth）在《大西洋月刊》上发表了一篇题为《DDT与自然平衡》（*DDT and the Balance of Nature*）的文章，描述了DDT的危害。更确切地说，克拉伦斯·科塔姆（Clarence Cottam）是卡逊在美国鱼类和野生动物管理局的好友，他在1946年发表了一篇关于DDT的报告。他成为卡逊在杀虫剂和环境保护方面的导师。土壤生物学家、鸟类学家约翰·肯尼斯·特雷斯（John Kenneth Terres）写道："农药有可能向食物链上游移动。"卡逊在开始她的研究时，呼吁这些人以及其他相关人士对此进行研究。

卡逊的环保主义思想既有启发性也有政治针对性，但她并非唯一一个拥有这种思想的人。威廉·沃格特（William Vogt）是保护基金会（Conservation Foundation）的杰出成员，也是研究拉丁美洲国家气候、人口和资源之间关系的倡导者。1948年，他出版了颇具挑战性的著作《生存之路》（*Road to Survival*）。塞拉俱乐部（The Sierra Club）成立于1892年，美国国家奥杜邦协会（The National Audubon Society）成立于1905年，保护基金会成立于1947年，大自然保护协会（The Nature Conservancy）成立于1951年。从缪尔和奥尔多·里奥波尔德到《大沼泽：草河》（*The Everglades：Rivers of Grass*）的作者玛丽·斯通曼·道格拉斯（Mary Stoneman Douglas），卡逊丝毫不逊色于这些美国著名的自然作家。而卡逊和这些作家在每一个生物身上都看到了独特的美和其在自然界中的地位。

似乎是道德上的紧迫感推动着卡逊前进。从《寂静的春天》中可以看出，她内心根植着一种世俗而坚定的伦理信念——她认为：现代科技正在助长人类身上傲慢的狂妄，而这种狂妄必须被一种全新的对自然的谦卑所取代。她在前三本书中所写的环境和谐与生态相互关联的永恒真理正在被现实中的化学污染所威胁。引爆点似乎是熟人奥尔加·欧文斯·赫金斯（Olga Owens Huckins）所提供的信息，她提醒卡逊注意农药对野生动物的影响，就像在马萨诸塞州杜克斯伯里赫金斯家附近的灭蚊项目中看到的那样。 在空中喷洒某种不明农药导致几十只鸟的死亡和赫金斯花园里蜜蜂的消失。 当卡逊知道农药的危害后，她觉得自己必须说出来。 这被她的一个关于自然的梦所鼓舞，被她错综复杂的生活网络中的童年记忆和吸引人的魅力所强化，卡逊认识到，作为一个受欢迎的自然作家和她强大的科学背景可以在政治上发挥重要的作用。 她投身于一场"十字军"东征，从科普作家转向环境保护运动的先锋。

勇敢地面对"战争"

卡逊立即开始搜集有关农药的信息。 一开始，她关注的是美国农业部（The United States Department of Agriculture）与火蚁的"战争"，用卡逊的话来说，这场战争是"一项考虑不周、执行糟糕、完全有害的大规模昆虫控制实验的典型案例"。 20世纪20年代，火蚁从巴西传入美国并蔓延到美国西南部，它们筑起高达5英尺、坚固如混凝土般的巢穴。 火蚁具有毒性，小动物多次被叮咬后可能死亡。 尽管如此，火蚁和农民还是设法共存了。 但是在20世纪50年代中期，美国农业部实施了一项根除计划，打算用飞机给大约2000万～3000万英亩（1英亩≈4046.86平方米）的农田喷洒农药。 美国农业部选择了一种含有狄尔德林和七氯草胺的杀虫剂，这两种物质都是强效氯化烃（后来发现，七氯草胺会导致肝损伤，而狄尔德林是一种神经毒素）。 1959年，美国农业部的农业研究局以一部公共宣传电影《火蚁的考验》（Fire Ant on Trial）回应了卡逊和其他人的批评。 在卡逊看来，该部门可能从未调查过这些物质可能有的毒性，即使调查过，也忽略了结果。 1959年，美国市售蔓越莓被检测出含有高含量的除草剂氨三唑，所有蔓越莓产品的销售被停止，这加深了她的信念。 卡逊随后参加了美国食品和药物管理局关于农药监管的听证会。 从她当时的信中可以看出，她对相关代表的策略深感沮丧。 听证会后，她向弗里曼报告说，农业行业代表爱德华·B.阿斯特伍德（Edward B. Astwood）的证词"可能漏洞百出，毫无价值，令人沮丧的是，他一定非常清楚这一点"。[*8]

第二个案例与控制舞毒蛾有关，舞毒蛾是另一种外来物种，它正在破坏美国东北走廊的大片森林。1957年，当长岛富裕社区的住宅区域被喷了多达15次DDT时，该计划的诸多问题就成为公众热议的话题。居民们以各种理由强烈反对并采取法律行动要求停止喷洒药物。卡逊参与了这次抗议并通过支持约翰·F.肯尼迪（John F. Kennedy）竞选总统而在政治上变得活跃起来，她敦促民主党人着手解决污染控制问题。她加入了美国国家资源委员会。美国国家癌症研究所（National Cancer Institute）的科学家威廉·休珀（Wilhelm Hueper）将许多农药归类为致癌物，她的工作在当时对卡逊很有帮助，奥杜邦学会（Audubon Society）在华盛顿特区的分会也是如此，该分会积极反对化学喷洒下项目并请求卡逊帮助宣传美国政府的做法。而那时，作为一名环境作家，她已经足够出名，可以汇集到几乎所有她需要的人。通过这样做，她建立了一个强大的盟友和高层同事网络，这使她在《寂静的春天》出版后的争议中处于有利地位。

　　杀虫剂比卡逊先前制作的庆祝自然和谐的节目要可怕得多。她的《寂静的春天》的问世，也标志着一种全新的自然书籍的诞生：一种处理人类活动对地球产生悲观后果的书籍。她的朋友弗里曼称《寂静的春天》是"毒药之书"。即便如此，直到卡逊从她关于鸟类的章节中去除这个标题，书名才被确定下来。她以英国诗人约翰·济慈（John Keats）1819年创作的《无情的妖女》（*La Belle Dame Sans Merci*）中的诗句作为这幅作品的开头：

　　　　湖中的芦苇已经枯萎了，鸟儿也不再歌唱。

　　《寂静的春天》主要讲的是DDT对环境的破坏。1962年6月，《纽约客》首次刊发了它。卡逊在技术细节和她希望创造的包含化学物质的环境之间找到了平衡点，但主题的性质意味着这本书不像她以前的出版物那样抒情。与许多现代杀虫剂不同，DDT并非针对一两种害虫起效，而是广谱杀虫剂，能够同时杀死多种不同的生物，特别是对水生无脊椎动物和鱼类等水栖动物危害尤甚。DDT的杀虫作用是由瑞士化学家保罗·赫尔曼·穆勒（Paul Hermann Müller）于1939年发现的，他因此被授予了诺贝尔奖，以表彰其在全球抗击疟疾的斗争中使用DDT消灭蚊子的可能性。这种物质的滥用与美国的战争行动密切相关，在第二次世界大战期间被用作飞机上散发的喷雾剂，用于清除南太平洋岛屿上的蚊子幼虫（这些蚊子幼虫生长在沼泽地带）。盟军和一些平民也用它来消灭携带斑疹伤寒的蜱虫和虱子。1945年以后，它在美国被广泛用作农业杀虫剂，在欧洲被广泛用作家用杀虫剂。在20世纪40年代末和50年代初，在DDT对环境的负面影响被广泛了解之前，一种常用的家用喷枪中含有5%的DDT。

卡逊描述了DDT如何进入食物链并在动物（包括人类）的脂肪组织中积累并可能导致某些类型的癌症。她认为DDT会造成基因损伤。当时有充分的理由相信这一点，但当初的证据却模棱两可。然而，她的文章明确指出DDT在食物链中被积累。因此，即使DDT对一种生物可能只有轻微的毒性，但如果它的携带者被另一种生物吃掉，这种化学物质就会被积累并在体内组织中保持活性。她的科学案例研究经常被解读为关于生命巨大的相互关联性的微型叙述。她举了一个典型的例子：密歇根州的喷洒政策，以控制携带荷兰榆树病的甲虫。研究人员发现，生活在喷洒过农药的树下的蚯蚓从蔬菜饮食中积累了DDT，而吃它们的知更鸟中毒了。另一项研究表明，DDT会改变鸟类的钙代谢，导致蛋壳变薄，有时薄到在雌性孵化时蛋壳会破裂。这些以及其他的科学研究被证明是强有力的论据。她写道，在一种作物上使用DDT，就能杀死昆虫数月之久，即使被雨水稀释，它在环境中仍然是有毒的。这本书的大部分内容都是关于农药对自然生态系统的影响，但她把精力花在描述农药导致的人类疾病上。在最后一章中，她提出了更为安全和可持续的替代方案，最后，她希望人类能学会与环境和谐相处，"而不是在战争中"。

并不是所有的案例研究都来自专家。卡逊尊重非专业人士的意见，这是一种民主式的专业观点。她依靠非专业的目击者，使她的书在公开辩论科学的历史上具有重要意义：《寂静的春天》后，科学权威不再被公众无条件接受，环保也成为一场政治运动，公众开始审视科学家或他们的科学成果。在政治活跃的20世纪60年代，写这样一本书被视为对专业科学大厦的直接攻击。然而，重要的是，要记住卡逊不是反对科学的。更准确地说，她倡导一种非精英主义的科学精神。

这本书的开篇章节"明天的寓言"被认为是文学经典之作。它描绘了一个虚构的美国小镇，那里所有的生物——从鱼到鸟、从苹果花到人类的孩子——都因DDT的影响而"寂静无声"了。"这是一个没有声音的春天，"她写道，"我们非常不幸，如此原始的一门科学竟然装备了最现代、最可怕的武器，而且在把它们用来对付昆虫的同时，也把它们用来对付地球。"《寂静的春天》在1962年出版后，立即震惊了美国各地的读者，毫不奇怪，也引来了化工行业和其他利益相关方的怒吼。农业综合企业和一些化学工业的老板陆续发起攻击。[*9] 现在，他们的反应可以被视为与企业为了增加经济利益而否认科学发现的策略相一致。罗伯特·怀特-斯蒂文斯（Robert White-Stevens）就是她的一位著名的对手，他是美国蓝藻酰胺公司的主管，这是一家大型的农业化学公司，在1959年蔓越莓恐慌事件后，其活动受到了农药监管的限制。[*10] 怀特-史蒂文斯让公众想象一个没有化学品或药品的世界将会发生什么灾难，这是卡逊从未主张过的立场。[*11] 其他人，如范德比尔特医学院生物化学主任威廉·达比（William Darby）认为卡逊过于激进而不予考虑她的观点。他认为，如果美国人接受了她的观点，他们将面临饥饿和人类健康科学进步的终结："这意味着疾病、流行病、饥饿、苦难和折磨。"艾森豪威尔总统的农业部长埃兹拉·塔夫脱·本森（Ezra Taft Benson）轻视她在遗传学上的成就，质问为什么"一个没有孩子的老处女"如此关注遗传。可以理解的是，经济昆虫学家也感到自己受到了直接的攻击。应该说经济昆虫学家的职业地位发展受农药的发展计划影响，DDT的发现和应用，对于他们而言，相当于美国洛斯阿拉莫斯国家实验室的原子弹项目，这个项目给物理学家们带来了名望和国家级荣誉。大规模的农药项目对昆虫学家来说也有同样的影响。然而，昆虫学家认为DDT对人类没有威胁，对野生动物的威胁也很小。

后记

1962年，美国总统约翰·F.肯尼迪迅速指派他的科学顾问杰罗姆·维斯纳（Jerome Weisner）成立一个由总统科学顾问委员会组成的小组，调查卡逊的说法。报告的结论是，应该有秩序地减少环境中农药的使用。与此同时，公众对这本书的反响很强烈，反对滥用杀虫剂的信件涌进了参议员和众议员的办公室。个别州开始迅速出台限制农药使用的法案。这最终导致了环境保护局的成立和《清洁空气法》《清洁水法》《濒危物种法》的通过，以及一长串对包含DDT和狄氏剂的杀虫剂的禁止。

卡逊的政治目标很明确。然而，她的从政经历也让她变得务实。她希望她的论点能给社会带来改善，其在政治上也是可行的。1963年4月，她在哥伦比亚广播公司（CBS）关于《寂静的春天》的纪录片中说："今天，人类对自然的态度至关重要，因为我们现在掌握了改变和毁灭自然的决定性力量。但人是自然的一部分，其与自然的战争不可避免地成为与自身的战争……我认为，我们面临的挑战是人类从未遇到过的，我们要证明自己的成熟不是掌控大自然，而是掌握自己的未来。"怀特-史蒂文斯也出现在这部纪录片中。卡逊沉着冷静的态度让她出尽了"风头"。[*12] 5月底，她出席了由亚伯拉罕·里比科夫（Abraham Ribicoff）主持的参议院听证会，会上她提出了从她开始研究农药以来就一直在考虑的政策改革建议。一年后，她在克利夫兰诊所去世，死于抗争多年的癌症。

但她的梦想并没有破灭。卡逊让我们看待环境的方式发生了一个根本性转变。这种转变的影响怎么说都不为过。至今仍然能听到有关卡逊的写作是否应该被视为合法的争议，甚至一些评论家用商业社区定义科学的方式是把她的书贴上"科普"的类别标签，以故意弱化她的有力证据，让他人更容易忽略她的观点。这种反卡逊言论已经发展了几十年，以至于它已经成为学术分析的对象。[*13] 在早期的批评中，卡逊的性别经常被提及，这样做是为了贬低她的论点。《纽约邮报》（New

York Post）援引亚伯拉罕·林肯（Abraham Lincoln）对哈里特·比彻·斯托（Harriet Beecher Stowe）的杜撰："这么说，你就是写了这本引发了这场大战的小女人了！"这一对比意味着卡逊的能力并不能匹配上她所开创的成果。最近的研究表明，卡逊有所成就的一个显著特点是，她依赖于一个女性支持网络，这个网络超出了当时男性主导的科学的正常界限。这种女性权力基础在生态女性主义的兴起中依然存在。[*14]总之，她的工作引起了强烈的反感和同样强烈的支持，这种情况一直持续到今天。

卡逊是一位杰出的作家，也散发出一股鼓舞人心的力量。也许她所设想的一些变化无论如何都会发生。如果没有她，环保运动很可能会兴起——人们错误地认为她一手推动了美国环境政治的发展。然而，她是事件发生的主要催化剂并赋予了它们一个特性。卡逊得出结论，DDT和其他杀虫剂不可逆转地伤害了生物，影响了粮食的供应。后来的研究已经毫无疑问地证实了这一点。由于DDT及其代谢物在环境中持续存在，尽管美国在1972年禁止使用DDT，但在食品中仍然检测到极低水平的DDT。她对现代社会的贡献也不仅仅是对使用农药的警告。她的这本里程碑式的书给公众留下了即时而持久的印象，并提醒具有不同的背景——政治、科学和文学——的我们对环境的选择和决定，以及我们如何处理与自然的关系，这些都是真正重要的。

备注

1. One of the most authoritative biographies is by Linda J. Lear, Rachel Carson: Witness for Nature (New York: Henry Holt, 1997). See also Robert Gottlieb, *Forcing the Spring: The Transformation of the American Environmental Movement* (Washington, DC: Island Press, 1993); and Mark Hamilton Lytle, *The Gentle Subversive: Rachel Carson, Silent Spring, and the Rise of the Environmental Movement* (Oxford: Oxford University Press, 2007).

2. Sally Gregory Kohlstedt, *Teaching Children Science: Hands-On Nature Study in North America, 1890-1930* (Chicago: University of Chicago Press, 2010).

3. Rebecca Raglon, "Rachel Carson and Her Legacy," in *Natural Eloquence: Women Reinscribe Science*, ed. Barbara T. Gates and Ann B. Shteir (Madison: University of Wisconsin Press, 1997), 196-211.

4. Lytle, *Gentle Subversive,* 35.

5. Lytle, *Gentle Subversive,* 56.

6. Dorothy Freeman, *Always, Rachel: The Letters of Rachel Carson and Dorothy Freeman,* 1952-1964, ed. Martha Freeman (Boston: Beacon Press, 1995), 204.

7. Roger Meiners, Pierre Desrochers, and Andrew Morris, eds., *The False Crises of Rachel Carson: Silent Spring at 50* (Washington, DC: Cato Institute, 2012), 42; and Ralph H. Lutts, "Chemical Fallout: Rachel Carson's Silent Spring, Radioactive Fallout, and the Environmental Movement," *Environmental Review* 9 (1985): 210-25.

8. Lear, *Rachel Carson,* 342-44, 358-60.

9. Priscilla Coit Murphy, *What a Book Can Do: The Publication and Reception of "Silent Spring"* (Amherst: University of Massachusetts Press, 2005).

10. Naomi Oreskes and Erik M. Conway, *Merchants of Doubt: How a Handful of Scientists Obscured the Truth on Issues from Tobacco Smoke to Global Warming* (New York: Bloomsbury Press, 2010), 216-23, 226-27.

11. Lytle, *Gentle Subversive,* 174.

12. Quoted from Lear, *Rachel Carson,* 450.

13. David K. Hecht, "How to Make a Villain: Rachel Carson and the Politics of Anti-Environmentalism," *Endeavour* 36, no. 4 (2012): 149-55.

14. See Carolyn Merchant, *Radical Ecology: The Search for a Liveable World* (New York: Routledge, 2005), 193-222.

第五部分

动物行为学家

Dale Peterson
戴尔·彼得森

珍妮·古道尔

她梦见了泰山

  灵长类动物学家珍妮·古道尔是历史上第一位成功研究野生黑猩猩的人。珍妮·古道尔的野外工作主要源于她童年时对动物的深厚兴趣，这种兴趣感通过阅读动物书籍，尤其是《人猿泰山》(*Tarzan of the Apes*)系列被激发。小女孩珍妮·古道尔产生了一个强烈而持续的幻想——或者说"梦想"——像泰山(Tarzan)一样亲近动物。这个梦想促使珍妮·古道尔，一位仅受过秘书训练、没有大学学位的年轻女性，离开英格兰家乡前往非洲，在那里她向唯一能帮助她追求这个梦想的人——古人类学家路易斯·利基博士——介绍自己。之前没有人成功研究过野生黑猩猩，部分原因是没有建立研究野生黑猩猩的标准程序，同时野生黑猩猩被想象得极其危险。珍妮·古道尔凭借自己的勇气、主动性、精力和童年梦想带来的专注，做到了其他人未做到的事。

  在一棵大树粗壮的树杈上，她将正在啼哭的婴儿抱在怀中。很快，母性的本能占据了主导地位，这位性格粗暴的女性变成了最温柔美丽的母亲。小男孩感觉到了母爱——虽然他还未发育完全的大脑暂时无法理解这种感情——变得安静起来。饥饿更加拉近了他们的距离，这个由一位英国勋爵及其夫人所生的男婴，在大猩猩卡拉（Kala）的怀里大快朵颐起来。

——埃德加·赖斯·巴勒斯,《人猿泰山》

这句话节选自美国作家埃德加·赖斯·巴勒斯写给青少年读者的奇幻冒险故事《人猿泰山》。在20世纪上半叶，可能有超过数百万儿童和年轻人读过这部著作。[*1] 这个虚构的英雄泰山是一对英国夫妇的独子，他们被叛乱分子放逐到非洲的森林海岸之后死了，留下了这个可怜的孩子。如果这个婴儿在英国长大，他就会继续享受英国贵族的特权生活。但是，他被猿类抚养长大，拥有了人类的智慧和森林猿类超常的运动能力。没有被人类的文明所驯化的他，充满野性，随心所欲地在树上睡觉，过着一种善男信女们梦寐以求的生活——与大自然和动物们一起亲密生活。

有一个爱做梦的英国小女孩珍妮·古道尔，是《人猿泰山》这个奇幻故事的忠实粉丝。她喜欢许多优秀的儿童读物，尤其是《杜立德医生的故事》(The Story of Dr. Dolittle)。杜立德医生是一位古怪的医生，他破译了动物的语言并前往非洲与动物们交谈。等她稍微长大一些之后，杜立德医生不再是她的最爱，女孩开始喜欢上《人猿泰山》。女孩家里的花园有许多树，她特别喜欢一棵山毛榉。在暖和的天气里，她会带上一条毯子和一本书，爬到山毛榉树最上面的树枝上。在随风摇摆的树枝上，她可以一边听鸟叫，一边读《人猿泰山》的故事。她梦想着成为泰山，而不是幻想着跟故事里虚构的泰山谈一场浪漫的恋爱。[*2]

珍妮·古道尔1934年4月3日生于伦敦。她的母亲是玛格丽特·米凡维·约瑟夫(Margaret Myfanwe Joseph)，又名万尼(Vanne)。万尼的父亲约瑟夫(Joseph)，是一位受过良好教育的牧师，这位牧师在英格兰南部海滨度假小镇伯恩茅斯附近的公理会教堂布道。约瑟夫牧师于1921

图15　珍妮·古道尔

年去世，留下万尼的母亲和一个男孩、三个女孩。一家几口靠着母亲微薄的寡妇抚恤金和亲戚的资助，勉强维持着生活。*3

珍妮·古道尔的父亲莫蒂默·赫伯特·莫里斯-古道尔（Mortimer Herbert Morris-Goodall）继承了部分家族财富。他的祖父创办了一家扑克牌公司。莫蒂默·赫伯特·莫里斯-古道尔曾在一家电话电缆测试公司担任技术员。虽然他继承的遗产并不多，但却为其提供了一份补充的收入。他喜欢昂贵的汽车并且还是阿斯顿·马丁车队的知名业余赛车手。在他的第一个女儿一岁的时候，他们举家搬出了伦敦，住进了韦布里奇郊区的一栋房子，那里离著名的布鲁克兰兹赛马场很近。*4珍妮·古道尔和比她小四岁的妹妹朱迪思（Judith）在韦布里奇的那些年里过得既安全又舒适——有保姆疼爱，有人照料，还有一只狗和一只乌龟逗她们玩。童年的美好时光以及来自父母的影响，塑造了她独一无二的性格。来自父亲家庭的金钱可能促成了一种自由感和创造的可能性。母亲家庭曾为基督教事工服务，又给她带来了一种强烈的纪律性和道德规范。父母的影响，在这个年幼的孩子心里悄悄发芽，使她随后成为一个能干而且自信的成年人，而这个成年人碰巧还拥有一种不寻常的专注力。

在1939年秋天，她的不同寻常的能力首次展现了出来——她失踪了。家人和朋友们全部出去寻找她，甚至连她家附近的军队都出动了（当时这批军人碰巧就住在附近，正在为欧洲战事做准备）。

天色渐晚，她已经失踪了数个小时。当人们正准备报警时，这个失踪的孩子若无其事地出现在了人们的视野中。她的衣服上黏着一些稻草，看着一脸焦急和疑惑的大人们，淡定地解释自己刚刚去弄清楚了鸡蛋的来源。她经常从鸡舍里收集鸡蛋，非常好奇母鸡是如何下蛋的。怎么办呢？她就悄悄地躲进鸡舍里的一捆稻草后面，一躲就是几个小时，直到亲眼看到鸡蛋如何从母鸡身体里出来。于是，她就这样解开了困扰已久的谜题。多年后她回忆说："（这只母鸡）离我大约5英尺远……但它并没有发现我。我觉得只要我稍微挪动，一切就变得很糟糕，所以我静静地待着。母鸡也是。过了好一段时间，母鸡'从稻草中站了起来'。她背对着我，身体前倾。我看见一个圆圆的白色物体从她两腿之间的羽毛中逐渐凸出来，慢慢变大。突然，母鸡扭动了一下身体，'扑通'一声！它落在了稻草上。我确信自己看到了下蛋的过程。"珍妮·古道尔总结，这是她"第一次认真观察动物的行为"。[5]

当然，当时没有人认为这是一个严肃的观察，这个孩子也从来没想过自己有一天会成为一位科学家。对她来说，成为一名科学家并不是童年梦想的一部分。她有一个更纯粹、更简单的梦想，那就是像泰山在非洲跟他的黑猩猩相处一样，跟动物亲密接触。这个梦想完全是出自个人情感，是她内心深处的呼唤，它向一个年幼的孩子展示了她如何最充分地拥抱一个对动物和自然充满兴趣的情感自我，而这种自我的核心是对动物和自然的深厚兴趣。

1939年秋，除了"鸡舍事件"，还发生了另外一件事。那是在英国向德国宣战后，珍妮·古道尔的父亲应征入伍的时候，其继承的遗产已经差不多被用尽，他的军饷每月只能寄回家二十英镑左右。很快，万尼不得不带着两个女儿回到了伯恩茅斯，她母亲的家中。伯恩茅斯的建筑是一座维多利亚时代的红砖建筑，被称为"白桦树之家"。

战争期间，伯恩茅斯实行严苛的财政紧缩和战时配给政策。珍妮·古道尔一家过着俭朴的生活：重复使用信封、节省绳子、缝补衣服、用硬纸板修补鞋子上的洞。至于孩子们，别说被溺爱纵容了，就连合理的娇惯都是奢求，很多孩子都被要求为整个家庭作出自己的贡献。[6]在没有男人的情况下，这个家庭把自己组织成一个仁慈的母权制家庭，由一位维多利亚时代情感细腻的祖母领导。在那种环境下，珍妮·古道尔曾回忆说："从来没有人因为我是个女孩儿说过我不能做某件事。"[7]

与此同时，她对动物的不同寻常的迷恋也从未停止过。她观察鸟儿，学会识别它们，训练它们停留在卧室窗户的窗台上，在天气好的时候，还会让它们飞进屋里。[*8] 有一段时间，她养了五只蜗牛，每周日会在教堂长凳上进行赛跑比赛，其他时间她则在花园里进行锻炼，由三只套着绳索的豚鼠陪同，还有仓鼠哈姆雷特、乌龟雅各布和金丝雀彼得。当然还有马及骑马课，她通过在马厩里干活来支付骑马课的学费。还有狗，尤其是那只胸前有白斑的黑色西班牙猎犬拉斯蒂，它是那对在街对面经营酒店的夫妇的宠物。每天早上，拉斯蒂一被放出去，就会冲到白桦树下，对着前门大声吠叫。也许他们最大的共同乐趣是一起散步到伯恩茅斯的悬崖和海滩上，享受新鲜的空气和大自然的气味、声音和景色。

这个女孩完成了学业之后，将自己的名字缩短为珍妮·古道尔（原名为瓦莱丽·珍妮·莫里斯-古道尔）。她希望自己成年后成为儿时梦想的那样，但儿时的梦想现在遇到了一个严峻的挑战：现实。现实中工作很难找，尤其对于当时的女性，她们的职业选择很少，而且通常还会有额外限制。

上大学也不是一个选择，因为这个家庭负担不起。但无论如何，她都要学点什么。野生动物生物学家吧？可那时很少有野生动物生物学家，更没有女性野生动物生物学家。在欧洲，研究动物行为的只有极少数人，而其中的大部分人主要是分析昆虫、鸟类或鱼类的行为。没有人去非洲，也没有人研究过大型而且可能产生危险的野生动物的行为。然而，她的母亲仍然乐观地告诉她，只要有坚定的决心，她可以成就大事，但她首先应该掌握一项实用的技能。在万尼的建议下，珍妮·古道尔在伦敦租了一套公寓并进入南肯辛顿的女王秘书学院学习。[*9] 1953 年 5 月 4 日她开始上课了。

一年后，拿着秘书学位，她在牛津大学教务处工作了一年，然后在伦敦一家专门制作广告和教育短片的电影制片厂工作了两年。她很享受在伦敦的时光，也被一些她认识和交往的男人所吸引，但她没有找到一个能与自己热烈的感情生活相匹配的人，而电影制片厂的工作却让她感到窒息。后来，一位老同学玛丽-克洛德·曼格（Marie-Claude Mange）来信。玛丽-克洛德的父亲最近在肯尼亚殖民地买了一个农场，打算尝试一下种地。 玛丽-克洛德知道珍妮·古道尔曾经提到的去非洲的梦想，于是邀请她去肯尼亚和家人一起住上几个月。 1956年春天，她辞去了电影制片厂的工作，回到伯恩茅斯与家人住了一段时间并在当地一家旅馆当女招待员，挣了些钱才买了一张去东非的客轮船票。[*9]她在1957年4月3日，也就是她23岁生日那天的早上到达了内罗毕。

到非洲是其梦想的第一部分。 她的梦想的第二部分实现起来可能就更加困难了。 整个东非能帮她实现从梦想的第一部分到第二部分跨越的人，恐怕只有路易斯·西摩·巴泽特·利基博士（Dr. Louis Seymour Bazett Leakey）了。 利基博士是一位英国传教士的儿子，他与非洲黑人一起长大并且成为他们最亲密的朋友和玩伴。 后来他"忍受"了英国的天气和食物，在剑桥大学获得了博士学位。 随后，利基博士又回到非洲，成为一名古人类学家。 到1957年，他已经写了8本书并被选为第三届泛非洲史前史大会的主席，还被任命为内罗毕科顿博物馆（现在的肯尼亚国家博物馆）的馆长。[*10]

珍妮·古道尔在玛丽-克洛德家住了几个星期，然后搬到内罗毕，在那里她在一家工程公司找到了一份打字员的工作，然后——在一个熟人的建议下——她打电话给科顿的利基博士，预约面试。 5月24日（星期五）上午的会面对他们两人来说都是激动人心的时刻，在这期间，他们发现了在动物和自然史方面的共同兴趣以及性格相投的个人风格。 在早晨结束的时候，"利基博士"就成了亲切的"路易斯"并向她提供了一份博物馆的秘书工作。[*11]

那年夏天，他们的接触包括在博物馆工作以及拜访他的妻子玛丽。 在内罗毕郊外的家中和玛丽-克洛德在奥杜威峡谷露营了几个星期，他们在那里挖掘远古人类和原始人类的化石和手工艺品。 8月底，当他们在奥杜威的逗留即将结束时，路易斯向珍妮·古道尔描述了他的计划。 他想让她去一个偏远的森林旅行，在野外的帐篷里住上几个月，那里有野生黑猩猩，路易斯打算让她尽可能多地了解它们。[*12]他向她保证，即使她没有接受过科学培训，没有资格证书，也没有关系。

事实上，灵长类动物学在1957年才开始发展成为一门独特的学科。的确，当时许多科学家对研究灵长目动物很感兴趣，但他们仍然被认定为心理学家、动物社会学家、人类学家、动物学家或动物行为学家，而非灵长类动物学家。[*13]

当时，美国心理学刚刚摆脱行为主义阶段，这一阶段是该学科中许多人用老鼠和其他小动物做实验，希望了解动物行为机制如何反映人类行为的漫长时期。[*14] 20世纪30年代早期，灵长类动物开始进入心理学家的实验室。然而，刚被威斯康星大学聘用的年轻心理学家哈里·哈洛（Harry Harlow）未能说服该机构为他提供一个像样的老鼠实验室。最后，在几个学生的陪同下，哈里·哈洛开始从校园步行到附近的一个动物园，那里有一些灵长类动物——两只猩猩和一只狒狒。他可以在那里做实验。然而，很快，这只狒狒就对哈里·哈洛的一个学生产生了强烈的依恋，这个学生是一个年轻的女人，人们记得她叫"贝蒂"。这和其他令人惊讶的经历使这位心理学家得出结论：灵长类动物拥有一种在实验室老鼠身上从未见过的复杂心理。[*15]哈里·哈洛继续开发了一系列实验，以笼子中的猴子为研究对象，不断改变变量，研究动物依恋、感情、抑郁和其他心理状态或体验。1958年，他因其杰出的研究而被选为美国心理学协会主席。[*16]而用笼子里饲养的动物作为研究人类心理学的理想模型也逐渐被普遍接受。

十年前，在第二次世界大战结束时，一位名叫今西锦司（Kinji Imanishi）的日本博物学家创立了动物社会学这一学科，倡导从日本的鹿、兔子和野马开始，密切研究动物的社会行为。1948年12月，他的两个学生在观察野马时，偶然发现了一群日本猴，这些猴子很有趣，以至于今西锦司和他的几个学生开始专注于研究它们。1956年，日本猴研究中心的建立为今西锦司的动物社会学研究提供了场所。那时的动物社会学已经演变成一个独特的日本灵长类动物学，他们认为灵长类动物是研究人类社会行为的理想模型。[*17]

第二次世界大战前，哈佛大学的欧内斯特·胡顿（Earnest Hooton）

在他的著作《猿、人与低能者》（*Apes、Men and Morons*）和《人类的贫穷亲戚》（*Man's Poor Relations*）中主张，灵长类动物的野外研究对推进体质人类学[1]的重要性。[18] 然而，这种想法"并不符合当时的范式"，直到体质人类学家谢伍德·沃什伯恩（Sherwood Washburn）在1951年的一篇开创性文章中宣称，他的学科应该重新构思为"新体质人类学"，从而转变将人类作为单一物种的观点，并专注于人类进化的难题。[19] 1955年7月，沃什伯恩前往非洲，参加了在北罗得西亚（现在的赞比亚）召开的第三届泛非史前学大会。会议结束后，他又待了几天。他一直对比较解剖学感兴趣，白天的一部分时间他用来解剖死狒狒，另一部分时间则在旅馆的阳台上放松。他当时的一位学生欧文·德·沃雷（Irven De Vore）回忆，这位杰出的美国人类学家坐在酒店的阳台上，手里拿着一杯饮料，被活生生的狒狒入侵酒店花园所引发的戏剧性场面所吸引，并很快宣布他对比较行为学比对比较解剖学更感兴趣。到1958年，沃什伯恩的另一位学生菲利斯·杰（Phyllis Jay）在印度开始了对普通叶猴的首次研究。1959年，沃什伯恩和沃雷回到非洲，研究内罗毕国家公园的狒狒。沃什伯恩认为，自由活动的灵长类动物，将为思考人类行为进化提供理想的模型。[20]

总的来说，在20世纪50年代，灵长类动物行为学的研究正变得越来越重要，而一小部分科学家已经开始认识到灵长类学这门新兴学科。其中不少人开始明白，如果灵长类动物被视为研究人类心理学、社会行为或行为进化的模型，那么，从逻辑上讲，科学家就会把精力集中在那一小群已知在进化上最接近智人的灵长类物种：大型猿类。但是，大型猿类——大猩猩、黑猩猩、倭黑猩猩（倭猩猩）和猩猩——并没有那么

1　译者注：体质人类学（英语：physical anthropology），又称生物人类学（英语：biological anthropology）是人类学的一门分支学科，研究生物演化、遗传学、人类适应与变异、灵长目学、形态学的机制，以及人类演化的化石记录。体质人类学发展于19世纪，早于达尔文的自然选择理论和孟德尔的遗传学研究。体质人类学这个名称来自它的研究资料是体质的（化石，特别是人类骨骼）。随着达尔文理论与现代综合理论的兴起，人类学家取得了新形态的资料，有些人开始自称为"生物人类学家"。

容易接近和研究。你可以在草原上随处看到在嬉戏的狒狒，并且经常可以坐在车里观察它们。而生活在热带森林深处的大型猿类，首先很难找到，其次是出了名的难以捉摸。当然，还有危险性问题。大家都知道，猿比猴子大得多，比任何人类研究者都要强壮得多。大家也知道——通过阅读早期猎人和探险家的报告，以及从动物园管理员和其他与笼子里猿类打交道的人那里所获得的知识——这些动物不仅力量惊人，而且狡猾，经常充满敌意，性情多变。保不齐哪天，一只野生猿类动物就会撕烂某个人的脸！

此外，两位年轻的研究人员已经尝试过研究野生猿类动物，但结果显然不乐观。这两位都是由耶鲁大学一位具有前瞻性思维的心理学家罗伯特·耶基斯（Robert Yerkes）派往野外考察的。第一位是哈罗德·C. 宾厄姆（Harold C. Bingham），他在多达40名非洲助手的陪同下，于1929年夏天徒步进入比利时属刚果东部的森林。因为他害怕被大猩猩攻击，所以随身带着枪。他偶尔看到惊慌失措的猿类动物，但在一次探险中，他开枪击毙了一只猿类动物，这一行为严重干扰了后续的观察工作。[21]第二次探险发生在1930年，当时亨利·W.尼森（Henry W. Nissen）到西非的法属几内亚去研究野生黑猩猩。两个多月后，他回到了美国，写下了他的报告，然而他的这份报告简直是漏洞百出，甚至是胡编乱造。这些错误包括一些常识性错误，比如"黑猩猩是游牧民族，没有固定的家"和"黑猩猩群体由4~14只组成"。尼森也未能挑战野生黑猩猩中盛行的错误观念：它们是素食者。[22]

简而言之，尽管在20世纪50年代，一位雄心勃勃的年轻科学家可能希望在野外研究大型猿类动物，但是否真的能够做到这一点并不清楚——尽管利基肯定是这么认为的。

利基知道，大型猿类动物将是思考人类行为进化的重要对象。他和沃什伯恩可能在1955年的泛非史前学大会上会面并讨论了这个话题，他们俩都是这次会议的重要参与者，而且利基很可能早在那之前就已经考虑过一个大型猿类项目。[23]他曾声称在20世纪40年代中期派人出去研究黑猩猩，尽管那个人"完全失败了"。我们还知道，1956年利基把他在科顿的前秘书罗莎莉·奥斯本（Rosalie Osborn）派往乌干达,试图驯化山地大猩猩。 奥斯本开始定期观察这些猩猩,她对把自己早期的观察发展成科学研究很感兴趣。 不幸的是,当她在苏格兰家乡的母亲在报纸上看到她22岁的女儿在乌干达的森林里观察大猩猩,而不是在内罗毕的博物馆里打字后,奥斯本结束了这一切。[*24]

但是利基仍然相信,研究类人猿将会对进化和人类学产生重要影响——也许在这方面,研究黑猩猩会比研究大猩猩更好。 现代黑猩猩和现代人类分享最近的共同祖先,因此,从理论上说,如果现代人和现代黑猩猩之间存在任何重要的行为共性,那么,这就预示着类似的行为早在600多万年前的共同祖先身上可能就已经存在了。 这就是他希望解决的难题,或者至少是要解决的问题。 作为一个在非洲组织野外探险有实际经验的人,利基也有充分的理由相信,大多数野生动物不会主动发动攻击,除非它们感受到威胁。 如果有合适的人,一个能够表现出平静和不具威胁性的人,一个有耐心和决心的人,可能会克服大多数野生动物对人类的天然恐惧,然后便于接近那些所谓的危险的猿类来研究它们。最后,利基认为,做这种事情的最佳人选是女人。 他认为,女人一般不那么具有攻击性,因此相较于男人,其对动物的威胁更小,而且她们也是更优秀的观察者。[*25]

利基在非洲生活过一段时间,担任过科顿博物馆的馆长,他对一位有进取心的科学家可能在哪里找到类人猿有一些很好的想法。 事实上,他相信自己知道研究野生黑猩猩的最佳地点:一片位于坦噶尼喀湖边缘的森林,那属于英国管辖的坦噶尼喀地区。 长久以来,这些猿猴一直受到极其崎岖的地形和当地哈族人的保护,因为当地哈族人认为这片森林是他们的圣地[*26]。 此外,在过去的几十年里,这片森林先后被德国殖民者和英国人正式保护,英国人把它命名为贡贝溪黑猩猩保护区[2]。

2　保护区所在的贡贝溪国家公园（Gombe Stream National Park）是东非国家坦桑尼亚的国家公园,位于该国西部基戈马以北20千米,占地52平方千米,成立于1968年,是该国面积最小的国家公园,野生动物有黑猩猩、东非狒狒、绿猴、河马、豹和超过200种鸟类。

为了开展这一项涉及野生黑猩猩的研究项目，利基打算把珍妮·古道尔送到贡贝溪。 1957年8月，他已经对她非常了解，认为她在所有重要的方面都是完全合适的。 她能对付各种各样的动物。 她凭直觉就能理解狗，她也是一个出色的观察者，她训练自己观察各种各样的动物。 她对蜘蛛、蝎子和蛇没有常人会有的恐惧。 她喜欢住在帐篷里和野营。 她拥有所有的技能和素质，可以在艰苦的条件下优雅地度过漫长的观察之旅。 此外，她还表现出完成一项非常困难的任务时所必需的专注和决心。 最后，她对自己很有信心，对自己想做的事情有一种激情和远见，而且她有一个梦想。 在某种程度上，这已经足够了。 而在另一个国家，情况并非如此。 虽然利基认为拥有大学学位对这样的工作来说毫无意义，但他随后也认识到，没有大学学位，在科学界看来，珍妮·古道尔将永远是一位业余爱好者。 因此，在1957—1958年，他虽然努力寻找资金让他的秘书去观察黑猩猩，但都无功而返。 利基最后求助于一位行事特立独行的美国百万富翁——雷顿·威尔基（Leighton Wilkie），他曾资助了奥杜威峡谷[3]的发掘工作。 1959年初，他向威尔基申请一笔额外的资金，以支持一项"黑猩猩项目"，即派两名"研究人员"到坦噶尼喀工作四个月。[*27]威尔基爽快地写下一张3000美元的支票。 根据资助要求，利基的研究人员将于1959年9月开始工作。

　　但事情拖延了近一年才成功。 一部分原因是，1959年7月，利基团队在奥杜威发现了一块头骨化石，它似乎属于一个新的原始人类属。 利基认为："它是迄今为止发现的最古老的石器制造者。"[*28] 这一发现使利基名声大噪，他顺势去往美国各地作了一系列演讲。 另一部分原因是珍妮·古道尔小姐的学历。 利基在美国作巡回演讲期间，碰巧遇到了一位聪明、热忱的年轻女子，名叫凯瑟琳·何西阿（Cathryn Hosea），她刚刚获得人类学学士学位并且想去非洲工作。 出于他惯常的直觉判断，他

3　译者注：奥杜威峡谷（Olduvai Gorge），又译作奥杜瓦伊峡谷、奥杜韦峡谷，是东非的一个峡谷；位于坦桑尼亚北部。 有时其被称为人类的摇篮，因为在峡谷的遗迹中发现了多处早期能人的遗迹和遗骨化石。

很快就打算把观察黑猩猩的工作交给她。多年后，当回忆这些话时，利基说："我办公室里有个年轻女孩最想要这份工作。但她没有资格。"[*29]对于珍妮·古道尔来说，这个决定无疑是一种深深的打击。但幸运的是，由于何西阿从未去过非洲，想到要去蛮荒之地探索未知领域，而且是和"凶残"的黑猩猩打交道，她退缩了。于是，1960年暮春的时候，何西阿正式拒绝了利基的提议。随后，利基告诉珍妮·古道尔，是时候开始探险了。

从事业的角度来考虑，利基虽然最终决定让珍妮·古道尔承担观察任务，但他犹豫了近一年的时间，这是非常糟糕的。因为，那时候一场真正的竞争已经悄然开始。这场竞争就是看谁会第一个完成对类人猿的研究。最终，一位威斯康星大学的动物学研究生赢得了比赛。1959年夏天，在美国国家科学院的资助下，乔治·夏勒（George Schaller）和他的妻子凯（Kay）在比利时属刚果的艾伯特国家公园的一个小屋里安顿下来。夏勒每天都去寻找大猩猩，功夫不负有心人，很快就找到了它们。随后，他成功接近它们并进行了为期一年的初步研究。这是他辉煌事业的幸运开端。大约在珍妮·古道尔打开帐篷的同时段，夏勒结束了他的工作。[*30]而在此之前的几个月里，荷兰生态学家阿德里安·科特兰特（Adriaan Kortlandt）在比利时属刚果东部发现了一个大型的香蕉和木瓜种植园，在那里，黑猩猩们经常从邻近的森林里赶来偷水果。于是，科特兰特在种植园的不同位置建造了5个不同高度的百叶窗，然后他每天躲在百叶窗里观察、拍摄偷窃的类人猿，持续了近9个星期，他于1960年6月底结束了他的观察工作。[*31]总之，夏勒是第一位成功对类人猿进行为期一年研究的科学家，科特兰特是第一位研究野生黑猩猩近两个月的科学家。

珍妮·古道尔于1960年7月14日，也就是科特兰特在比利时属刚果完成他的项目大约两周后，抵达冈贝。陪同珍妮·古道尔的是她母亲（殖民当局要求的官方监护人）和一名新雇用的非洲厨师。然而，除了这两个必不可少的露营伙伴，珍妮·古道尔发现自己仿佛置身于梦想的天堂，终于有机会（几乎）独自去接触大自然，她感到无比幸福。正如她在第一周给远在英国的家人的信中所写的那样："这是我童年梦想的非洲，我有机会发现以前没有人知道的事情。"*32

一开始的几天，她偶尔会看到黑猩猩。但几周之后，她就可以定期观察它们了。到10月底，她已经发现野生黑猩猩吃肉——这有助于纠正所有灵长类动物都是素食者的错误认识。*33到11月，她已经能证明黑猩猩会制造和使用简单的工具，从而推翻了人类的公认定义——人类之所以是人类，是因为人类能制造和使用工具。*34 5个月后，当她结束第一阶段的观察工作时，她已经是世界上最重要的野生大猩猩研究专家并且被学界普遍认为是这一新兴领域的顶级科学家。随后，利基为她提供了资金，安排她去往剑桥大学进修。珍妮·古道尔选择了剑桥大学纽纳姆学院，之后她成了该校历史上第八位没有获得学士学位，而直接就被录取为博士研究生的人。在罗伯特·欣德（Robert Hinde）的指导下，珍妮·古道尔写了一篇题为《野生黑猩猩的行为》（*Behaviour of the Free-Ranging Chimpanzee*）的论文，论文内容主要是她最初几年的野外观察经历。在1966年，珍妮·古道尔获得了动物行为学博士学位。随后，珍妮·古道尔又前往贡贝溪并陆续积极参与了近20年的灵长类动物研究，而她建立的研究中心至今仍在支持贡贝溪的野外研究。

为什么珍妮·古道尔能如此成功地解开黑猩猩行为之谜，而在她之前的人要么失败了，要么才刚刚开始？是什么让她看到并以前所未有的方式描述黑猩猩的行为的呢？在我看来，这些问题可以通过与她在这一领域的前辈科特兰特和夏勒的方法进行一些比较，从而得到最直观的答案。

科特兰特是一位大胆而富有想象力的科学家，在后来的几年里，他养成了一种不好的习惯，把珍妮·古道尔研究黑猩猩的方法与他自己的进行比较，抱怨她的"狭隘主义"和"孤立主义"，以及她的"圣弗兰西斯的方法"太过低效。*35不过，效率或许是造成三位研究者的研究成果表现出显著差异的根本原因。出于快速获得结果的合理冲动（也可能是出于对被攻击的恐惧），荷兰伦理学家从一个安全的地方接近他的观察者，把它们放在视觉屏障的一边，而他自己则在另一边，在保证客观观察的同时，建立了一个物理和心理上的移位。 没错，躲在"百叶窗"里确实有一定的意义，但他观察的黑猩猩是被种植园内的水果所吸引而来的。 一方面，这意味着它们相对容易被找到；另一方面，我们可以说这只是黑猩猩在一种特定情境里的特定行为。 除了特定的视角，科特兰特并不能从总体上观察和认识黑猩猩的行为。 因此，当1962年他在《科学美国人》上发表自己的文章时，仍然认为黑猩猩是素食主义者，而且奇怪它们为什么不能使用工具。[*36]

相比之下，夏勒研究刚果东部大猩猩的方法远不如科特兰特的有效。 它需要大量的时间和耐心以及愿意承担实际身体风险的勇气。 夏勒拒绝携带枪支，他认为这种武器和携带枪支所获得的自信可能会威胁到猿类动物。 尽管比利时殖民政府曾指示夏勒与一名助手同行，但他通常会让助手留在后面，当他试图接近大猩猩时，他会自己过去，他有理由认为两个人比一个人更具威胁性。 他还会公开行动，在森林里露面，而不是试图躲藏，因为躲藏是捕食者可以预见的行为。 随着时间的推移，大猩猩似乎断定他不是一个威胁。 后来，它们已经完全习惯了他，他也可以与它们靠得很近了。 而此时，夏勒就会根据它们不同的身体特征和行为或性格特征识别它们，而且为了方便记忆，他还给每只大猩猩起了名字。 总之，夏勒的方法可以看作一种亲密的沉浸，保持一种科学家和被试者之间的不具威胁性的关系，这种关系将双方置于同一个物理和心理领域。

珍妮·古道尔的方法也是一种亲密的沉浸。 和夏勒一样，她从不带枪或其他任何武器。 虽然，她应该像夏勒一样，有一个助手陪同，但她还是决定独自前往森林。 当她发现黑猩猩时，她会和夏勒一样，注意表现自己，比如公开移动，而不是秘密移动。 她也开始识别个体，她给它们起名字，一方面是为了方便自己记忆，另一方面是因为对那些有着明显个性或性格差异的动物来说，名字似乎更直观且适合它们。 与夏勒一样，她的数据收集方法相对简单且直接。 她手写笔记，通常标记一些新事件或行为开始和结束的时间，她每天晚上把这些笔记打印在一份日志上，从而呈现出一天的观察时间并进行记录。而由于她所看到的黑猩猩行为几乎都是以前没有看到过或记录过的，几乎所有的事情都有可能与之相关，因此细节尤为重要。例如，在1960年9月9日，她第一次比较清楚地观察到黑猩猩在夜间筑巢。她正在用双筒望远镜观察，但距离仍然不够近，无法分辨出制造者是雌性还是雄性，但是她看到，它蹲在一棵树上，靠近树顶。然后，它迅速把长了小叶子的树枝从各个方向拉过来，踩着它们将其固定住。然后它坐了一会儿，站起来，从更高处拉下一根树枝，放入巢中。这样它做了4次，每次找树枝的时间有1~2分钟。然后它就躺下，几乎看不见它了。又过了几分钟，它伸手折了一根带有小叶子的树枝，似乎要把它放在头下。然后，它直接把它的脚伸出来，超出了巢的位置。[*37]

夏勒也可被认为是像珍妮·古道尔那样的梦想家，一个追随自己的"人猿泰山"式的梦去研究猿类的人。然而，我更愿意把他视为一个有灵感的实用主义者。他是一位受过训练的动物学家，他所从事的科学研究没有为研究高智商的大型危险野生动物提供明显的模式，他务实地遵循常识和一点直觉。珍妮·古道尔独立开发了一种类似的技术来研究相似的物种，这一事实证明了她在遵循自己的直觉以及童年时观察和试图驯服野生动物时的良好判断力。但夏勒是一位科学家，他的主要抱负是研究动物学，而不是生活在动物中间。他很可能把他的时间花在研究其他任何物种上——比如狮子、鸟类、大熊猫或海獭——事实上他后来也确实是这样做的。珍妮·古道尔是一个梦想家，她的抱负主要是接近野生动物，生活在它们中间。既然科学给她提供了一种方法，她就通过必要的训练成为被接受的科学家。

两者之间的差异最终可能被认为是强度和承诺的问题，而这又可以用时间来衡量。夏勒和刚果东部的大猩猩待了1年。这就是他研究的时间长度，也就是他的承诺。珍妮·古道尔和贡贝溪的黑猩猩一起工作和生活了25年，之后她把自己的研究站交给了其他科学家继续进行该研究。而研究本身的长期性，应该说是她研究方法的一个重要方面，也是她贡献的标志。她在那段时间里了解了许多关于黑猩猩生活和社会的重要事情，而这些事情在第一年或第二年、第五年，甚至是十年之后，没有人想知道。

　　珍妮·古道尔是一个梦想家，她证明了一个人可以突破许多将人类与非人类分隔开来的普通障碍。她还表明，最好的研究需要开放的思维、灵活的方法和长期的承诺。因为她为人类最近的"亲戚"的生活打开了一扇窗，她的发现让我们越来越觉得自己是自然界的一部分，从而有可能与广大的动物王国分享社会、行为、情感和认知上的共同点。[*38]随着时间的推移，她被公认为灵长类动物学的伟大先驱之一，如今，她更被认为是历史上最著名的几位女科学家之一。

备注

1. "Tarzan of the Apes," *Wikipedia*, online at en.wikipedia.org/wiki/Tarzan_of_the_Apes.

2. Dale Peterson, *Jane Goodall: The Woman Who Redefined Man* (Boston: Houghton Mifflin, 2006), 38, 46.

3. Peterson, *Jane Goodall*, 29-31.

4. Peterson, *Jane Goodall*, 3-11.

5. Jane Goodall, *My Life with the Chimpanzees* (New York: Pocket Books / Simon and Schuster, 1988), 1, 2.

6. Jane Goodall and Philip Berman, *Reason for Hope: A Spiritual Journey* (New York: Warner, 1999).

7. Peterson, *Jane Goodall*, 29, 30.

8. Peterson, *Jane Goodall*, 39.

9. Peterson, *Jane Goodall*, 67-91.

10. Sonia Cole, *Leakey's Luck: The Life of Louis Seymour Bazett Leakey, 1903-1972* (New York: Harcourt Brace Jovanovich, 1975); Virginia Morell, *Ancestral Passions: The Leakey Family and the Quest for Humankind's Beginnings* (New York: Simon and Schuster, 1995).

11. Peterson, *Jane Goodall*, 100-102.

12. Peterson, *Jane Goodall*, 117, 18; Jane Goodall, *Africa in My Blood: An Autobiography in Letters: The Early Years* (New York: Houghton Mifflin Harcourt, 2000), 114.

13. Shirley C. Strum and Linda M. Fedigan, "Changing Views of Primate Society: A Situated North American View," in *Primate Encounters: Models of Science, Gender, and Society*, ed. Shirley C. Strum and Linda Marie Fedigan (Chicago: University of Chicago Press, 2000), 3-49; Thelma Rowell, "A Few Peculiar Primates," in ibid., 57-70; Alison Jolly, "The Bad Old Days of Primatology?," in ibid., 71-84.

14. For an engaging discussion of this complex topic, see Deborah Blum, *Love at Goon Park: Harry Harlow and the Science of Affection* (New York: Basic Books, 2002), 61-73.

15. Blum, *Love at Goon Park*, 78.

16. Blum, *Love at Goon Park*, 170.

17. Personal communications from Michael Huffman, Takayoshi Kano, and Toshisada Nishida. See Hiroyuki Takasaki, "Traditions in the Kyoto School of Field Primatology in Japan," in Strum and Fedigan, *Primate Encounters*, 85-103.

18. Robert L. Sussman, "Piltdown Man: The Father of American Field Primatology," in Strum and Fedigan, *Primate Encounters*, 89.

19. Sherwood Washburn, "The New Physical Anthropology," in *The New Physical Anthropology: Science, Humanism, and Critical Reflection*, ed. Shirley C. Strum, Donald G. Linburg, and David Hamburg (Upper Saddle River, NJ: Prentice Hall, 1951), 1-5.

20. Personal communication from Irven De Vore.

21. Harold C. Bingham, *Gorillas in a Native Habitat* (Washington, DC: Carnegie Institution, 1932).

22. Henry W. Nissen, "A Field Study of the Chimpanzee," in *Comparative Psychology Monographs* 8 (1931-32): 13, 25, 73.

23. Morell, *Ancestral Passions*, 239.

24. Peterson, *Jane Goodall*, 118, 119.

25. Donna Haraway famously examined how female and male researchers have differed in their observations of apes in *Primate Visions: Gender, Race, and Nature in the World of Modern Science* (New York: Routledge, 1990), and gender and primatology has been a blossoming field.

26. Michele Wagner, "Nature in the Mind in Nineteenth- and Early Twentieth-Century Buha, Tanzania," in *Custodians of the Land: Ecology and Culture in the History of Tanzania*,

ed. Gregory Maddox, James L. Giblin, and Isaria N. Kimambo (Athens: Ohio University Press, 1996): 175-99.

27. Peterson, *Jane Goodall,* 151-55.

28. L. S. B. Leakey, "A New Fossil Skull from Olduvai," *Nature* (August 1959): 493.

29. Peterson, *Jane Goodall,* 160.

30. George B. Schaller, *The Year of the Gorilla* (Chicago: University of Chicago Press, 1964).

31. Adriaan Kortlandt, "Chimpanzees in the Wild," *Scientific American* 206, no. 5 (1962): 128-38.

32. Peterson, *Jane Goodall,* 179.

33. Peterson, *Jane Goodall,* 206-7; Solly Zuckerman, *The Social Life of Monkeys and Apes* (1932; repr., London: Routledge and Kegan Paul, 1981).

34. Peterson, *Jane Goodall,* 207-11.

35. Adriaan Kortlandt, "Some Comments on American Teaching Programs in Primatology and Evolutionary Anthropology," a circulated preliminary draft (10 March 1998).

36. Kortlandt, "Chimpanzees in the Wild."

37. Peterson, *Jane Goodall,* 199.

38. See, for example, Donald R. Griffin, *Animal Thinking* (Cambridge, MA: Harvard University Press, 1984); Jaak Panksepp, *Affective Neuroscience: The Foundations of Human and Animal Emotions* (Oxford: Oxford University Press, 1998); Frans B. M. de Waal and Peter L. Tyack, eds., *Animal Social Complexity: Intelligence, Culture, and Individualized Societies* (Cambridge, MA: Harvard University Press, 2003); Marc Bekoff, Colin Allen, and Gordon M. Burghardt, eds., *The Cognitive Animal: Empirical and Theoretical Perspectives on Animal Cognition* (Cambridge, MA: MIT Press, 2002).

Rick Crush
里克·格鲁什

弗朗西斯·克里克

意识问题

　　虽然物理学和化学在19世纪至20世纪取得了很多进展，但仍有两个基本的科学问题始终困扰着人们：一是生命的本质，二是意识的本质。前者随着分子生物学的崛起——其中一位重要的奠基人是弗朗西斯·克里克——最终揭开了它的神秘面纱。后者是克里克晚年投身的研究领域。本文着重于克里克转向意识问题的两个特点。第一个是使克里克在这一主题上成为一个远见者的最佳资质，那就是他愿意并能够动员广泛的方法论手段进行研究，而不是被一小套熟悉的方法学所局限。第二个是使他成为梦想家的最佳资质，即当他开始调查意识的物理基础时，这个主题在相关科学界并不受欢迎。

　　弗朗西斯·克里克出生在英国北安普敦附近，父亲是一名靴子制造商。他在第二次世界大战前的科学工作是研究物理，尤其是研究流体黏度。[*1]在战争期间，克里克从事英国海军水雷的研究工作并想出了让水雷克服反水雷措施的巧妙方法。但是"在战争结束的时候，"克里克回忆说，"我发现我的思想越来越倾向于生物学。[*2]有两个问题让我着迷，一个是生物和非生物的区别；另一个是有自我意识的动物和机器的区别。"

他对这两个问题特别感兴趣并非偶然。[*3] 克里克曾建议："在接触一门新的学科时，要适当地区分哪些课题能够用熟悉的方法解释，哪些还没有现成的方法能够解释，这既是深入了解一个课题的研究方式，也是一种对思维的有益练习。"和许多人一样，克里克认为，所谓的"熟悉的方法"就是数学、物理学和化学所定义的方法。19世纪末，有两种主要的现象还不能用数学、物理和化学来解释：生命和意识。而正是这两个问题深深地吸引了克里克。

用化学和物理学来描绘生命，沃森和克里克在DNA的双螺旋结构上的工作是里程碑式的，然而，克里克的贡献远不止于此，在与DNA骨架结构相关的整个分子生物学领域的理论、技术、设备等方面，克里克是核心构建者之一。

图16　弗朗西斯·克里克

这是克里克学术胆识的体现。在促进我们从非生命物质的角度理解生命的本质之后，他将注意力转向了两个大问题中的第二个，即意识的本质。而恰好，他在这种情况下的总体方法与他在分子生物学方面的方法十分相似。

克里克在研究重点发生重大变化的同时，其研究场所也发生了重大变化。虽然他在分子生物学方面的工作主要是在英国剑桥的卡文迪许实验室进行的，但在1976年，克里克搬到了美国加州拉荷亚的索尔克生物研究所（自1960年以来，他一直是该研究所的非驻地研究员）。在那里，他将自己的研究方向完全调整为神经科学——尤其是意识的神经机制。

我在这里并不打算对克里克的意识研究方法进行概述。有很多宝贵的资源可以提供这样的概述，包括克里克自己的概述。[*4]相反，我想探讨一下我认为克里克在方法层面有什么远见。我将从以下几个方面进行阐述。首先，我将分析克里克研究生命和意识的方法的架构。这种方法的不同之处并不在于其方法本身，而在于其架构。接着，我将从一个普遍观点出发阐述克里克方法的远见之处。这个普遍观点即他把意识作为目标。虽然，这确实是他的目标，但他在这方面并不像很多人（包括克里克自己）所认为的那样特立独行。意识是一个在科学界和哲学界被广泛讨论的话题。相反，正如我在这篇文章的最后部分所展示的那样，真正使克里克成为一位有远见的人的原因，是他能够看到当时普遍存在的概念框架并不能解释当时的问题，而他启发了他人对替代框架的探索和开发。

首先，我们来看看克里克处理生命和意识这些大问题的方法以及方法的整体结构。尽管克里克选择这两个问题进行研究非常具有胆识，但他对这两个问题的处理方法却非常保守。正如我在开头提到的，不能用熟悉的框架（如物理和化学框架）来回答问题，似乎可以通过多种方式来解决。第一，我们可以为这种现象定义一个专有本体论的特殊分支。我们可以称这种方法为二元论。第二，人们可以将这种现象解释为由熟悉的（通常是物理的）本体论提供的实体和过程的功能或机械结构（或只是集合属性）的结果。我们可以广义地称这种方法为机械主义/功能主义。

第三，尽管有初步的信念，人们可以否认存在这种现象。这可以被称为排除主义者。第四，可以把这种现象看作一种关系特性。我们可以把这种方法广义地称为关系主义。这四种方法的例子都很常见。比如，笛卡尔的二元论和各种形式的活力论，都是二元论方法的典范。心灵哲学中的功能主义，只通过功能角色来确定精神状态，而热动力学理论则是机械主义/功能主义方法的例子。至于排除主义，则不得不提精神哲学中的排除主义以及道德虚无主义。[*5]而丹尼尔·克莱门特·丹尼特[1]的"意向立场"和颜色的关系理论都是关系主义的不二之选。

我在这里所说的机械主义/功能主义最为保守。我们可以从两个方面看待它的保守性。第一，与二元论不同，它不会偏离高度可辩护的本体论边界。它在本体论意义上是保守的。第二，不像消除主义和关系主义，它不需要涉及任何重要的概念重组措施。至少可以这么说，排除主义者声称没有信仰（或者没有意识，或者没有道德属性）是概念上的修正主义。关系主义者也是如此，他们认为我的信仰不过是别人把信仰强加给我。在这两种情况下，我们根据这一现象在形成理论之前的理解都受到了这样或那样的挑战。但是，无论如何，机械主义/功能主义的方法在这两个方面都是典型的保守主义——它试图从实体和过程的角度来解释这种令人困惑的现象，这些实体和过程的本体论的真实性是没有争议的。

虽然这种方法在概念上是保守的，但在实践上却非常大胆。如果用人们所熟悉的、没有疑问的本体论来理解顽固的现象，那很容易，一开始也就不会有问题。人们采取这种方法，就是在不确定的条件下签署了一项关于艰巨工作的长期合同。给自己定下用物理本体论解释生命和意识等现象的任务，就像给自己定下游英吉利海峡的任务一样，都是极为大胆的尝试。但它在概念上是保守的，因为它在概念上直截了当，很多人都能想到，虽然它还是一个务实的大胆任务。

1　译者注：丹尼尔·克莱门特·丹尼特是美国哲学家、作家及认知科学家。其研究集中于科学哲学、生物学哲学，特别是与演化生物学及认知科学有关的课题。

我们可以看到克里克理解生命和意识本质的方法都属于机械主义/功能主义的范畴。比如对生命的理解，他没有对生命的概念的重新定位。他和大多数人一样，认为它是我们之前从理论上理解的生命。而"生物"一词的延伸或多或少就像人们所认为的那样。他既不是排除论者，也不是关系论者。他也没有像活力论[2]者那样，提出任何超出通常物理概念的特殊实体（如生命力）。[*6] 类似地，在意识问题上，克里克的方法并没有像丹尼特那样促进意识的重大概念重新定向，因此，他也不是意识方面的排除主义者。[*7] 此外，克里克并没有像约翰·埃克斯（John Eccles）等人那样，提倡对目前物理科学所理解的现实进行强化。[*8]

无论如何，如果我们要在克里克的意识方法中寻找具有远见的东西，我们必须进行更深入的挖掘。因为，虽然大胆，但采用最保守的策略来理解一种令人困惑的现象，并没有什么突破性意义。

克里克的机械主义/功能主义方法的大纲始于对这一令人困惑的现象的分析。用于描述生命或意识等现象的概念往往不如涉及物理和化学的概念精确，克里克认为这种不精确是进步的障碍。分析的目的是至少提供一些初始概念上的牵引力，即在理想状况下，采用某种功能分析的形式。比如，在探究生命的问题时，只要关注性状遗传就足够了。至于如何通过关注性状遗传来理解生命的物理机制则可以参考埃尔温·薛定谔（Erwin Schrödinger）的《生命是什么》（*What Is Life*）。[*9]

普通人对意识的基本理解可能比对生命的理解更加模糊。虽然他

2　生命力论（Vitalism），又译为生命主义、生气论、活力论、生机说、生命力，是人类历史上存在长久的科学哲学学说，现代版本是19世纪初由瑞典化学家约恩斯·雅各布·贝采利乌斯（Jöns Jacob Berzelius）提出。一般认为"生命力"学说在1843—1845年由德国化学家阿道夫·威廉·赫尔曼·科尔贝（Adolph Wilhelm Hermann Kolbe）用二硫化碳合成了乙酸后被推翻，因为这是在实验室用无机物制得有机物。生命力论者的基本立场是：1）有生命的活组织，它依循的是攸关生机的原理（vital principle），而不是生物化学反应或物理定律；2）生命的运作，不只是依循物理及化学定律。生命有自我决定的能力。活力论认为生命拥有一种自我的力量（elan vital），或称为生命力（life-force）、生机脉冲（vital impulse）、生命活力（vital spark）、生命能量（energy），甚至有些人称此为灵魂、气。这种力量是非物质的，因此生命无法完全以物理或化学方式来解释。

警告人们不要过早对其下定义，但克里克非常担心，用意识一词来描述感兴趣的现象会使任何进步的希望变得渺茫。当然，这种说法本身就让人捉摸不透，而且在不同的领域和研究者之间存在着相当大的争议。不过，任何试图"澄清"这个概念的说法，都会让一些人感觉不爽，因为他们会觉得它省略了一个或另一个特性或他们认为重要的细节——即使以某种隐晦的方式。与生命的情况不同，没有对意识的关键成分进行事实上的分析。因此，如果这些成分被理解为物理机制，就具有广泛的共识，即这种现象可以用物理本体论来解释。

注意，这并不是因为没有人对意识感兴趣。关于克里克对意识的研究，一个常见的误解是，当他开始他的研究时，意识研究就是学术禁地。事实上，直到1990年，克里克和他的合作者克里斯多夫·科赫（Christof Koch）还指出："认知科学和神经科学的大部分研究都没有提及意识，这让人非常奇怪。"[*10]人们普遍回避这一话题的信念，使人们有可能认为，克里克的方法之所以大胆和具有突破性，很大程度上是他愿意一头扎进一个在讲究"礼貌"的科学共同体中被回避的话题。

问题是，这并不完全正确。或者，至少这是一种误导。的确，在某种意义上，行为主义者把自己与"意识"划清界限。而在克里克转向意识研究领域时，行为主义则受到了挑战，但它仍然是相关科学界的一股重要力量。我们可以在埃里克·坎德尔（Eric Kandel）长达727页的《行为的细胞基础》（*Cellular Basis of Behavior*）一书中看到其重要性，虽然其中有近半本的行为索引条目，且索引条目有15个子类，但意识的条目却没有一个。[*11]更不用提标题中的"行为"一词了。因此，不可否认的是，至少对一些研究人员来说，他们都有意或无意地回避对意识的研究。

尽管如此，意识在当时远不是一个不受欢迎的问题。行为学家对"意识"进行分析，从行为主义的观点出发，对共同存在的过程进行似是而非的简化非常常见。举几个例子，卡尔文·霍尔（Calvin Hall）在1960年的一本心理学教科书中说："一个人很少，但如果可能的话，他完全可以意识到发生的一切。"我们可以把意识比作黑暗舞台上的聚光灯。虽然聚光灯只照亮舞台的一小部分，其余部分处于黑暗中，但它可以通过移动来照亮舞台的其他部分。[*12] 1978年，罗伯特·西尔弗曼（Robert Silverman）（在一本本科心理学教科书中，其中一整章都是关于意识的）说："意识在它的各种形式和功能中也允许有选择地关注我们环境中最重要的部分。我们过滤掉那些令人分心或不相关的信息。我们不会对周围的每一个刺激作出反应，我们会对我们需要反应的刺激作出反应。"[*13] 不仅仅是心理学家——包括那些打着行为主义者旗号的心理学家，许多神经科学家也对意识非常感兴趣。例如，《临床神经病学手册》有整整一章是关于意识的，其他许多章节都公开地讨论意识，丝毫没有"回避"或"羞于谈论"的迹象。[*14]

因此，与克里克自己的说法相反，他在把意识作为研究核心时，在某种程度上，其实并未与整个学术趋势背道而驰。[*15] 当然，这并不是说克里克没有开创性。我只是想指出，当时的学术环境并未像克里克说的那样恶劣。

1979年，在声称（并非完全准确）当代心理学家忽视了"意识"这一主题之后，克里克回顾了19世纪后期的心理学，包括威廉·詹姆斯（William James）的观点，并从中寻找灵感，发现了三个"基本观点"：[*16]

1.并不是大脑的所有活动都与意识相对应。
2.意识涉及某种形式的记忆，可能是非常短暂的记忆。
3.意识与注意力密切相关。

与当代认知心理学家的理论相比，这些观点很快又被重新强调。然后，通过关注视觉，兴趣的范围会进一步缩小，因为"它似乎更容易指导实验"。[*17] 其结果是分析了模糊的意识概念，即集中在视觉上，特别是视觉注意力及其与短期工作记忆的联系。

请注意，克里克的出发点和上面引用的行为主义心理学教科书中的出发点很相似。霍尔是一个行为主义者，他把意识定义为一种行为，然后进一步完善他的观点，认为这种行为就是注意力，这正是克里克提出的第三点。霍尔还指出，发生在人身上的许多事情以及人的神经系统，是意识无法控制的——克里克提出的第一点就是如此。[*18]

以下原因值得注意。如果有任何一个群体要对使意识成为一个禁忌的话题负责，那就是行为主义者群体。但事实证明，其中的许多人不仅讨论了这个话题，而且用了克里克曾经用过的一模一样的方法——把它分析成适合某种调查的东西，实际上，他们用的是一种普遍的分析方法。但是行为主义者却因为忽视意识而受到批评！不管这种指责是否正确，如果这些关于意识的行为主义分析被认为是一种逃避问题的尝试，那么克里克的分析就只能被认为是一种回避。[*19]

很明显，克里克对意识的研究与行为学家的研究很不一样，即使他对意识的分析会被很多人接受。不同之处在于概念分析。把注意力和工作记忆（例如）作为意识的特征，行为主义者转而用行为主义的术语来理解这些组成部分。克里克想从大脑运作的角度来理解它们。

虽然对大脑的关注使克里克有别于行为学家，但这并没有使他有别于许多其他心理学家和神经学家。有许多人对意识很感兴趣并把它与大脑操作和大脑结构联系起来。事实上，有一些人发现了与克里克最终发现的意识中枢相同的大脑区域。[*20]例如，在1972年出版的《神经科学导论》(*Introduction to Neuroscience*) 一书中，杰夫·明克勒 (Jeff Minckler) 声称，丘脑对意识至关重要并为意识提供了一些解释理由。[*21]弗雷德里克特别提到了网状结构。这些脑区正是克里克即将集中研究的区域。

所以，我们又一次被驱使着进行更深入的挖掘，去发现克里克的方法的突破性。克里克的方法中最有见地的部分也许是他对建模框架的特殊选择，以理解神经到底在干什么。[*22]我想表达以下几点。无论一个人对某种心理现象的功能分解是什么，这些功能的神经基础都将是庞大而复杂的。人们认为只描述低层次的物理特性和各种神经元的因果作用，并希望提供任何有关高层次精神现象的启示是没有希望的。试着在不利用计算机科学的概念资源的情况下，去理解一台笔记本电脑的物理工作原理吧！但是，采用一种或另一种描述性框架，与一些数学或形式化的机制相结合并取得一些进展是可能的。[*23]

这里采用了一种解释框架，染上一种先天性"概念病"几乎是必然的。有一种明显的倾向，就是不加反思地用当前喜欢的一套工具来确定一种感兴趣的现象，以解决这种现象。如果这些工具使用得不对，最终可能弊大于利。[*24]新进入这个领域的人不禁会认为，负责任的做法是加快了解当前被接受的框架，但这样做有可能使自己对脱离这些工具而理解的感兴趣的现象视而不见。克里克明确地意识到只采用别人似乎在使用的框架的危险。

当涉及心理现象时，克里克在他的调查中广泛使用许多框架。这些框架包括后来被称为老式的人工智能以及动态系统理论，还有其他一些类似的框架。克里克成功地抓住了重点，没有被动态系统理论家或"计算机隐喻"计算主义者所左右。他首先对大脑所解决的问题进行合理理解，至少在那些有助于感性意识的操作方面是这样的。而这是类似于利用感觉输入来构建环境的符号表征。这种对意识总体目的的理解，本身并不是一个框架。但对意识的总体有一个描述，可以帮助我们寻找一个合适的框架。

克里克方法的一大特点是与来自同领域但采取不同研究方法的研究员们会面。他喜欢面对面进行深入的讨论，愿意向任何人学习。1979年4月，克里克安排大卫·马尔（David Marr）和托马斯·博吉奥（Tomaso Poggio）到拉荷亚和他会面。马尔和博吉奥都使用复杂的数学工具来理解神经现象。克里克立刻意识到，马尔和博吉奥用来模拟低级神经功能的数学框架——这些工具主要为工程师和数学家所熟知和使用——适合于他自己对意识的研究。[*25]克里克称之为"通信理论"，但今天在许多圈子里，其更恰当的说法是信号处理。克里克同马尔和托马斯合作撰写了一篇文章，阐述了其中的基本概念。

这一点，终于体现了克里克的远见卓识。虽然他对一种高级现象——意识感兴趣，但他并没有被当时认知神经科学的框架所蒙蔽。相反，当马尔和博吉奥（他们关注的是视觉加工中层次低得多的现象）描述了他们所使用的工具后，他就认识到，他们掌握了接近更高层次现象的关键工具。

在继续说下去之前，我应该在这一点上提到克里斯托夫·科赫。不可否认，科赫在克里克对意识的神经基础的研究中起了核心作用，在1980年之后更是如此。他们之间的亲密友谊和合作的数十部作品证明了这种关系。但是我不打算讨论是什么使克里克成为一个有远见卓识的人，因为克里克具有远见卓识的关键做法是在他遇到科赫之前做出的。的确，因为克里克已经意识到他将探索"交流理论"的工具来寻找意识的生物学基础，所以在1980年，他拜访了远在图宾根的博吉奥，在那里他遇到了科赫。当时，科赫是博吉奥和布瑞滕贝格的学生，正研究树突棘的电特性建模。所以，尽管科赫对克里克在意识方面的具体工作有着无与伦比的影响，但事实上，克里克与科赫的合作是我所认定的克里克的远见卓识的结果，而不是原因。

克里克会采取具有远见性的举措——他能够不被当前该领域大多数专家所使用的框架所迷惑并认识到一个不同的框架会更有帮助——这显然比听起来要困难得多，虽然事后看来，我们总是觉得很容易。但如果每个人都能认识到，目前理解一种现象的框架是一个"死胡同"并需要继续寻找正确的框架，那么我们都将获得诺贝尔奖。这不仅是一件心理上很难做到的事情，而且需要付出很高的实际代价。一个人会立即失去主要方法所提供的系泊。但正是这个原因，一个人才能够创造新的停泊处。

虽然花了几十年的时间，但克里克所吸引和倡导的那种建模工具和概念资源，现在在这个领域已经很普遍了。虽然他对意识的兴趣可能不像人们通常认为的那样是引领潮流的，而且关于他提出的有关意识各要素的神经基础的具体内容，记录也是参差不齐、不清不楚的，但他对什么是更有用的框架的认识是有远见的，并有助于该领域朝着正确的方向发展，从而产生深远而持久的影响。

备注

1. Robert Olby, *Francis Crick: Hunter of Life's Secrets* (Cold Spring Harbor, NY: Cold Spring Harbor Press, 2009).

2. Francis H. C. Crick, letter to Jonas Salk, Jacques Monod, Mel Cohn, and Ed Lennox, 1962, Francis Crick Papers, University of California, San Diego.

3. Francis H. C. Crick, "Thinking about the Brain," *Scientific American* 241, no. 3 (1979): 219.

4. Francis H. C. Crick, *The Astonishing Hypothesis: The Scientific Search for the Soul* (New York: Scribner, 1995).

5. Daniel Dennett, *The Intentional Stance* (Cambridge, MA: MIT Press, 1989).

6. See William Bechtel and Robert C. Richardson, "Vitalism," in *Routledge Encyclopedia of Philosophy*, ed. E. Craig (London: Routledge, 1998).

7. Dennett, Intentional Stance. See also his "Who's on First? Heterophenomenology Explained," *Journal of Consciousness Studies* 10 (2003): 19-30.

8. John C. Eccles, *Facing Reality: Philosophical Adventures by a Brain Scientist* (Berlin: Springer-Verlag, 1970).

9. See Erwin Schrödinger, *What Is Life?* (New York: Macmillan, 1944).

10. Francis H. C. Crick and Christof Koch, "Towards a Neurobiological Theory of Consciousness," *Seminars in the Neurosciences* 2 (1990): 263. See also Crick, *Astonishing Hypothesis*, at the beginning of which Crick includes as an epigraph the following quotation from John Searle: "As recently as a few years ago, if one raised the subject of consciousness in cognitive science discussions, it was generally regarded as a form of bad taste, and graduate students, who are always attuned to the social mores of their disciplines, would roll their eyes at the ceiling and assume expressions of mild disgust" (vii).

11. Eric R. Kandel, *Cellular Basis of Behavior: An Introduction to Behavioral Neurobiology* (San Francisco: W. H. Freeman, 1976).

12. Calvin S. Hall, *Psychology: An Introductory Textbook* (Cleveland, OH: H. Allen, 1960), 56. Hall opens his discussion of consciousness this way: "In order to approach the question of consciousness with some clarity, it will be helpful to make one simple assumption— that being conscious is itself a form of behavior" (55).

13. Robert E. Silverman, *Psychology* (Upper Saddle River, NJ: Prentice-Hall, 1978), 261.

14. See, for example, J. A. M. Fredericks, "Consciousness," in *The Handbook of Clinical Neurology*, vol. 3, *Disorders of Higher Nervous Activity*, ed. P. Vinken and G. Bruyn (Amsterdam: Elsevier, 1969).

15. See Crick, *Astonishing Hypothesis*, 13: "The majority of modern psychologists omit any mention of [consciousness], although much of what they study enters into consciousness. Most modern neuroscientists ignore it."

16. Crick, *Astonishing Hypothesis*, 15.

17. Crick, "Thinking about the Brain," 219.

18. Hall, *Psychology: An Introductory Textbook*.

19. My own view is that this is an interesting issue, but one that can be safely ignored for present purposes. The fact is that Crick was clear about what he meant by consciousness in his endeavor to understand its neural basis.

271

And if we are in the position of reflecting on the contributions Crick made, we can do that while understanding that those contributions were intended to be of a certain, well-defined sort. The issue of whether or not the analysis of consciousness that he provided was the best one, or the right one, is a somewhat orthogonal issue.

20. Jeff Minckler, *Introduction to Neuroscience* (St. Louis: C. V. Mosby, 1972), 350.

21. Fredericks, "Consciousness," 49.

22. For instance, I've known a good many linguists who simply and pre-reflectively equate the study of language structure with tools from the generative tradition, to the point of not even being able to see anything that doesn't employ those tools as concerning the subject matter. It is clear from their approach and behavior that according to them, language structure *just is* (=) some member of the family of generative syntax theories.

23. Crick and Koch, "Neurobiological Theory of Consciousness," 264-65.

24. Crick, *Astonishing Hypothesis,* chap. 3.

25. See Francis H. C. Crick, Davis Marr, and Tomaso Poggio, "An Information Processing Approach to Understanding the Visual Cortex," Massachusetts Institute of Technology Artificial Intelligence Laboratory, A. I. Memo No. 557 (April 1980): esp. 9.

Mark Borrello
马克·博雷洛

大卫·斯隆·威尔逊

一位理想主义者

> 有不同的看法。对我来说，科学是倾听和反思人类处境的媒介，就像宗教和文学一样。
>
> ——大卫·斯隆·威尔逊，《邻里项目》，2011年

当理查德·道金斯于1976年出版《自私的基因》时，他提出了这样的观点："如果你像我一样，希望建立一个每个个体都愿意合作的社会，那你将从生物的本性中得到很少的帮助。让我们尝试教授利他主义，因为我们天生自私。"这巩固了达尔文对自然界的个体主义和竞争性的主导观点。然而，也存在其他视角。大卫·斯隆·威尔逊于1975年在密歇根州立大学作为研究生时开始发展利他主义种群的数学模型。在接下来的40年里，逆流而上，并且凭借只属于真正梦想家的坚韧，威尔逊继续发展这些模型，并将其思考扩展到人类社会的进化和将进化模型应用于解决当代问题，如城市种族隔离和收入不平等。其最初作为对特定理论的挑战，已经演变为对进化生物学基础的重新思考，以及将达尔文理论的范围扩展到当前人类问题。

大卫·斯隆·威尔逊梦想着一个达尔文式的城市。作为美国纽约州立大学宾厄姆顿分校进化生物学和人类学的教授，在过去的30年里，他一直致力于运用达尔文的范式来重新构想他的城市并在这些原则的基础上进行改革。大卫·斯隆·威尔逊是小说家斯隆·威尔逊（Sloan Wilson）的儿子，后者是20世纪中叶的经典小说《穿灰色法兰绒西装的人》（*The Man in the Gray Flannel Suit*）的作者。他自称是进化论者、理论家和实践者，但却不受进化生物学传统局限的束缚。对许多实践者来说，在研究进化生物学时，将重点放在了人类以外的有机体上，分析特定特征的特定元素。相反，威尔逊被这门科学更广泛的影响所吸引。"进化范式"促使威尔逊和他的合作者去探索人类心理学和社会关系的复杂性，并尝试利用进化原理指导我们取得更好的结果。正如他在《邻里项目》（*The Neighborhood Project*）一书中所描述的那样："科学和进化论可以让我们弄明白身体甚至是灵魂的含义。身体和灵魂可以超越单个个体的皮囊，使我们成为比自己更大的存在。例如，一个城市也可以拥有身体和灵魂……然后，如果进化论可以用来理解人类的状况，它也可以用来改善人类的状况。"[*1]

理论的梦境

可以说，威尔逊的梦想——"邻里项目"由来已久，最初可能源于他对理论的迷恋。1971年，威尔逊以优异的成绩从罗切斯特大学（University of Rochester）毕业，随后在密歇根州立大学（Michigan State University）开始了进化生物学的研究生学习，并于1975年在堂·霍尔（Don Hall）的指导下完成了博士论文。这篇论文很有名，因为它是提交给大学的最短的论文之一，只有12页。据说，当他的论文因为太短而无法装订而被大学退还时，他的导师甚至打趣："他应该放多少页空白的纸来装订呢？"[*2]

威尔逊的博士论文随后发表在《美国国家科学院院刊》（*Proceedings of the National Academy of Sciences*）上，名为《群体选择理论》（*A Theory of Group Selection*）[*3]。这篇论文代表了实现威尔逊梦想的第一个要素。

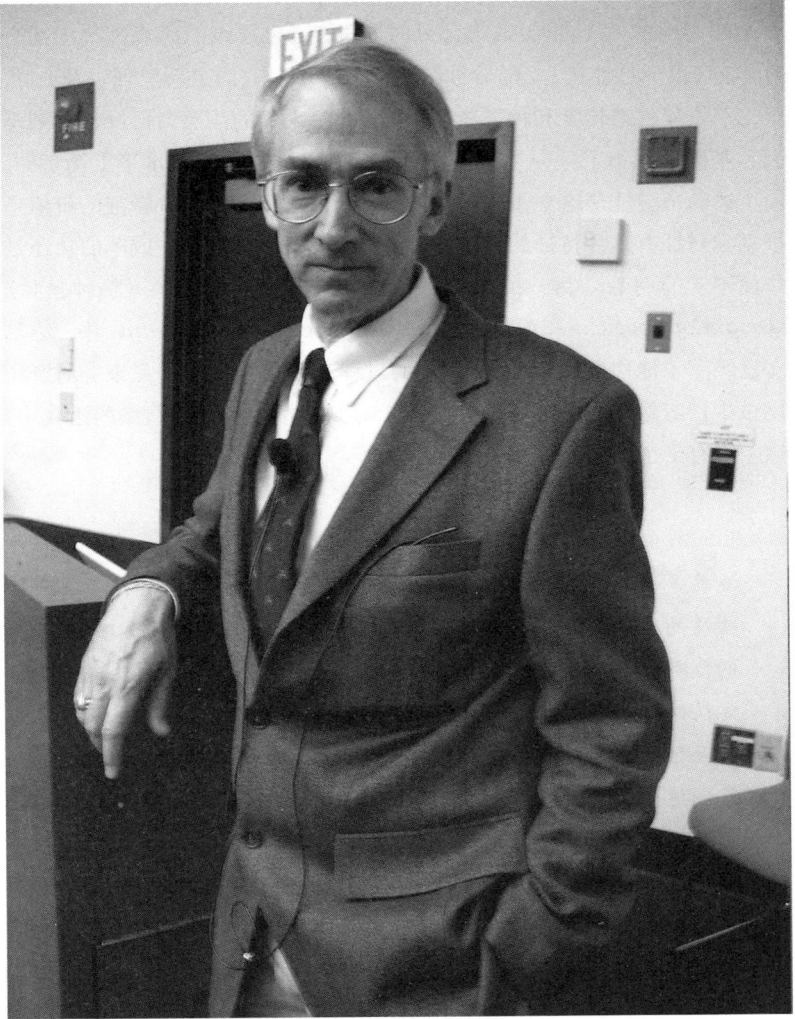

图 16　大卫・斯隆・威尔逊

威尔逊曾对一个挑战过达尔文本人的问题很感兴趣，这个问题是从伟大的维多利亚时代遗留下来的。这个问题是：自然选择的机制在什么层面上起作用？在19世纪的大部分时间里，进化思维的焦点都集中在有机体上（很少是性状）。随着世纪之交孟德尔研究的重新发现以及20世纪二三十年代遗传学和种群遗传学的发展，人们的注意力已经转移到基因和基因的频率上。从本质上说，进化的影响是在遗传水平上衡量的，而个体的适应性是这个领域的"硬通货"。也就是说，一种特征的价值是根据它对拥有这种特征的个体的益处来评估的，无论是牛或羊的角还是华而不实的羽毛。另一种选择后来被称为群体选择，但在《物种起源》（*Origin of Species*）和《人类的由来》[1]（*The Descent of Man*）中，达尔文已经写了他称之为"群体选择"的过程。他援引这一观点来应对群居昆虫中性等级的挑战并将这一观点扩展到包括人类道德情操的进化中。达尔文有一个著名的论点：

> 我们不应忘记，尽管高标准的道德对同一部落中每个男性个体及其子女所提供的优势微乎其微，但提高道德标准和增加具有良好素质的男性的数量肯定会给一个部落（相对于另一个部落）带来巨大的优势。毫无疑问，一个拥有众多成员的部落，并且这些成员在集体认同感、忠诚、服从、勇气和同情心方面具有优势，并且总是准备相互帮助并为共同利益牺牲自己，那么这个部落将会战胜大多数部落；这也是自然选择。[*4]

威尔逊的博士论文提供了一个数学模型，证明"群体和个体选择的概念不应被看作相互排斥的对立面，而是一个连续体的两个极端，自然界中的进化系统在这两个极端之间的间隔中运行"。[*5]这个结论掩盖了

1　《人类的由来》全称《人类的由来及性选择》（*The Descent of Man, and Selection in Relation to Sex*），是英国科学家查尔斯·达尔文的名著，首次出版于1871年。在此书中达尔文重点阐述了人类是怎么由低等生物进化而来的，并对他的性选择理论作了更多细节上的描述。

进化生物学中一场戏剧性的辩论，威尔逊现在将自己置于这场辩论的前沿。从这个理论先锋的有利位置出发，威尔逊将发展一项事业，最终实现在现实世界中建立达尔文城市的梦想。对威尔逊来说，鉴于他的理论倾向，特别是他对群体选择理论的发展，这个世界不会是托马斯·霍布斯（Thomas Hobbes）描述的那个令人讨厌的、残暴的、短暂的世纪，也不是维多利亚时代哲学家赫伯特·斯宾塞（Herbert Spencer）那种高度竞争、放任自由的世纪。威尔逊所设想的世界更像是达尔文在《物种起源》中描述的那片纠缠的河岸："想象这样一个纠缠的河岸，上面生长盖着许多种类的植物，灌木丛中有鸟儿歌唱，各种昆虫在周围飞舞，还有蠕虫在潮湿的土地中爬行，这些构造起来的精巧形式，彼此之间如此不同，又以如此复杂的方式相互依赖，它们由我们周围作用的自然法则塑造而成。"[6]在这个世界里，促成人类文化的因素，无论是经济的、社会学的、宗教的，还是政治的，都可以放到达尔文的机制中，接受达尔文主义思想家的分析，最终产出达尔文主义的产品：一个和谐的城市，贫困基本消除，政治充满活力，并且这种政体中所有成员都和平相处。

威尔逊的梦想并非前所未有。赫伯特·斯宾塞设想了一个"适者生存"将导致宇宙平衡的世界，这个概念在20世纪初得到美国工业寡头如安德鲁·卡内基（Andrew Carnegie）和约翰·D.洛克菲勒（John D. Rockefeller）以及优生学家如弗朗西斯·高尔顿（Francis Galton，达尔文的堂兄）和美国的查尔斯·达文波特的热情拥护。威尔逊的梦想也没有对现存的达尔文范式提出一个激进的替代方案。相反，他的梦想是拓展达尔文所描述的范式，并利用它将威尔逊所说的"学术群岛"统一在进化论的旗帜下。从他的角度来看，21世纪提供了一个他的前辈们——从斯宾塞到威尔逊——所没有的机会。现在，鉴于新实现的多层次视角和通过互联网访问大量数据的能力，将不同学科中记录的多样化人类经验编织成一种对人类社会组织的连贯的进化方法已成为可能。这是威尔逊的梦想和愿景。

成为科学家

据威尔逊自己说，他从小就立志成为一名科学家，尽管那时"不明白这意味着什么"，但那是摆脱父亲阴影的方法。"我想超越我的父亲，但要在他擅长的事情上与他平起平坐，实在让人望而生畏。我需要做一些他欣赏但自己做不到的事情，最好是一些他甚至无法评估的事情。[*7]于是，我想成为一名科学家。"从寄宿学校毕业时，威尔逊已决定成为一名生态学家。因为，生态学家是最完美的选择，不仅可以实现摆脱父亲阴影的目标，而且可以为增加人类知识储备的理性主义事业添砖加瓦。在罗切斯特大学读本科期间，威尔逊自己制作了设备，对纽约州北部的各种湖泊和溪流中的浮游动物进行采样。到本科毕业的时候，他已经完全下定决心要成为一名科学家并把浮游动物生态学作为他的专业。但没过多久，威尔逊就超越了他自己的传统观念，即生物学家在一个特定的系统中挑出一个特定的问题，然后从多个角度解决这个问题。对威尔逊来说，对进化论的理解以及对进化论包罗万象的认识将改变他的生活和哲学观念。威尔逊不仅主张在标准生物学领域内采用多层次的方法来解决进化问题，而且这将拓展达尔文的理论框架，把社会科学家的研究范围拓展到人类社会进化的各个领域。在他看来，研究人类文化的学生一直没有意识到"进化论透镜"的力量。

20世纪60年代中期，英国进化理论家威廉·唐纳德·汉密尔顿（William Donald Hamilton）提出亲缘选择理论并很快成为利用进化生物学解释社会行为领域的主流。在1964年发表于《理论生物学杂志》（*Journal of Theoretical Biology*）的两篇论文中，汉密尔顿提出，表面上的利他行为可以被理解为他所说的"包容性适合"的结果。他在摘要中解释："遵循该模式的物种应该倾向于进化行为，这样每个有机体似乎都试图最大化其包容性。"[*8]这意味着对自私的竞争行为的有限约束和有限的自我牺牲的可能性。汉密尔顿所创造的基本上是一种模型，这个模型描述了社会行为是如何根据个体之间的亲缘程度而进化的。[*9]"很明显，从基因的角度来看，"他总结道，"为了获取一点繁殖优势而剥夺大量的远亲权利是值得的。"这并不是对利他主义的完全认可。

在接下来的几年里，汉密尔顿的进化论思想被威廉斯在他的《适应与自然选择》(*Adaptation and Natural Selection*) 一书中奉为经典并被道金斯在《自私的基因》一书中神化。 两人都认为，太多的生物学家被未经充分检验的"物种之善"的论点所迷惑，这与达尔文的逻辑相悖。 后来被称为"汉密尔顿法则"的理论重新确立了达尔文自然选择的基本逻辑。 温文尔雅但立场坚定的威尔逊现在把其当作对他的挑战。

在职业生涯的前15年里，他先后在加利福尼亚大学戴维斯分校、密歇根州立大学凯洛格生物站工作，威尔逊孜孜不倦地对抗越来越以基因为中心的进化生物学方法。 在爱德华·奥斯本·威尔逊 (Edward Osborne Wilson) 1975年出版的极为成功的著作《社会生物学》(*Sociobiology*) 和道金斯1976年出版的畅销书《自私的基因》之后，科学期刊和大众媒体都对人类社会行为进行了大量的进化论解释。 这些行为，尤其是那些难以直接归因于物种内部个体竞争的结果的行为，大多是用亲缘选择理论来解释的。 威尔逊和他对群体选择的支持，已使得其成为备受围攻的异见者。

逆水行舟

在整个20世纪70年代和80年代，威尔逊作为唯一的作者或经常与研究生和选定的合作者继续发展他的群体选择理论，他的理论逐步融合到后来被称为多层次选择的理论中。 这一理论主张自然选择在生物组织的许多层次上同时起作用，从基因到性状，从生物体到生物体群，对物种层次，也许还不止这些。 对这一理论的研究使他与许多科学哲学家进行了交谈，这些哲学家对关于这条理论的科学性的辩论性质很感兴趣。[*10] 的确，在20世纪70年代和80年代，许多人将生物学哲学研究确立为一个独立的领域，都围绕着生物学中的还原论问题以及后来被称为选择水平辩论的问题展开。 这些哲学家关心的是，虽然基因选择可以提供对进化过程的精确解释，但它可能无法提供关于进化过程如何得到这些结果的最翔实的因果解释。 威尔逊参与了理论和哲学对话并开始与哲学家埃利奥特·索伯（Elliot Sober）合作，后者曾在哈佛大学比较动物学博物馆（Museum of Comparative Zoology）的理查德·列万廷（Richard Lewontin）的实验室里待过一段时间。[*11]在这一时期，威尔逊继续专注于理论，但也拓展了他的观点，致力于将群体选择和选择水平的方法置于更广阔的历史和哲学框架中。也就是在这个时候，威尔逊对使用他的进化"工具箱"来分析和理解人类行为和社会组织越来越感兴趣。在1989年的一篇论文中，他认为"选择水平理论将选择所作用的因素［单位（即基因、生物体和群体）］分开，当行为增加了单个群体内的相对效用时，其被定义为自利行为；当行为增加了群体的平均效用时，其被定义为群体利益行为。这就提供了一个框架，在这个框架中，理性的（效用最大化）人类不一定是自利的定义。"[*12]威尔逊和达尔文一样，想要一个能够解释人类道德感的理论。他确信汉密尔顿关于全面健康的观点并不能说明全部问题。群体层面的选择可以解释非亲属之间的亲社会行为，正如威尔逊所说——在这个世界里，"人类不需要被定义为自私自利。"

　　在他作为理论生物学家的整个职业生涯中，威尔逊与实验室工作保持着密切的"联系"。在实验室工作时，他发表了关于大量涵盖不同分类群体的论文，从植物到动物、从微生物到巨型动物。这些工作主要是为了充实和检验群体选择和多级选择理论的要素。尽管如此，威尔逊一直对将达尔文理论应用于人类种群很感兴趣，在20世纪90年代，人类社会逐渐成为他的研究焦点。回顾2007年出版的《每个人的进化：达尔文的理论如何改变我们对生活的看法》（*Evolution for Everyone: How Darwin's Theory Can Change the Way of Our Think about Our Lives*）一书，他写道："我对群体选择如此热衷的一个原因是，它除了与生命的其他部分有关，还与人类的状况明显相关。""我和同行们都认为自己是进化生物学家。他们尊重这样一种学术传统，即研究人类在某种程度上不是生物学的任务，这种任务仿佛让我们与大自然的其他部分隔离开来。我成了一个进化论者，也许是因为我是一个小说家的儿子。对我来说，这是一次意想不到的归宿。"[*13]威尔逊正在实现他的梦想，朝着用他作为一个进化论者的经验和知识来分析、理解并最终改进人类的目标前进。"我一直在和父亲划清界限，但现在我又回来思考我们自己的物种，就像他一样，只不过是通过进化论的视角而不是小说叙述的视角。"[14]

进化和人类状况

这种归宿，也是他实现达尔文城市梦想的开始。 这在他与哲学家埃利奥特·索伯尔合著的《致他人：无私行为的进化与心理学》(*Unto Others: The Evolution and Psychology of Unselfish Behavior*) 一书中有明显体现。 这本书脱胎于1989年发表在《理论生物学杂志》上的一篇论文《复活超级有机体》(*Reviving the Superorganism*)，文中他写道：

> 从某种意义上说，选择水平理论从根本上背离了过去20年来主导进化生物学的个人主义理论。 大多数进化论者一直被教导，而且许多人仍然教导他们的学生，更高层次的选择不太可能，以至于这些选择被忽略。 因此，几乎所有的适应都被解释为对个体（或基因）的好处，而对群体和社区的影响则被认为无关紧要。 在最极端情况下，自然选择的整个过程都以"自私基因"的概念隐喻自私为特征。[15]

威尔逊和主张从更广阔的角度考虑问题的多级选择论者则把注意力放在基因的选择上。 他发表了一篇广受欢迎的进化论分析文章，指出了以基因为中心的观点的缺陷并详细阐述了多视角的好处。 这种方法拓展了进化解释的领域，解释了以前人们知之甚少的现象，如延迟成熟和种群限制。 威尔逊继续扩展和完善他的数学模型并增加了支持多级进化过程的经验，但他似乎并没有赢得很多人的支持。 然而，在一个有点讽刺的转折中，学界对群体选择观念持续抱有的顽固抵触态度反而促使威尔逊的思想更加开放。 他更加坚持。 他将扩大研究范围。 他将在地球上最重要的物种——人身上，展示达尔文思想的力量。 威尔逊继承了他父亲在小说中描述和理解人类处境的努力品质，他将运用自己的进化工具箱更准确地描述和机械地理解人类处境并最终改善人类处境。

在这里，我们需要注意的是，威尔逊并非独自呐喊，也非该领域的开山鼻祖。尽管达尔文最初在《物种起源》中表述得很含蓄，只是泛泛地说："人类的起源和其历史（的研究）终将迎来光明。[*16]"可是他的许多追随者当然不这么认为。但达尔文本人在《人类的由来》和《人和动物的情感表达》(*The Expression of the Emotion in Man and Animals*) 中对此有所跟进。达尔文在当代的热心的支持者，英国人赫胥黎和德国人海克尔，都在19世纪末出版了关于人类进化论的作品，皆大受欢迎。德斯蒙德·莫里斯（Desmond Morris）的《裸猿》[2] (*The Naked Ape*) 和罗伯特·阿德雷（Robert Ardrey）的三部曲《社会契约》(*The Social Contract*) 《领土义务》(*The Territorial Imperative*) 和《非洲创世纪》(*African Genesis*)，在20世纪六七十年代因对人类进化的分析而俘获了大量读者。到了21世纪初，虽然历史上的前辈们已经不同程度地追求过，但威尔逊打算全盘接受一种方法，无论成功或失败。

尽管威尔逊知道19世纪晚期和20世纪早期的社会达尔文主义引发了种种的负面影响，但他仍然毫不气馁。在他最近的作品中，他一直认为许多历史人物，包括斯宾塞、威廉·格雷厄姆·萨姆纳（William Graham Sumner）和卡内基实际上根本不是达尔文主义者。他们只是引用了一个他们并未深入理解的理论。从某种意义上说，这种批评甚至适用于20世纪早期一些较为成熟的社会达尔文主义者和优生学家，包括英国人口遗传学家罗纳德·艾尔默·费希尔（Ronald Aylmer Fisher）和美国优生学家查尔斯·达文波特。在前一种情况下，威尔逊认为费希尔并不是不够达尔文主义，而是缺乏多层次的视角。而达文波特，他不仅对遗传学有一种天真的看法，而且在解决复杂的社会问题时机械地套用科学技术。到了21世纪，威尔逊认为，我们有正确的进化理论，只要在当

2　《裸猿》(*The Naked Ape*) 是英国科学家德斯蒙德·莫利斯在1967年所写的一本探讨人类行为的科学著作。在书里，他把人类当作一种物种亦即"裸猿"来看待。通过把"裸猿"与其他种类的动物作比较，讨论人类的种种行为。

前不同的学科之间建立联系，就可以实现改善人类社会的梦想。

在21世纪的第一个10年里，威尔逊致力于为他的达尔文梦想建立更广泛的基础（教育和政治）。他在新千年的第一本著作《达尔文大教堂：进化论、宗教与社会的本质》（*Darwin's Cathedral: Evolution, Religion and the Nature of Society*）被一位评论家描述为"如何追求一门进化社会科学的典范"。[17]这是对威尔逊最好的褒奖。事实上，《达尔文的大教堂：进化论、宗教与社会的本质》在很多方面都是他理论工作的巅峰。多层次的理论框架和他对群体选择力量的强调，使对人类宗教信仰作为群体选择的适应性特征的解释和分析成为可能。威尔逊的论述跨越了地理和时间的界限，解释了宗教信仰体系在人类社会进化中的亲社会效应，为他不断扩大的进化课题网络奠定了基础。在《达尔文的大教堂：进化论、宗教与社会的本质》里，威尔逊拓展了他的观点，认为人类社会是一个有机体。他认为，如果我们把各种各样的人类宗教团体当作有机体来分析，我们就会发现，它们的功能是单一的单位，而不是个体的集合。我们逐渐认识到，道德和宗教是一种生物和文化的适应，它使人类能够通过集体行动来实现单凭一己之力无法完成的事情。长期以来，学者们一直对宗教在人类文化中的作用很感兴趣。威尔逊关于宗教信仰和种群演变的论述强调了宗教信仰和种群的适应功能。从多层次的角度看，宗教作为一种适应性特征在人类社会有机体中发挥了作用，增强了成员之间的相互依赖性，从而提供了一种相对不那么完整和合作的群体的进化优势。

梦想的制度化

威尔逊实现达尔文主义城市梦想的下一步是在宾汉姆顿大学设立进化研究课程（EvoS）。威尔逊设立进化研究课程，是为了促进对"进化的核心原则的理解并将其从生物科学拓展到人类的各个方面。"[18]威尔逊希望通过这个课程来培养学生跨学科综合应用进化的能力。此外，或许更重要的是，这个项目将把远在各个"象牙群岛"（威尔逊经常用来描述当代大学学科的一个比喻）的教员们聚集到一个共同的、基于共同进化论观点的统一平台。威尔逊在他2007年出版的《每个人的进化：达尔文的理论如何改变我们对生活的看法》一书中把进化研究课程描述为"象牙群岛中的一个新岛屿，可以说是一个热带天堂。"[19]宾汉姆顿大学的进化研究课程包括来自11个不同部门的课程，有一些相关的学科，如生物学和人类学，以及一些不太相关的学科，如英语、工业和系统工程。

当宾汉姆顿大学开发出这个项目时，威尔逊开始了他的另一个梦想。2007年，他与时任佛罗里达州人文主义者协会主席的杰瑞·利伯曼（Jerry Lieberman）合作，共同创立了"进化研究所"（Evolution Institute），这是一家智库机构，其使命是"在公共政策领域实现进化研究课程项目试图在高等教育领域实现的目标"。[20]威尔逊认为，进化研究所完全是新时代的产物，也能引领新时代的潮流，能够"在当前的进化研究和现实世界的应用之间提供直接的联系。"在威尔逊看来，该研究所将汇集人类经验的各个方面的想法和问题，然后用进化的方法分析和评估它们，以制定更好地为人类服务的政策和制度。威尔逊和利伯曼承认早期社会达尔文主义曾带来的负面影响，但他们向读者和潜在的客户和捐助者保证，不应该被与社会达尔文主义有关的消极观念吓跑。他们认为："政治意识形态通常需要任何权威思想、宗教、科学或其他方面的支持。然而，意识形态思维的本质、群体内部的剥削与合作以及群体之间的剥削与合作，都迫切需要从遗传和文化进化的角度来理解，从而可以制定经协商达成一致的人类社会政策。"

这种情绪的表达虽然值得称道，但有取悦捐助者之意。人们可能会想到谷歌企业的座右铭："不作恶。"威尔逊认为，科学过程的自我修正性质，如果恰当地加以实例化，将避免走社会达尔文主义者的老路。威尔逊对科学持一种实证主义的观点，这种观点不受科学史上过去50年学术研究的影响。他似乎没有认识到这样一个事实，即科学永远不可能脱离其社会和历史背景，政治和经济方面的考虑往往胜过科学共识。只要看看目前关于全球气候变化的辩论，就能清楚地看到这方面的证据。

宾汉姆顿社区项目

2011年《自然》杂志刊登了一篇文章《达尔文之城》(*Darwin's City*)，作者是科普作家艾玛·马里斯 (Emma Marris)。 马里斯写道: "大卫·斯隆·威尔逊是否爱上了他的研究对象?" [21] 这对科普历史学家来说是个很有趣的问题，因为我们一直对研究人员与他们的有机体、实验室和理论之间的关系很感兴趣。 拿威尔逊来说，很明显，他选择宾汉姆顿，并非因为对它本身的特别偏爱，而是这是一个实现梦想的机会。 这座城市没有什么特别之处。 它的历史与纽约北部的其他城市相似，只是它恰好是威尔逊过去30年居住的地方。 在关于这个项目的书中，威尔逊惊叹: "我所能提供的是进化范式…… 如果我们不使用进化论的工具来反思一个达尔文的世界，那么我们就会…… 这应该被看作思想史上最积极的发展之一。 而我们正处在理解这一思想的边缘。" [22] 上述段落中的"这"，指的是威尔逊宾汉姆顿市。 利用标示出不同程度的利社会行为区域 (即或多或少的合作行为和以社区为中心的进行合作的区域) 的地图，威尔逊与宾汉姆顿公立学校、各邻里协会和当地企业开展了一些项目，以实施新的公共政策和项目，这些项目都是他进化论分析的结果。 马里斯在《自然》杂志上的文章中，回忆了威尔逊对该项目的描述。 "我真的很想看到一张利他主义的地图，"他说，"我在脑海中看到了它。 他兴奋地意识到，他的模型和实验提供了关于如何干预、如何构建现实世界的群体的线索。 而现在是实施阶段。 威尔逊决定，用进化论将改善宾汉姆顿社区居民的生活。" [23]

这些项目中，已经有一些进入了实施阶段。 第一个进入实施阶段的项目是威尔逊与宾汉姆顿的布鲁姆联合项目，该项目试图建立一系列基于社区的公园，公园建立的标准，比如公园的选址，将依据威尔逊团队依据其理论绘制的社区地图。 社区的居民可以参与公园的命名。 公园的目标是改善选定社区的环境，从而增加社会资本和亲社会行为的水平。 虽然这对许多观察者以及这个项目的一些参与者来说似乎没有进化论的意思，但威尔逊坚持认为，如果没有进化的视角来指导这个过程，成功的可能性将微乎其微。 在《美国游戏杂志》(*American Journal of Play*) 的两篇文章中，他和他的合著者描述了如何从进化的角度分析他们团队收集的信息，以确定他们的干预将产生最大影响力的领域。 他们认为进化过程的3个组成部分——变异、选择和遗传——是其中的一部分。[24] 他们坚持认为，公园项目的设计是一个受管理的文化演变过程。提交的方案肯定会有变化，可以根据精心设计的评判标准进行选择。 实施最好的计划并让所有社区成员都能参与到未来的竞争中，这就是遗传，是文化上的遗传机制。 当执行的计划在不同程度上成功时，就会进行第二轮选择。[25] 虽然从威尔逊和他的团队的角度来看，这个过程在本质上是进化的，但是对于很多参与者来说，这个过程中的进化因素看起来颇像管理试错。

在目前正在进行的另一个项目中，威尔逊的团队正在研究宗教在生活质量中的作用。 指导研究的问题包括社会群体的组织和功能如何影响其成员的福利，以及普通社区和宗教社区在社区功能和成员福利方面是否存在差异。 这项研究是与挪威公共卫生研究所合作进行的，旨在提高宾汉姆顿市民的生活质量。 在这里，推进这个项目发展的因素并不明显。 然而，威尔逊坚持认为，进化论的视角对实现一个人类城市像一群勤劳的蜜蜂一样有组织、有效率地朝向目标迈进至关重要。

作为一个梦想家，威尔逊最令人着迷的地方在于他能够保持初出茅庐的热情。 他进入每一个新的项目，无论是关于宗教信仰的本质，还是关于公立学校教育学的分析，他都带着第一年读研究生时求知若渴的眼神，兴奋不已。 虽然这种热情极大地鼓舞和感染了威尔逊的许多合作者，但我发现这种对进化思维的力量的信心本质上是站不住脚的。 尽管威尔逊满腔热情，但他却无法承认科学家（以及其他社会救星）的梦想是如何经常出错的。 他仍然相信，在多个层面上进行平衡选择的影响，将避免那种简化的、自上而下的社会工程，这种工程破坏了先前社会达尔文主义的形式。 根据威尔逊的梦想，这种民主的、数据驱动的、以共识为基础的、集群式思维的方法，只需要一个机会来证明它的有效性，宾汉姆顿就是那个机会。

梦想是现实还是理想？

威尔逊在写到一个评估来世信仰及其潜在的进化意义的新项目时断言："我对就宗教这一主题是否能达成共识持乐观态度，因为主要的进化假设作出了可测试的预测，而我们有大量关于世界各地宗教的信息。"[26]他接着描述了他与宗教学者和神学家之间相互尊重的互动与合作，并将他的宗教进化论方法比作达尔文最初的努力。

> 我对宗教的研究越深入，我就越觉得自己的处境和达尔文差不多。他那个时代的自然历史学家已经积累了大量关于世界各地动植物的信息，但它们没有组织。达尔文的伟大成就是用他的进化论组织了所有的信息。我需要咨询宗教学者，就像达尔文需要咨询自然历史学家一样——通过培养一种相互尊重的关系，就有可能像达尔文组织自然历史信息那样组织大量的宗教信息。在大量的案例研究之后，我们将更接近于从进化的角度全面理解宗教，这可以应用在一个小的空间尺度上，诸如我的城市宾汉姆顿。[27]

威尔逊在自然史和宗教研究学科、宾汉姆顿市和全球的地理尺度以及从当代到"整个历史"的时间尺度之间的切换是令人惊叹的。这也掩盖了其对一般科学过程，特别是对进化论的力量的深刻而持久的承诺。然而，在这位历史学家看来，这种承诺却缺乏历史意识。这一点尤其具有讽刺意味，因为威尔逊在自己倡导群体选择的生涯中，曾逆历史潮流而游。威尔逊认为真理会出现，这与科学史甚至他自己的经验都不一致。虽然科学过程的理想被设想为某种不可阻挡地向真理进军的过程，但科学史清楚地表明，这条道路是蜿蜒曲折的，我们经常迷失，有各种障碍阻挡，无论是理论的、技术的、政治的，还是经济的障碍。十多年前人类基因组计划完成时承诺的人类健康革命，仍然是一个越来越复杂和遥远的目标。关于全球气候变化的现实和适当的应对措施的持续争论，也让以科学的方法解决复杂的人类问题的想法落空。

威尔逊是一个梦想家，他希望自己的科学能够改变世界。他第一次意识到理论和数学模型可以改变我们理解利他主义背后的进化动力的方式。在他的整个职业生涯中，他跨越了自然界的所有层次和所有群体，继续从进化论中寻找有关人类社会组织的深层次问题的答案。从某种意义上说，威尔逊实现了他的梦想。他的城市是他的实验室，他的邻居是他的研究对象。他疯狂地工作以完成新的项目，并继续收集数据以对这些数据进行进化分析。宾汉姆顿会改进吗？威尔逊的梦想会实现吗？我们要拭目以待。

备注

1. David Sloan Wilson, *The Neighborhood Project: Using Evolution to Improve My City One Block at a Time* (New York: Little, Brown, 2011), 7.

2. "Dynamic Ecology," last modified May 21, 2014, online at dynamicecology.wordpress.com/2014/05/21/what-are-the-greatest-ecology-evolution-dissertations-ever/.

3. David Sloan Wilson, "A Theory of Group Selection," *Proceedings of the National Academy of Sciences* 72, no. 1 (1975): 143-46.

4. Charles Darwin, *The Descent of Man and Selection in Relation to Sex* (London: John Murray, 1871), 166.

5. Wilson, "Theory of Group Selection," 145.

6. Charles Darwin, *On the Origin of Species; or, The Preservation of Favoured Races by Means of Natural Selection* (London: John Murray, 1859), 489.

7. David Sloan Wilson, *Evolution for Everyone: How Darwin's Theory Can Change the Way We Think about Our Lives* (New York: Random House, 2007), 326.

8. William D. Hamilton, "The Genetical Evolution of Social Behavior," *Journal of Theoretical Biology* 7 (1964): 1.

9. Hamilton, "Genetical Evolution of Social Behavior," 16.

10. See, for example, the work of philosophers Elisabeth Lloyd, David Hull, Bill Wimsatt, and Elliot Sober, among many others.

11. David Sloan Wilson, "The Group Selection Controversy: History and Current Status," *Annual Review of Ecology and Systematics* 14 (1983): 159-87; and "Levels of Selection: An Alternative to Individualism in Biology and the Human Sciences," *Social Networks* 11 (1989): 257-72.

12. Wilson, "Levels of Selection," 269.

13. Wilson, *Evolution for Everyone*, 342.

14. Wilson, *Evolution for Everyone*, 342.

15. David Sloan Wilson and Elliott Sober, "Reviving the Superorganism," *Journal of Theoretical Biology* 136 (1989): 352.

16. Darwin, *Origin of Species*, 488.

17. Peter Corning, "Unmasking *Darwin's Cathedral*: It's Not Just about Religion" (redavid view of Darwin's Cathedral, by David Sloan Wilson), Skeptic Magazine, 2003, online at skeptic.com/reading_room/unmasking-darwins-cathedral/.

18. See "EvoS," online at evolution.binghamton.edu/evos/.

19. Wilson, *Evolution for Everyone*, 9.

20. "Why a Think Tank?," online at evolution-institute.org/about/why-a-think-tank/.

21. Emma Marris, "Darwin's City," *Nature* 474 (2011): 146-49.

22. Wilson, *Neighborhood Project*, 161.

23. Marris, "Darwin's City," 146.

24. David Sloan Wilson, "The Design Your Own Park Competition: Empowering Neighborhoods and Restoring Outdoor Play on

a Citywide Scale," *American Journal of Play* 3 (2011): 545-46; D. S. Wilson, D. Marshall, and H. Iserhott, "Empowering Groups That Enable Play," *American Journal of Play* 3 (2011): 523-38.

25. Wilson, "Design Your Own Park," 548.

26. Wilson, *Neighborhood Project*, 310.

27. Wilson, *Neighborhood Project*, 311.

第六部分

分类学家

Tim Horder
蒂姆·霍德

达西·温特沃斯·汤普森

融合者

达西·温特沃斯·汤普森（1860—1948）在其经典且极富个性的著作《生长与形态》（*On Growth and Form*）中提出了关于生物形态结构形成机制的独特见解，这些见解对于同时代的科学家来说，有些古怪，但现在看来却是高度原创且具有远见。他反对当时常见的用生命力论来解释概念的方式，认为生物的解剖形态中所见的适应性和结构完整性可以用物理力量来解释，并可以用数学术语准确描述。他可被视为生物学现代化的一部分。这本书至今仍激励着杰出的生物学家，并对艺术家、建筑师和工程师产生了重大影响。

引言

很难有人比达西·温特沃斯·汤普森更配得上"远见卓识"一词。作为一名生物学家，他结合自然历史和数学，发展出了一种研究生物进化和成长的新方法。在那个时代，他以其独特且具有穿透力和高度独创性的方法，从主流科学中脱颖而出。汤普森对科学的贡献几乎可以说浓缩在了《生长和形态》一书中，这本书见证了生物学百余年来的精彩并向

293

大众展示了汤普森面对生物学时的独特视角。[*1] 一百多年过去了，该书仍不断被出版并由史蒂芬·J.古尔德（Stephen J. Gould）[1]亲自撰写序言推荐，影响着一代又一代对生物怀揣美好梦想的人……当生物学家们满足于简单地对生物形式进行分类时，汤普森便开始寻找生物形式中存在的因果解释了。在20世纪早期，汤普森对自然历史科学进行了"一场革命"，他用数学和物理概念解释了生物现象。书中把古典几何学与近代以来的物理学巧妙结合，文笔优美，引经据典，观点独特而深刻。比如解释了蜂巢的六边形巢室和蜗牛壳上的弧线，以及向日葵种子的螺旋形状都是遵循着怎样的数学原理并向人们展示如果向骨头施压，钙分子的栅格形状是怎样在骨骼中排列以达到最高效的组织结构。1960年诺贝尔生理学或医学奖得主彼得·梅达瓦（Peter Brian Medawar）评论该书：有史以来英语科学典籍中无与伦比的文学作品。然而，当他的书于1917年出版时，许多被当时主流科学熏陶的生物学家们，对这种新思维都持否定态度。

本章节主要聚焦于探讨汤普森所持观点的起源和《生长与形态》一书在当时以及现在的影响力。需要指出的是，这本书成书于生物史形成时期，许多现在我们所认为理所当然的基本概念，在当时人们对其的认知却十分有限。那时许多生物学的基本原理都极具争议性，而且定义不清，比如基因的作用和性质、细胞的结构、细胞如何协作并发展成组织，甚至达尔文的进化论是否足以解释整体的生物现象都存有疑问。而现代生物学的基础——分子生物学，对当时的人们来说更是一种闻所未闻的科学。因此，虽然《生长与形态》一书被奉为经典之作，但对现代读者来说，汤普森处理许多关键问题的方式也难免让人觉得有些粗略、难以理解。

如何理解《生长与形态》一书呢？我们首先得明白汤普森本人对生物学的主张和态度——通过应用数学和物理的精确性来推动生物学

1　史蒂芬·J.古尔德是一名美国古生物学家、演化生物学家、科学史学家与科普作家，职业生涯中的大多数时间是在哈佛大学担任教职，曾在纽约的美国自然史博物馆工作。

图 17 达西·温特沃斯·汤普森

的发展。书中内容在很大程度上是由一系列精心挑选的生物结构所组成，汤普森则用数学的方法对其进行了精确描述，从单细胞生物到脊椎动物，他采用物理定律和方法推测了细胞的形状和大小的演变过程。虽然连书名中的"形态"一词，现在都已经是个过时的术语了，但到目前为止，这本书还是为生物学的研究提供了一个很好的例子。在汤普森时代，它被认为是确定生物体类型之间差异的关键。人们认为，整体形状本身就足以抓住单个生物体的基本特征，而不论其有何种组成部分。

汤普森其人

汤普森不仅在思想上卓尔不群，外表也颇具一位有远见卓识学者的风采。他的挚友克利福德·杜贝尔（Clifford Dobell）在给汤普森的悼词中写道："他是一位典型的维京人。"他身材高大、一头红发、飘逸的胡须和明亮的蓝眼睛，时常戴着一顶特制的宽边帽，偶尔肩膀上还会放着一只鹦鹉。[*2]对学生而言，他是一位深受欢迎的讲师；而对女儿来说，他"粗鲁……易怒、冲动、自我……"。[*3]

汤普森出生于爱丁堡，是家中独子，其外祖父是当时著名的兽医，父亲则是杰出的古典学家。[*4]1878—1880年，汤普森在爱丁堡接受了两年医学教育后，去往剑桥大学三一学院（Trinity College, Cambridge）专攻自然科学。1884年，大学毕业后不久，年仅24岁的汤普森便被任命为一所小型大学邓迪大学（University of Dundee）的首位生物学教授并承担了教学和行政管理方面的所有工作（包括创建博物馆）。[*5]此外，他还担任了英国驻国际捕鱼委员会代表这一费时费力的职位，工作内容包括旅行、管理和国际通信——每一项工作内容似乎都抵得上一份全职工作。[*6]他在1915年发表的名为《形态学与数学》（*Morphology and Mathematics*）的论文则给人留下了深刻印象，因此于次年被选为英国皇家学会（The Royal Society）会士。可以说，在《生长与形态》这本著作面世之前，汤普森已经是小有名气的公众人物了。1917年，他开始在圣安德鲁斯大学（University of St.Andrews）担任自然系教授。1948年因其生平杰出的贡献，汤普森最终被授予爵士头衔。[*7]

"父亲在很多方面都是一个真正的维多利亚时代的人。"他的女儿在回忆录中写道。[*8]汤普森是当时英国杰出的科学家之一，他与查尔斯·斯科特·谢林顿（Charles Scott Sherrington）和阿尔弗雷德·诺斯·怀特海（Alfred North Whitehead）这两位获得杰出成就的科学家在剑桥大学时是同窗。而他们与汤普森一样，都聚焦于以全面的思维体系来解决基本的科学问题，在职业生涯的后期他们都对哲学保持着热情和兴趣，[*9]他们最终做到了将哲学与科学融为一体。汤普森的观点与当代另一位英国著名的孟德尔学家威廉·贝特森（William Bateson）的观点明显有相似之处。[*10]两人的观点都反映了生物学从19世纪中叶的调查风格——描述性和分类性——向以生理学为首的越来越多的实验性和分析性的实验室科学的过渡。汤普森的方法论在很大程度上受到了他在剑桥大学的经历的影响，在那里，物理学的辉煌成就被认为是科学进步的理想，而数学则提供了最终的"证明"形式，在面对大量复杂数据的积累和缺乏确定的概念的情况下，这是一条通往精确的途径，这使得生物学在当时有别于物理科学。[*11]

诺贝尔奖得主彼得·布赖恩·梅达瓦（Peter Brian Medawar）盛赞汤普森："他才高八斗，学富五车，几乎没有人能同时拥有这么多天赋。"1929年，汤普森担任英格兰古典协会的主席，曾获达尔文奖章和林奈学会金质奖章。他的偶像是亚里士多德，为此翻译过其著作《动物志》（*Zoography*），此外，他还出版过《希腊鸟类名录》（*A Glossary of Greek Birds*）（他称其为"我眼中的苹果"）。同时他遵循柏拉图和毕达哥拉斯学派的教义，认为自然的各方面信息皆可以用数学的语言来表示。而最引人注目的便是在《生长与形态》一书中，他能够将科学与古典人文主义融会贯通。[*12]不过由于多受古籍文风和内容的影响，《生长与形态》的整体风格稍显晦涩，这给早期评论家们留下了深刻印象。或许这如同汤普森的自述："造出漂亮的句子，是我唯一的才能，我必须把它发挥到极致；这也是唯一一令我有点骄傲和自豪的事情。"他写书时会假定读者与自己一样都受过高等教育，所以就很好理解该书为何晦涩了，但书的价值在于知识和价值的传承延续，其带给人类的价值是无限的。[*13]

汤普森一生著作超过300篇，从书评、悼词、旁注到关于收藏、经典、解剖学或分类学主题的学问研究，无所不包。有些出现在《乡村生活》（*Country Life*）或《古典评论》（*Classical Review*）上，也有些出现在《自然》上。他对动物学的研究延续了英国自然历史研究的传统，这一传统当他在剑桥大学上学时就耳濡目染了——与做实验相比，他更喜欢博物馆的工作，而且他在任何时候都未尝试走进实验室做实验。目前邓迪大学仍设有汤普森动物学博物馆，以供现代游客领略这位极具古典浪漫主义色彩的科学家的研究成果。不过人无完人，在他早期的职业生涯中，注意力不集中是一大问题。在许多私人信件上，我们都可以发现许多人对他这一缺点的批评。汤普森的导师、剑桥大学生理学学院创始人迈克尔·福特（Michael Foster）曾对"注意力低"这一缺点提出过严厉指正："我想只有敦促你完成一件或另一件工作，你才能真正完成任务（1885年）"后来导师还警告他："如果你选择拖延，而时间终将会流逝，那么研究之路终将变得十分困难（1888年）。"[*14]正如杜贝尔所说："汤普森的基本哲学理论是折衷主义的极端体现。"[*15]

杜贝尔还将汤普森的科学贡献总结如下："他对普通动物学研究的贡献……几乎都是在他工作生涯的前30年里发表的，但我却很难看到这些研究和发现的联系，或与他的主要著作有任何联系。与其说是动物学研究，不如说汤普森主要研究了形态学和系统学，将古典几何学与近代物理学巧妙结合，解释了某些生物的形态。我想，相较于动物学，汤普森对普通生物学的贡献更大……也只有他能够构思和撰写《生长与形态》了。"[*16]

关于生长与形态

现如今，汤普森因其57岁时出版的科学著作《生长与形态》而享誉世界。从这本科学巨著中，我们不仅能看到其个人知识的渊博，更能发现其才华的夺目。他是一个真正的学者型博物学家，是一个传统主义者，是一个充满矛盾的人，也是一个苏格兰式的思想卓绝、独立之人。

在1909年之前，他并没有写这样一本书的打算，直到受到其同事的鼓励，他才提笔写作。[*17]著名胚胎学家威廉·鲁克斯（Wilhelm Roux）和理查德·阿舍顿（Richard Assheton）给他的信中表明，汤普森于1911年10月开始写作这本书，于1915年完成。[*18]他的这本793页的书得到了很高的评价，[*19]并于1922年再版。在本章节开始，我们就提到《生长与形态》是汤普森对其观点的唯一连续表述，那么这样一本篇幅冗长、内容复杂到令人生畏的"观点论"为何会产生了如此深远的影响且经久不衰呢？

在很大程度上，《生长与形态》遵循了汤普森早期在编纂古希腊典籍时所体现的学术习惯，它几乎涵盖了对自然的形态学研究，其中不乏一些数据图表以及统计学相关知识的佐证。书中介绍的内容均基于物理科学的常用方法，对有机形态展开研究。[*20]汤普森还向读者阐明，如何具体地通过物理的方法了解生物形态学。[*21]这本书的章节从简单的单细胞生物出发，再到复杂且庞大的生物，比如人类的骨头或整条鱼，贯穿全书的是各种生物形式的插图，清晰地向人们展示了生物和非生物结构之间惊人的相似之处。[*22]

1942年，《生长与形态》第二版正式出版，其页数也从793页增至1116页。这些变化相当于增加了新的或更详细的例子；大部分原始文本保持不变。一些关键的纲领性章节也都被逐字逐句地保存下来，只补充了更多的研究数据和样本。[*23]但一些错误仍未被纠正。大多数修订可能是在20世纪30年代进行的，但印刷被推迟了，参考文献一直添加到1940年。[*24]因此，新版基本上是对第一版的扩展，在这个版本中，汤普森在他七十多岁时继续采取他职业生涯早期采取的积累示例的方法。[*25]不过需要注意的是，由于书本在第二次出版前未考虑1917年以来发生的许多重大科学事件，包括20世纪30年代所提出的现代达尔文主义（亦称综合进化论），在该理论的定义中，对现代遗传学的理解被整合到了普遍为大众接受的达尔文进化论。[*26]因此，对汤普森立场的解读必须基于第一版和1917年的视角。

虽然汤普森本人学富五车，对古典学和文学颇为了解，但《生长与形态》一书并非对当时相关文献的系统回顾，这一点值得特别说明，汤普森仅在对当时一些具有争议性的生物学基本问题进行论述时，以补充解释的方式将内容加以引用。[*27]正如他本人所指出的，他不希望这些内容喧宾夺主。因此，后人在阅读时，很难概括总结出汤普森本人在一些关键理论上的观点，尤其是他对孟德尔遗传学和达尔文进化论的粗略论述以及他的文字中所透露的质疑，使不少评论家对此困惑不已。此外，这本书与其他生物类启蒙书或是科普书不一样的是，它没有对生物学知识进行最全面的解释，也没有对它们进行详细分类。那么这时候若是人们能够理解汤普森本人对生物学这一学科的认识和看法时，也就不难理解为什么《生长与形态》中没有任何重要理论和概念。因为汤普森本人致力于推广一种以数学和物理学为基础的生物学方法，他希望通过成熟的学科方法给一个新兴发展的学科带来更多精确清晰的体系和具有共识性的理论认知，所以当你读《生长与形态》出现困惑时，要时刻记住汤普森本人的撰写初衷。

对进化论的质疑和思考

1894年，汤普森在英国科学促进会发表题为《达尔文主义的困境》(Difficulties of Darwinism)的演讲[*28]，当时人们普遍认为，达尔文的自然选择解释了"物竞天择，适者生存"，解释了淘汰不适合的东西，但却没有解释使动植物"进步"成为可能的新事物。[*29]也就是说，不能用自然选择来解释所有的进化现象。由此"定向进化"的概念逐渐被引入，这一概念设想了生物体内在的潜能，能使其朝着更完美和更适合的方向发展。[*30]1884年时汤普森就已经注意到这一点，但后来遇到了一个更大的困难。[*31]正如他在1926年时所写道："是威廉·贝特森(William Bateson)，比任何人都能向我们证明达尔文主义发展的困境，进化的问题远未得到解决，物种的起源实际上是一个未解之谜。他对'变异'的研究打破了'自然选择本身就是对有机世界产生了形式和对称性印象'的原始信念。"[*32]1894年贝特森注意到各种动物形态之间的突变（"跳跃"），似乎与达尔文的渐进主义不符，因为达尔文的自然选择理论是通过连续的适应性来达成新的物种起源。[*33]汤普森指出"用自然选择解释整个有机进化的充分性已经在许多方面受到质疑"时，并不意味着他不接受达尔文进化论的基本概念，相反，他极有可能是沿袭了这一代生物学家中许多人典型的观点——该理论还需进行充分性论证和补充。[*34]他指出："非常明显，（达尔文的进化论）各方面都存在比以往更大的挑战，而我们需要对此谨慎对待。"[*35]

在谈到生物现象的物质基础时，汤普森避免了基于元素结构的简单还原主义，而强调了从机械力学的角度解释形态学。同时，受到同时代剑桥大学物理学家，特别是生物物理学家威廉·哈迪（William Hardy）的影响，他认为，细胞应该从动态角度来看待，而不是局限于显微镜学家下所呈现的细胞器结构。[*36]正如他提到的："物质本身不产生任何东西，不改变任何东西，不做任何事情；细胞及其内容物永远不能单独作为物质行动，而只能作为能量的集散地和力的中心。"[*37]汤普森对遗传因素的物理性质的看法与贝特森在20世纪20年代T.H.摩尔根（T.H.Morgan）将孟德尔遗传追踪方法与染色体显微结构联系起来的重要工作相似。[*38]正如汤普森在1923年的一封信中写道："染色体学家们的研究进展得不错，但他们的理论太过沉重，会因自身的重量而倒塌。同时，与他们争论几乎没有用处。[*39]至于孟德尔主义，他承认"遗传仍然是一个极其重要且神秘的事物，对此无可置疑。[*40]

在著书之时，汤普森担任英国科学促进会的主席，他借着职位之便对更广泛的生物学观点进行相关调查，包括"关于生命力论的假设"，这对生物学家来说是迫切需要弄清的问题。[*41]当时，关于生命力论不可避免会有很多不同的理解，因为生物独特的定义特征，所有生命体都具有其唯一性。[*42]生命力论提出了一种生物学特有的"附加力"，解释有机生物体与非生物体的区别。《生长与形态》的成书则通过严格的物理化学理论"推翻"了不同生命理论。[*43]正如汤普森所阐明的那样："与形态学相关的任何问题，都不及机械力学、数学规律等相关的问题能吸引我的注意，从而使我更加沉醉于生物学的研究。"[*44]

总的来说，我们可以看到，汤普森正在寻求定义一种严格的方法论，它避免了纯粹的假设性概念，如正生论或生命力论，而且他正在批判性地回应将系统发育树作为早期动物学传统中典型的进化路径指标的投机性和仅仅是描述性的构建。[45]他说："对生命进化形式的研究应该是描述性的或是分析性的。"汤普森在《生长与形态》中所提供的便是一种基于"分析性"的方法论，或是基于某些因果关系给出的关于生物体的解释。书中的示例皆对生物的形状、形式作出解释，而书名中的"生长"一词则完全体现了书中所描述生物体的形态演变。[46]

转变

《生长与形态》一书中最后一章的主题是"转变"，也是该书的精华所在。他的目的是说明在考虑较大的生物体时，各个解剖部分必然受到整体结构的制约。[47]汤普森认为，协调转变（coordinate transform）可以作为证据，证明了生物体的生长规律已经逐渐渗透到了生物结构中。他用图示的方法向读者说明，在每种情况下，叠加网格线的变形模式都展示了可能解释不同解剖结构的整合生长模式，例如不同类型的鱼。[48]汤普森用十分生动的语言表达他的思想："生长的深层节奏是形态遗传的基础，它造就了形态相似性。"[49]

由于协调转变的理论不具备描述或计算具体结构的体系，它只是强调了生物体解剖类型之间的相似性，所以对上述汤普森提出的观点来说需要考虑更多局限因素，也只有了解这些局限性才能进一步对该方法进行更全面的评估。

物种进化过渡在当时还未得到确切的解释，学界提出"新力系统"，试图以纯数学的形式解释物种间的进化过渡。但汤普森认为复杂的图形变化用于描述物种的进化过渡将会使人们更易于理解物种进化本身，虽然图形本身很难被定义或解释。该方法一个更大的局限性在于无法描述像鱼类和四足动物那样有很大差异性的生物体。[51]于是在汤普森对《生长与形态》进行再次修改并出版时，他假设这种差异性大的生物体进化是受外界盐分变化的影响而不是受遗传因素影响。[52]从而他得出结论："非连续性"是所有分类中固有的，无论是数学、物理还是生物学的分类标准。[*53]

来自汤普森的精神遗产

"转变"理论，在那时被视为汤普森诸多方法论中最原始且最容易应用于实际理论研究的部分，而对许多年轻的科学家来说，汤普森的理论则为他们提供了宝贵的理论"财富"，其中最为著名的是生物学家赫胥黎。[*54]1916年时，赫胥黎进行了一系列"生长"实验，优化了汤普森此前所采用的以代数描述解剖结构进而得出生物体生长率的方法——相对生长。[*55]1932年，赫胥黎针对汤普森的变换理论发表了名为《关于相对增长的问题》(*Problems of Relative Growth*) 的论文。[*56]然而，1945年的一篇报告指出汤普森的变换理论是否具有普遍适用性仍有待商榷，此后，越来越多的生物领域专家学者开始公开表达对《生长与形态》一书中相关理论的疑问。[*57]

而《生长与形态》的伟大之处在于，很多人甚至没有阅读过它，但却一直深受其变化理论的影响。举几个例子来说，数学家和生物理论学家布瑞安·古德文 (Brian Goodwin) 一直反对"简化论"的观点；史蒂芬·杰伊·古尔德 (Stephen Jay Gould)、约翰·泰勒·邦纳 (John Tyler Bonner) 和许多普林斯顿大学的生物学家将相对生长法引入其日常科研工作；物理学家薛定谔和图灵承认了《生长与形态》这本书对他们的影响；来自英国的诺贝尔奖得主、生物学家梅达瓦在大力赞赏该书同时也表示："尽管书中有一些引起争议的观点，但无疑《生长与形态》一书在生物学领域的地位无人能撼。"他从汤普森的文字里看到了科学著作的典范，以至于这样具有深刻感染力的文字对他个人《本体论与系统发育》(*Ontogeny and Phylogeny*) 一书的写作也产生了深远的影响。[*58]

可以说汤普森创造了生物学史上最具借鉴意义的图像学，《生长与形态》中所涵盖的生物种类繁多且均以清晰明了的图片进行展现，这样有价值的内容在科技高度发达的现在仍令人信服。现如今人们在工程、地质、生物等领域，都会被一些十分醒目且富有启发性的图形阵列所吸引，在很大程度上这些"吸睛"之处更是基于《生长与形态》对现代科学的启发，最典型的是福斯桥（Forth Bridge，一座爱丁堡城北福斯河上的铁路桥），其悬臂的形态很容易让人联想到《生长与形态》中的恐龙骨架的样子。[*59] 可见，长久以来艺术家、建筑家、工程师们不停地受到汤普森理论的启发。时至今日，人们依然可以在邓迪大学汤普森动物学博物馆领略到他对科学的认识。

写在最后

汤普森从基础出发，研究了深奥的进化论知识，《生长与形态》可以说是对那一代生物巨匠的思想写照。汤普森本人则将自己的理论称为"异端学说（heresies）"，[*60]在外界看来，他的学术成就是生物学现代化发展进程中的一个重要组成部分。[*61]而他本人对待学术理论更是十分严谨，在其书中所提到的生物学分析方法在著书时已经得到一定的发展，所以他认为自己只是这种方法的"引用者"并坚持认为《生长与形态》这本书是"序言"。[*62]总的来说，汤普森在这本书中的一个主要目标便是鼓励不同领域的专家们在进行研究时拓展其思路，因为数学的精妙之处在于可以描述人类无法预见的身体结构，而物理学的体系则正好可以给出该结构最好的解释。[*63]

不过遗憾的是，有人认为对汤普森科学贡献的定义十分"尴尬"，《生长与形态》解释了生物力学的重要性，而在现代生物学里分子遗传学解释了生物是如何发展的，汤普森的观点却很难与今天的分子遗传学观点保持一致。[*64]

但汤普森对后世的影响绝不会因简单依据理论变换与否来判断，抛开生物学这一单一领域不说，汤普森的贡献值也在于他对一种数学方法论的探索。通过数学方法体系验证并定义生物复杂结构的适应性和协调性，基于这方面，他的贡献值不可小觑。而一代又一代的生物学家们通过《生长与形态》这本书发现并了解了对生物体结构完整性且最具魅力的表达方式，以个人的知识储备和思想境界影响着一代又一代人，在这方面，汤普森无疑是一个具有远见的梦想家！

备注

I am grateful for helpful comments received from Richard Boyd, Oren Harman, Nick Hopwood, Matthew Jarron, Eddie Small, and Andrew Woodfield.

1. D. W. Thompson, *On Growth and Form* (Cambridge: Cambridge University Press, 1917; 2 nd ed., 1942; abridged ed., edited by John Tyler Bonner, 1961; 2 nd abridged ed., 1971). Quotations in this chapter are taken from the 1917 edition of *G&F*; squarebracketed page references are from the 1942 edition.

2. Clifford Dobell, "D' Arcy Wentworth Thompson," *Obit. Not. Fell. Roy. Soc.* 6 (1949): 603.

3. Ruth D' Arcy Thompson, *D'Arcy Wentworth Thompson: The Scholar Naturalist*, 1860-1948 (London: Oxford University Press, 1958), 159.

4. His mother died following his birth, and he was brought up by her family in Edinburgh. He got to know his much-admired father—academic, schoolmaster, classicist—only later in Ireland. They shared the same names. "Father and son were both, mentally and physically, several sizes larger than the common run of mankind, and they were both fated to live in backwaters" (Dobell, "D' Arcy," 614). After thirty years of collaboration, they published a translation (with annotations) of Aristotle' s *Historia Animalium* in 1910.

5. Eddie Small, *Mary Lily Walker: Forgotten Visionary of Dundee* (Dundee: Dundee University Press, 2013). Thompson' s earliest publications included a translation of Müller' s *The Fertilisation of Flowers,* with a preface by Darwin, in 1883, and *A Bibliography of Protozoa, Sponges, Coelenterata, and Worms,...* (1861-1883) in 1885.

6. Thompson, *D'Arcy,* 148. His involvements included the Behring Sea Commission (1896-1897), which "changed the course of his life" (ibid., 99); the Fisheries Board of Scotland; and the International Council for the Exploration of the Sea (1902-1947), as editor of its *Bulletin Statistique* (vols. 8-27, 1911-1927).

7. Married in 1901, he was much involved in charitable work in Cambridge (Thompson, *D'Arcy,* 62) and Dundee (Small, *Mary Lily Walker*). He "was deeply religious, but he had no 'religion,' in a sectarian sense." (Dobell, "*D'Arcy,*" 614). "He was at heart a lonely man, and sometimes felt his intellectual isolation acutely" (ibid., 613). "The disappointment of never becoming a Fellow of his beloved College was one that he never got over" (Thompson, *D'Arcy,* 64); it was "a bitter blow" (Dobell, "D' Arcy," 602). Marked by his failures to obtain prestigious jobs, "he felt his isolation in Dundee acutely" (Thompson, *D'Arcy,* 159), having spent "thirty years of his early life 'in the wilderness' " (ibid., 164).

8. Thompson, *D'Arcy,* 182.

9. Maurizio Esposito, *Romantic Biology,* 1890-1945 (London: Routledge, 2013); Maurizio Esposito, "Problematic 'Idiosyncrasies': Rediscovering the Historical Context of D' Arcy Thompson' s Science of Form," *Science in Context* 27 (2014): 79-107.

10. Bateson' s 1894 book *Materials for the Study of Variation* (London: Macmillan, 1894) shares the compendious structure of *G&F*.

11. As a biology student, he was much influenced by Francis Balfour (Thompson, *D'Arcy,* 46-47, 52, 70-71); "personally Balfour' s death [in 1882] was a crushing blow"

(ibid., 55). The Greeks apart, other influences were Herbert Spencer and various Cambridge physicists; Clerk Maxwell, for example, is referred to many times in *G&F* (e.g., 9, 40, 44, [964]). See also Robert Olby, "Structural and Dynamical Explanations in the World of Neglected Dimensions," in *A History of Embryology,* ed. T. J. Horder, J. A. Witkowski, and C. C. Wylie (Cambridge: Cambridge University Press, 1985).

12. Dobell, "D'Arcy," 608; Thompson, *Growth and Form,* [1097]. Also see Thompson, *Growth and Form,* 10 [15], and 717 [1026]. Thompson wrote that "numerical precision is the very soul of science and its attainment affords the best, perhaps the only criterion of the truth of theories and the correctness of experiments" ([2]). He aims at "something of the use and beauty of mathematics" (ibid, 778-79 [1096-97]). Dobell writes that "he took infinite delight in mathematical reasoning" (Dobell, "D'Arcy," 610).

13. Dobell, "D'Arcy," 612.

14. Thompson, *D'Arcy,* 63 and 80. W. E. Le Gros Clark and P. B. Medawar, eds., *Essays on Growth and Form Presented to D'Arcy Wentworth Thompson* (Oxford: Clarendon Press, 1945; includes a bibliography). In a chapter entitled "On Biological Transformations," Joseph Woodger pinpoints ways in which Thompson's new methods fail to confront problems of anatomical homology and the complexities of early embryogenesis.

15. Dobell, "D'Arcy," 611.

16. Dobell, "D'Arcy," 605-6.

17. Thompson, *D'Arcy,* 161.

18. Thompson, *D'Arcy,* 161.

19. John Whitfield, *In the Beat of the Heart: Life, Energy and the Unity of Nature*

(Washington, DC: Joseph Henry Press, 2006), 10. *G&F* was originally intended to be 144 pages long.

20. Thompson, Growth and Form, "Prefatory Note," v.

21. Thompson, Growth and Form, 10 [15]. Concerning his aims in *G&F*, see chapter 1, 486, 497, 673, 711-28, and the epilogue.

22. Topics are covered as follows: chapters 2-3, the general principles of scaling, size, weight and volume; chaps. 4-6, cell structure; chaps. 7-8, forms of cell aggregates; chap. 9, chemistry and mechanics of calcareous skeletons (spicules), as in diatoms, radiolarians, foraminifera and sponges; chaps. 10-11, spirals; chap. 12, constraints and variability among varieties of foraminifera; chap. 13, horns, teeth, and tusks; chap. 14, plants and Fibonacci formula, phyllotaxis, leaf form; chap. 15, eggs and hollow structures; chap. 16, adaptation in vertebrate bone structures; chap. 17, coordinate transforms. For a good summary of G&F, see Stephen. J. Gould, *The Structure of Evolutionary Theory* (Cambridge MA: Harvard University Press, 2002).

23. Bonner, in introducing his abbreviated version of *G&F*, refers to errors and the neglect of contemporary literature. See Thompson, Growth and Form, abridged edition, ed. John Tyler Bonner (Cambridge: Cambridge University Press, 1961).

24. Thompson, *D'Arcy,* 163; see, for example, Thompson, *Growth and Form,* [35].

25. As he wrote in a letter in October 1889, "I have taken to Mathematics, and believe I have discovered some unsuspected wonders in regard to the Spirals of the Foraminifera" (Thompson, *D'Arcy,* 89). Early concerns included ligaments (1884) and the shapes of eggs (1908). He referred to "laws

of growth" in his 1894 British Association lecture (*Nature* 50 [1894]: 435), further discussed in letters to a doubtful Foster (June-Oct. 1894; Thompson, D'Arcy, 89-90). The transform method probably originated some years before 1915 (Thompson, Growth and Form, 757). *G&F* appeared "nearly thirty years after D'Arcy had first begun to meditate upon its problems" (Thompson, *D'Arcy*, 162).

26. Ernst Mayr and William. B. Provine, *The Evolutionary Synthesis* (Cambridge, MA: Harvard University Press, 1980).

27. Thompson, *Growth and Form*, 778 [1096].

28. *Nature* 50 (1894): 435.

29. Thompson, *Growth and Form*, 137-38 [269-70].

30. Thompson, *Growth and Form*, 549 [807].

31. D. W. Thompson, "The Regeneration of Lost Parts in Animals," *Mind* 9 (1884): 415-20. Written as a riposte to J. S. Haldane, he here invokes holism, orthogenesis, and recapitulation. Haldane, born the same day and place as Thompson, was a distinguished physiologist, but a leading vitalist. Thompson frequently opposed him in debates.

32. D. W. Thompson, preface to *Nomogenesis; or, Evolution Determined by Law*, by Leo S. Berg (Cambridge, MA: MIT Press, 1926), xiii-xiv. In the 1969 edition Dobzhansky provides historical context for Berg's latter-day vitalistic theory.

33. Bateson, *Materials*.

34. D. W. Thompson, "*Magnalia Naturae; or, the Greater Problems of Biology*," *Nature* 87 (1911): 325. In this eloquent and revealing lecture, he distinguishes between the experimental, reductionist approach of "physiologists" and

the traditional, descriptive perspectives of "zoologists" as morphologists (see also Thompson, *Growth and Form*, 2). For background see P. J. Bowler, *The Eclipse of Darwinism: Anti-Darwinian Evolutionary Theories in the Decades around* 1900 (Baltimore: Johns Hopkins University Press, 1983). Although not spelled out (Thompson, *Growth and Form*, 716), Thompson's position implied Lamarckism (the inheritance of acquired characteristics), which was widely accepted at the time.

35. Thompson, *Magnalia*, 326.

36. Thompson, *Growth and Form*, 172 [303-4]. Thus, "Cell and tissue, shell and bone, leaf and flower, are so many portions of matter, and it is in obedience to the laws of physics that their particles have been moved, moulded and conformed" (10).

37. Ibid., 14-15 [20]; see also 157 [287], [333-35], 194-200 [341-5], 286 [457]. In the United States, C. O. Whitman was promoting a similar cell theory: see "The Inadequacy of the Cell-Theory of Development," *Journal of Morphology* 8, no. 3 (1893): 639-58.

38. T. H. Morgan, A. H. Sturtevant, H. J. Muller, et al., *The Mechanism of Mendelian Heredity* (New York: Henry Holt, 1915). Bateson only came to accept Morgan's position in the mid-1920s (see W. Coleman, "Bateson and Chromosomes: Conservative Thought in Science," *Centaurus* 15 [1970]: 228-314). Bateson and Thompson rejected Weismann's earlier particulate theory of heredity.

39. Whitfield, *Beat of the Heart*, 19-20.

40. Thompson, *Growth and Form*, 715 [1023]. "With the 'characters' of Mendelian genetics there is no fault to be found... But when the morphologist compares one animal with another, ... character by character, these

are too often the mere outcome of artificial dissection and analysis. Rather is the living body one integral and indivisible whole, in which we cannot find... any strict dividing line even between the head and the body, the muscle and the tendon, the sinew and the bone" (726 [1036-37]).

41. Thompson, *Magnalia*, 325.

42. Regeneration was also seen as evidence for teleological forces (see note 31). Thompson expresses the problem as follows: "It has been by way of the 'final cause,' by the teleological concept of 'end,' of 'purpose,' or of 'design' ... that men have been chiefly wont to explain the phenomena of the living world." (Thompson, *Growth and Form*, 3 [4]). Against this he argues, "To seek not for ends, but for 'antecedents' is the way of the physicist, who finds 'causes' in what he has learned to recognise as fundamental properties... of matter and energy" (5 [6]).

43. Thompson, *Magnalia*, 326: "We keep an open mind on this matter of Vitalism."

44. Thompson, *Magnalia*, 328.

45. Thompson, *Growth and Form*, 719 [1026].

46. At that time, the term *growth* embraced the whole range of developmental phenomena (Thompson, *Growth and Form*, 10). Chapter 3 in *G&F* shows growth to be multifactorial: "The form of organisms is a phenomenon to be referred in part to the direct action of molecular forces, in part to a more complex and slower process, indirectly resulting from chemical, osmotic and other forces, by which material is introduced into the organism and transferred from one part of it to another. It is the latter complex phenomenon which we usually speak of as 'growth' " (53). *Form* (11) concerns *morphology* (see Geddes, "Morphology," in

Encyclopaedia Britannica, 9th ed., 1878), as understood by Plato or Goethe. See also Stefan Helmreich and Sophia Roosth, "Life: Forms: A Keyword Entry," *Representations* 112, no. 1 (2010): 27-53.

47. The penultimate chapter shows how the structure of bones illustrates their direct adaptation to requirements of mechanical forces (in response to environmental—for example, gravitational— and contextual influences), and its last section (Thompson, *Growth and Form*, 712-18), entitled "The Problem of Phylogeny," introduces the theme that is to be addressed by the transform method.

48. Thompson, *Growth and Form*, 727 [1037].

49. Thompson, *Growth and Form*, 717-78 [1025].

50. Thompson, *Growth and Form*, 774-77 [1087-90]. Thompson recognized that structures may grow non-uniformly (776-77) and that his transforms had not addressed the third dimension (774-75). Some anatomies defied transform analysis (772 [1085]), and others required revisions (750 [1064]). Like the Scottish marine biologist T. W. Fulton before him, he recognized limits to mathematical analysis (98-99). Chapters 11, 14, and 17 provide the most direct applications of mathematics to complex structural forms. In chapter 13 he abandons formal mathematical treatment in favor of classifying "configurations" (612). Thompson seems to have been unconcerned about priority regarding the originality of his program. His methods were anticipated by Descartes, Galileo, Dürer, Camper [742], and Herbert Spencer (18), among others (777), especially Theodore Cook (*Spirals in Nature and Art,* 1903) and Arthur Church (639-41). Thompson's

examples and illustrations were often supplied by colleagues (see "Prefatory Note," 768). He himself lacked artistic skills (Dobell, "D'Arcy," 612).

51. Thompson, *Growth and Form*, 723 [1032].

52. Thompson, *Growth and Form*, [1092-95].

53. Thompson, *Growth and Form*, [1094]. See chapter 12 for key evidence of saltation.

54. On Huxley, see Thompson, *D'Arcy*, 229-31. Huxley's allometric method explains orthogenesis. Thompson queried Huxley's contribution (Thompson, *Growth and Form*, [193, 205-12]).

55. T. J. Horder, "A History of Evo-Devo in Britain," *Annals of the History and Philosophy of Biology* 13 (2008): 101-74. The large Thompson archive housed at the University of St. Andrews includes an extensive correspondence with Huxley.

56. Le Gros Clark and Medawar, *Essays*. Thompson's noticeable—and surprising—disregard of embryological examples or evidence—he focused on unicellular organisms or post-embryonic (larval) stages—is perhaps explained by his skepticism concerning the speculative Haeckelian concept of recapitulation (see Thompson, *Growth and Form*, 3, 51, 155, 196-97, 608-9) and Balfour's approach to it (57). He was conscious of the earlier rejection of His's mechanical theories (55-56 [84-85]).

57. S. Zuckerman, ed., "A Discussion on the Measurement of Growth and Form," *Proceedings of the Royal Society* B137 (1950): 433-523.

58. Thompson, *D'Arcy*, 227.

59. Philip Ball and Matthew Jarron, eds., "D'Arcy Thompson and His Legacy," special issue of *Interdisciplinary Science Reviews* 38, no. 1 (2013). Many of those influenced by Thompson are listed.

60. Dobell, "D'Arcy," 610.

61. At the time, experimental methods were, for example, being applied to the problem of embryonic development, and Thompson corresponded intensively with many of the leading figures involved (e.g., Wilhelm Roux, Hans Driesch).

62. Thompson, *Growth and Form*, "Prefatory Note" and "Epilogue."

63. Thompson, *Growth and Form*, 8 [13]. Thompson studied mathematics in his first Cambridge year, but said, "I pretend to no mathematical skill." (v).

64. Thompson, *Growth and Form*, "Prefatory Note," 778 [1096].

Sébastien Dutreuil
塞巴斯蒂安·杜特鲁伊

詹姆斯·洛夫洛克
"盖亚假说"

图18　詹姆斯·洛夫洛克和他的女儿

经过一段时间的化学家和工程师职业生涯后，詹姆斯·洛夫洛克在20世纪70年代与生物学家林恩·马古利斯一起提出了"盖亚假说"。这一假说强调了生物对其地质环境的重要影响，并推测了其对行星环境的调节。洛夫洛克从一开始就将"盖亚假说"视为一种宏大的理念，挑战了生物学和地质学的研究方式，甚至挑战了我们对自然的整体概念。本文回顾了20世纪60年代和70年代形成这一假说的多重历史背景。接着，追踪了"盖亚假说"的复杂接受过程。虽然进化生物学家将其嘲笑为将地球比作有机体的伪隐喻，但"盖亚假说"在地球科学中催生了新的研究领域，并被环境逆文化运动作为自然和我们与地球关系的新观念所接受。

以全新的角度看待地球上的生命

　　詹姆斯·洛夫洛克生于1919年，是一位英国科学家、环保主义者和未来学家。[*1]20世纪40年代，他以工程师的身份开启了职业生涯。他是一个不折不扣的发明家。1964年，45岁的洛夫洛克离开学术界，成为"独立科学家"[1]。

　　20世纪70年代，在提出著名的"盖亚假说"（Gaia Hypothesis）之前，洛夫洛克就已经在分析化学、生物化学和低温生物学等多个领域取得了不少开创性的成果，是一位"多栖"科学家。"盖亚假说"的提出更是让他名声大噪。他对科学的态度几近疯狂，2008年，曾被评选为世界十大疯狂科学家之一——排名第四位。2014年，伦敦科学博物馆专门围绕洛夫洛克展开的一场专题展览中，策展人也将这位科学家描述为"科学家、发明家和特立独行者"。从这些描述性的特定称谓中可见洛夫洛克对科学的热爱、执着与迷恋。

　　"盖亚假说"是洛夫洛克的主要成就，也是他被我们称为"梦想家"的缘由。如他所述，"盖亚假说"是给那些喜欢散步或只是站着凝望远

1　译者注：独立科学家，即"绅士科学家"，是指财务上独立的、以从事科学研究为个人爱好的科学家。这一术语源自后文艺复兴时期的欧洲，在20世纪，随着政府和私人对科学研究的资助的增长，这一称呼就不常被使用了。

方的人，让他们对地球和它所承载的生命好奇，并思考我们自己在这里存在的后果。[*2] "盖亚假说"对那些未曾从深层次的角度研究过地球与生命的人来说，是一个了解地球及地球上的生命并推测人类未来的生存环境的好机会。"盖亚假说"的存在挑战了地球和生物学中普遍存在的范式观点，重新定义了这些科学边界和范围，给人们了解地球、自然和生命提供了一个全新的角度。

不过对许多生物学家来说，"盖亚假说"只是一个"浪漫而新奇的存在"，[*3]是游离于科学之外的一个美梦。微生物学家约翰·波斯特盖特（John Postgate）对此曾发表过这样一席话："盖亚，伟大的地球母亲！星球有机体！当媒体再次邀请我认真对待她的时候，难道我是唯一一个因为讨厌而抽搐、充满不真实感的生物学家吗？"[*4]

"盖亚假说"真的是一个虚无缥缈的梦吗？它把地球比作一个会自我调节的有机体，难道这真的仅是一个形象生动的比喻吗？"盖亚假说"假设了生命和地质在相互联系中产生的新实体，它不仅对地球科学的新领域产生了革命性的影响，而且对人们思考自然的方式具有重大意义。

地球和太阳系的生命

洛夫洛克是一位"科幻迷"。1961年10月19日，寻常的一天因为一封美国国家航空航天局的来信而变得意义非凡。那天，美国国家航空航天局邀请洛夫洛克到位于帕萨迪纳的喷气推进实验室（Jet Propulsion Laboratory）担任"水手号"火星探索项目[2]相关仪器——一个色谱仪——的顾问工程师。出于对科幻的热爱，他欣然接受了这份来自美国国家航空航天局的邀请。

2   译者注：水手号计划（Mariner program，又译水手计划）是由美国太空总署所主导的太空探索计划。在此计划中发射了一系列为探索水星、金星和火星而设计的无人航天器。在水手号计划系列中10个飞行器中，7个成功3个失败。原本计划的水手11号及水手12号演变成旅行者计划中的旅行者1号及旅行者2号，而维京1号及维京2号火星轨道航天器则是放大版的水手9号航天器。从旅行者系列之后基于水手号设计的航天器还包括前往金星的麦哲伦号、前往木星的伽利略号。

"盖亚假说"的诞生离不开他在美国国家航空航天局的工作经历。据他回忆，在实验室工作时，他遇到一个非常实际的问题：如何探测遥远星球上是否有生命，比如火星或金星的？为了找到答案，洛夫洛克当时放弃了外星生物学中盛行的生物化学方法，转而专注于物理学、热力学的方法。[*5]他指出，地球的大气处于严重的热力学不平衡状态，例如，甲烷和氧气共存的比例超过比热力学平衡时所能预测到的比例。比例的升高是由于地球上的生物不断产生甲烷和氧气，因此热力学不平衡也可以说明是否存在生命迹象。

　　无疑，这一假设对有关外太空生物学领域的研究提出了全新挑战，并调整了其研究生命对行星环境产生巨大影响这一重要认识，很快就促使洛夫洛克提出了"生命"这一概念。1968年，在美国国家航空航天局举办的一场以"生命起源"为主题的会议上，洛夫洛克认识了年轻的微生物学家林恩·马古利斯[3]，两人在1973—1978年针对洛夫洛克的"盖亚假说"进行合作并发表了一系列论文。[*6]

　　"盖亚假说"旨在解释地球环境的长期稳定性，虽然在数十亿年间地球经历许多外部干扰，比如太阳光度增强、自然天气灾害等，但地球仍能保持宜居状态。[*7]在假说中，洛夫洛克把盖亚比作一个有生命的、可进行自我调节的生命实体，他认为"构成地球生物圈的生物有机体集合可以作为单一实体从而调节地球表面pH值、气候等。"[*8]

　　1978年后，洛夫洛克和马古利斯这对学术伙伴突然"分道扬镳"，其实也并不突然，因为两人的学术背景截然不同，其次是外界的"误会"导致。[*9]马古利斯明确坚持19世纪的浪漫主义和自然主义的传统，洛夫洛克却坚持现代科学理论，对马古利斯来说，盖亚是一种共生关系，它包括了细胞和微生物的联系以及全球范围内的生物之间的关系。从这一点来看，马古利斯更应该是"盖亚假说"的作者，从实际理论贡献来说她

3　林恩·马古利斯，美国生物学家、马萨诸塞大学阿默斯特分校地球科学系的大学教授、天文学家卡尔·萨根的第一任妻子。她因有关真核生物起源的理论而著名，也是现今生物学所普遍接受的内共生学说的主要建构者。

也的确在假说诞生过程中起到了决定性作用：她提请了洛夫洛克注意微生物在生态中的作用，她将盖亚带入了进化生物学，她在传播"盖亚假说"方面发挥了重要作用。[*10]

进化生物学"嘲笑"盖亚是伪科学

"盖亚假说"是生物学中最受欢迎的假说之一，而在 20 世纪 80 年代早期，进化生物学家杜利特尔和道金斯（见第三部分）发表相关批评言论后，学界开始逐渐质疑、否定"盖亚假说"。[*11]

生物体可能为了调节一个更大的整体而行动的假设，似乎弄错了生物层次结构并使进化生物学家想起了 20 世纪 60 年代和 70 年代关于"生物利他主义"理论的激烈辩论，即整体的利益是否来自个体的利他行为。[*12]

对"盖亚假说"的早期批评为后续将其谴责为"伪科学"的观点提供了铺垫。而且，"盖亚假说"对地球崇拜的这类新宗教似乎也没什么好处。"地球或宇宙是具有生命力的"想法源于"坚忍哲学"[4]，随着现代科学的发展和兴起，这种说法逐渐被取代，然而在 19 世纪德国浪漫主义的自然哲学中得到部分复苏。"盖亚假说"还提醒了当代进化生物学家，之所以将神学与自然科学联系在一起是因为其基于"自然的平衡"。基于这些"盖亚假说"最终被认为是整体主义的一种极端形式，往好了说是一种隐喻，往坏了说是人们觉得"盖亚假说"是基于伪科学的神秘主义。[*13]

但从另一方面来说，这些广泛的争议反而促使"盖亚假说"理论框架重要的基础逐步成熟。在生物进化学领域，"盖亚假说"以在整个领域中的同质性而被大家所接受。而当理查德·道金斯批评"盖亚假说"时，他反对的观点与认同该观点的人看法惊为相似，同属反对方的还有斯蒂芬·杰伊·古尔德（Stephen Jay Gould）和理查德·莱万廷（Richard

---

4　坚忍哲学即斯多葛学派的核心观点。斯多葛学派由哲学家芝诺于公元前 3 世纪早期创立，它以伦理学为中心，秉持泛神物质一元论，强调神、自然与人为一体，"神"是宇宙灵魂和智慧，其理性渗透整个宇宙。个体小"我"必须依照自然而生活，爱人如己，融合于整个大自然。斯多葛学派认为每个人都与宇宙一样，只不过人是宇宙的缩影。

Lewontin）等科学家。[*14]而最终促成人们对"盖亚假说"认识和理解的也正是这批质疑伪科学的学者们。

洛夫洛克随着"盖亚假说"的传播而声名鹊起，但如果说因为批评和质疑的声音，"盖亚假说"才有如此高的知名度是不合理的，一个刚准备了解生物进化学的人拿起"盖亚假说"，配着那些"伪科学"的标签，他只会觉得洛夫洛克够神奇，他的想法也很奇特，竟能使一群不相为谋的人最后认同他的理论。但对后世的读者来说，我们真正要关注的不是假说在诞生过程中产生的"八卦"，而是洛夫洛克理论及思想体系形成的过程。

詹姆斯·洛夫洛克：独立而又"接地气"的全能科学家

1919年7月26日，洛夫洛克出生于赫特福德郡[5]，在伦敦长大。与其后来所从事的研究不同的是，洛夫洛克在一个充满艺术氛围的家庭中长大，其父母在布里克斯顿附近开了一家画廊。但相比周围的艺术环境，小洛夫洛克更喜欢参观科学博物馆时所带来的感动。1941年，洛夫洛克从曼彻斯特大学化学专业毕业，毕业后就职于位于汉普斯特德的英国国家医学研究所，并在伦敦卫生与热带医学院（London School of Hygiene & Tropical Medicine）获得了医学博士学位，在这段时期，洛夫洛克更是孜孜不倦地致力于与医疗相关的生化工程研究。

洛夫洛克曾在权威杂志《自然》上发表了多项开创性的研究成果，其中一些文章被引用的次数超过数百次，研究涉及传染病的传播机制、热对生物组织和血液凝固的影响、低温生物学以及冷冻仓鼠的复温实验。同时，洛夫洛克还是个发明家，擅长发明一些用来检测化学物质的小型仪器。最为著名的发明是后来为美国国家航空航天局所用的电子捕获检测器（ECD），该设备能使科学家们探测到微量化合物，其精确度比原有设备要高出几个数量级。并且他凭借该发明，在1997年获得了"蓝色星球奖"（Blue Planet Prize）。

5　赫特福德郡位于英格兰东部。

通过以上的简单描述可以看出，在20世纪60年代之前，他已经是一位富有成就的科学家和天才工程师。1964年，洛夫洛克离开城市、离开学术界，在英格兰西南部的鲍尔查克村（Bowerchalke）深居简出。[*15]大隐隐于市，旁人看来，洛夫洛克式的"隐居"颇具浪漫主义色彩，因为在乡村新鲜和自由的空气中，他的思想便不再受制于当代科研体制的官僚束缚，而是成为独立科学家，尽其所能地进行自我思考，在乡村散步时寻找灵感。[*16]

不过需要强调的是，读者们千万不要搞错"独立科学家"的含义。当他下定决心进行独立研究时，他首先购买的是一台惠普9800计算设备，用于求解电子捕获检测器相关的微积分方程。在鲍尔查克村，他并没有将其放在藏满珍稀炼金书籍的图书馆里，而是安置在车库自制的一个实验室，里面有色谱仪和电子电路。然而，在他的第一篇论文因为用了私人地址投稿而被拒以后，他很快在雷丁大学控制论系获得了正式挂靠。[*17]为了支付生活费和自己的研究费用，他和20世纪六七十年代的其他"科学企业家"一样，在大型工业公司中担任顾问工程师，例如壳牌公司和惠普公司。这显然不是这位大胡子巫师向大自然宣读"咒语"的地方。

洛夫洛克似乎是一位与生俱来的化学家。他在高中毕业后，便成了一个化学实验室的助理，在这片不大的"天地"里，洛夫洛克学会了"把测量的准确性视为最神圣的事"。20世纪60年代，他的研究方向完成了从生命体的化学（生物化学）到地球表面的化学（地球化学）的过渡。在此之前，他从未涉猎过地球化学。

除了化学，在塑造洛夫洛克的研究中起到突出作用的另一个知识矩阵是控制论。当他被要求解说什么是盖亚并画出他眼中的盖亚是什么时，洛夫洛克并没有像卡梅隆为电影《阿凡达》（Avatar）聘请的图形艺术家一样，描绘一个相互关联的动画实体，而是自行设计了一个电子电路。电子电路是他作为工程师发明的大多数小型设备的核心部件。而一阶控制论，也就是恒温器、系统和反馈的科学，在盖亚相关的出版物中解释一种能维持地球稳定的机制时，也占据了核心地位。

关于洛夫洛克对科学的热爱从他的自传中可见一斑，当然其中更是不乏他曾发表过的科学论文以及过往生活细节等，种种都揭示了洛夫洛克在20世纪六七十年代的风格，对此他回忆道："在鲍尔查克村，科学是生活，生活也是科学，对我来说，用太阳光度测量雾霾的污染程度是再普通不过的生活细节了。"[*18] 当时人们的日常生活总被雾霾所困扰着，洛夫洛克相信雾霾是人为造成的，所以他决定测量并追踪氯氟烃（CFCs）的存在，氯氟烃是一种通过人工方法产生的化合物，检测出它，雾霾的"元凶"就可被找到，它可以证明大气被污染的程度。20世纪70年代初，洛夫洛克借助其电子捕获探测器设备，乘坐"萨克里顿号"（Shackleton）成功地在大西洋上空测量到了空气不佳区域的受污染程度。[*19] 正是因为这次测量，大气污染、臭氧层被破坏的现象逐渐引起人们的重视，也正是因为洛夫洛克的测量，促使马里奥·莫利纳（Mario Molina）和富兰克林·罗兰（Franklin Rowland）首次解释了氯氟烃破坏地球臭氧层的机理，[*20] 并因此于1995年获得了诺贝尔奖。由于对该理论的预测值颇感兴趣，他提出人们可以在平流层[6]进行更多的化学测量。当时，洛夫洛克还在"萨克里顿号"上测量了空气中二甲基硫化物（DMS）的浓度。这一行为还要从早些年他在爱尔兰乡村意识到藻类会产生大量含硫化合物时说起。他认为，二甲基硫化物的排放也是"盖亚假说"的一部分，也就是说这是地球在进行整体自我调节时的一部分。所以他开始识别藻类并使用色谱仪进行相关二甲基硫醚排放量的测试。1973年，洛夫洛克在《自然》杂志发表了一篇著名论文指出，测量藻类的二甲基硫化物的排放量对于揭示全球硫循环[7]至关重要。[*21]

从上述的科研经历来看，依据"生命探测"提出的"盖亚假说"，已经被洛夫洛克应用到地球科学的很多地方。从20世纪60年代提出"盖

6　平流层（Stratosphere），位于对流层的上方和中间层的下方。平流层的温度上热下冷，随着高度的增加，平流层的气温在起初大致不变，然后迅速上升。在平流层里大气主要以水平方向流动，垂直方向上的运动较弱，因而得名。由于含有大量臭氧，平流层的上半部分能吸收大量的紫外线，这种使特殊气体形成的区域也被称为臭氧层。

7　硫循环，是一些过程的集合，其中包括硫在矿物质（包括水体）和生命系统之间的移动过程。这样的生物地球化学循环对于地质学是重要的，因为它们会影响多种矿物质。生物地球化学循环对于生命也很重要，因为硫是一个基本元素，是作为许多蛋白质和辅因子的组成成分。

亚假说"后的20多年里，洛夫洛克研究的核心开始转向全球污染。当时作为全球最大化工和石油企业的科学顾问，洛夫洛克的思想和关注点成为重心。而这些思想在当时也是阐述"盖亚假说"的核心。

由此看来，洛夫洛克并不是一个哲学家，也不是一个试图复活浪漫自然观的诗人。他甚至不是一个理论家，而是一个化学家和工程师，具有实践科学家的硬汉气质。[*22]在20世纪70年代初，也就是已经为"盖亚假说"打下了良好基础的10年，他没有去建立一个群体遗传学的数学模型，也没有在实验室的一方天地里对果蝇进行分类，也没有对非洲中部的黑猩猩进行伦理学观察，也没有与德鲁伊一起跳舞和祈祷——他正在测量大西洋彼岸、平流层、英国和爱尔兰乡村的化学化合物。

"盖亚"发展和传播的背景：地球科学和环境反主流文化

"盖亚假说"最初的受众目标是一些专注于化学领域研究的地球化学家。20世纪60年代，在那次美国航空航天局组织的会议上，洛夫洛克除了结识了马古利斯，还认识了拉斯·西伦（LarsSillén），一位对海洋学和地球化学具有决定性影响的瑞典化学家，以及地球大气和海洋地球化学家海因里希·D.霍兰德（Heinrich D.Holland）。这些人都是洛夫洛克想要"打动"的对象。[*23]而盖亚的"反对者"道金斯却总喋喋不休地认为"盖亚假说"是一种变相的"自然平衡"，自然平衡法则则是对动植物本身的研究，从洛夫洛克的理论及研究看来，他对动植物及人口领域统计学毫无兴趣，研究地球这个有机生命体的自我调节才是"盖亚假说"之核心。[*24]如果说洛夫洛克对人口统计学感兴趣，那么"盖亚假说"中对大气气体的研究部分是最贴合个体行为的部分了。20世纪70年代初，研究地球化学的三位先驱罗伯特·伽罗斯（Robert Garrels）、亚伯拉罕·勒曼（Abraham Lerman）和弗雷德·麦肯齐（Fred Mackenzie）于1976年联合发表著名论文《关于大气中氧气和二氧化碳的控制：过去、现在和未来》（*Controls of Atmospheric O_2 and CO_2: Past, Present, and Future*），这篇文章最终得出了与"盖亚假说"一致的结论。该结论通过对大气中氧气和二氧化碳浓度的长期观察以及具体的模型演算得出，与道金斯仅只有两页的关于群体选择和利他主义的抽象论证比起来，绝对更具说服力。这并不是说所有地球化学家都热情地拥抱盖亚。在20世纪70年代，盖亚相关的论文引用率并没有那么高。

时间轴推进到20世纪80年代，盖亚逐渐成为一个重要话题。这是因为洛夫洛克在这十几年的时间里，拓展了他的读者群。他出版了一本面向大众的书，当然一定程度上这本书的出名也得益于著名气候学家斯蒂芬·施耐德（Stephen Schneuder）在编辑方面的关键贡献。[*25] 1988年，他与佩内洛普·波士顿（Penelope Boston）一起组织了第一次关于盖亚的国际科学会议——美国地球物理联盟（AGU）的查普曼会议。2000年，他们共同组织了第二次这样的会议。在2000年初，他在《气候变化》（*Climatic Change*）中给讨论"盖亚假说"留了一个版块。

但值得注意的是，施耐德本人对"盖亚假说"是持谨慎怀疑态度的，但参与该书的编辑工作本意是希望它能引起更多人对环境科学的思考，从而推动该学科的发展。而施耐德的另一目的则是，他不想把"盖亚假说"留给环境科学领域的反主流文化运动。洛夫洛克和马古利斯在完成相关论文时的文章以及一些针对假说的评论文章都发表在斯图尔特·布兰德（Stewart Brand）创立的期刊《共同进化季刊》（*CoEvolution Quarterly*）上。这本期刊是著名的《全球概览》[8]（*World Earth Catalog*）的续作，它的销量达数百万份，使布兰德成为美国反主流文化的核心人物，当代网络文化的源头也可以在此找到端倪。[*26] "盖亚假说"的系统论和控制论的地球观与《共同进化季刊》的精神产生了深深的共鸣，该刊对关于盖亚论文的传播有非常重要的作用。此外，洛夫洛克（和马古利斯）还在英国的两大环保主义期刊《复兴》（*Resurgence*）和《生态学家》（*The Ecologist*）上发表了关于"盖亚假说"的文章，后一本由洛夫洛克的朋友和赞助人爱德华·戈德史密斯（Edward Goldsmith）创办。

8　《全球概览》是斯图尔特·布兰德在1968—1972年每年出版几次的美国反主流文化杂志和产品目录，此后偶尔出版持续到1998年。该杂志以散文和文章为主，但主要关注产品评论。编辑的重点是自给自足、生态学、另类教育、"DIY"等，并打出了"获得工具"（access to tools）的口号。

"盖亚假说"的发展

"盖亚假说"认为，地球具有生命的属性，它内部的生物和环境相互作用，创造出一个稳定和能够自我调节的系统。地球上的生物分组越复杂，生物多样性程度就越高，它抵御外界干扰的能力就越强。但理论传播之初，不少人觉得它缺乏能够解释全球稳态的机制。20世纪80年代，洛夫洛克与其合著者便在三篇主要论文中提出了"盖亚假说"下地球的内稳态机制。

1983年，安德鲁·沃森（Andrew Watson）和洛夫洛克发表了一个专门为解决生物学家的质疑而开发的计算模型——"雏菊世界"模型（Daisyworld）。这个模型描写了一个虚拟的星球，目的是表明全球环境变量的调节可能来自活生物体对其环境的影响。在这个虚拟的"雏菊星球"的土壤里埋藏着无数等待发芽的种子。洛夫洛克规定这些种子只能长成黑色雏菊或白色雏菊。黑色雏菊吸收热量的能力非常出色，只要被阳光照射就灿烂无比；白色雏菊则善于反射阳光，稍显高冷，有助于降温。[*27]温度是通过黑菊和白菊的种群比例来调节的，这些黑菊和白菊通过反射率影响气候。"雏菊世界"模型引发了一次"学术潮"，有100多篇相关论文发表并提出了原模型的变体。而另外两篇洛夫洛克所发表的论文则主要偏向于模型展开的具体机制。第一篇论文于1982年由洛夫洛克和迈克尔·惠特菲尔（Michael Whitfield）在《自然》杂志上发表，提出生命可抵消地球在漫长发展时期中太阳光度的长期增长的机制，该机制是基于洛夫洛克对岩石风化过程的研究建立的，最终阐述了人类该如何保持地球的可居住性。这篇论文可以说是研究地球化学和气候历史的重要基石。[*28]1987年，洛夫洛克又在《自然》杂志发表论文，提出了一个全新的"CLAW假说"。CLAW假说认为，由于二甲基硫化物在云的形成过程中起着至关重要的作用，所以藻类可能通过一个包含二甲基硫化物排放的负反馈回路对气候进行调节。[*29]这篇论文被引用了3000多次，不少科学家在这篇论文发表后，开始致力于研究二甲基硫化物对当前气候的影响。

洛夫洛克认为上述三种机制（岩石风化、二甲基硫化物和雏菊世界模型）足以充分支持"盖亚假说"成立，实证的例子是给地球化学家和气候学家看的，雏菊世界模型是给进化生物学家看的。显然，对洛夫洛克来说，"盖亚"是一个假说（然后是一个理论）的名称，也是一个可以作出预测并可以根据经验事实进行检验的一般命题。不过在20世纪90年代初，由于受到地貌学家詹姆斯·基什内尔（James Kirchner）在一次演讲中的严厉批评，洛夫洛克特别强调"盖亚假说"只是一种理论。[*30] 他认为，较弱的版本（即生物影响环境）是微不足道的，而较强的版本（即生物调控环境）是无法检验的。

20世纪90年代以后，盖亚理论的发展仍在继续，重点是阐述"雏菊世界"的新版本，这由蒂莫西·兰顿（Timothy Lenton）以及英国的一个学生团队继续研究发展。[*31] 兰顿曾是沃森（和洛夫洛克）的博士研究生，目前他是一位从事气候和地球系统科学研究的科学家。

总体而言，科学家们十分热衷于在有关于地球化学、气候科学以及在一些生物类期刊中讨论生命对岩石风化的影响、二甲基硫化物对气候的影响以及"雏菊世界"模型的发展与优化。当"雏菊世界"开始不断引起学界的关注时，按理来说关于"盖亚假说"的研究也应该会被更多地刊登在专业杂志期刊上，从而让这一理论体系变得更"寻常化"，而不总是戴着"争议新学说"的帽子。然而现实是，"盖亚假说"发展遇冷。关于盖亚本身的发表背景总是很特殊：每10年召开1~3次国际会议，某些场合在《自然》和《科学》上发表一篇一般性的论文；在《气候变迁》上发表专刊，出版书籍；却没有在专业类期刊上进行定期的讨论，比如，《地球化学》（Geochemistry）、《地球物理学》（Geophysics）和《地球系统》（Geosystems）等期刊。很多科学家认为，科学理论不应该成书而是应该以更严谨的方式进行发表。不过也多亏这本书和这些"质疑"，洛夫洛克才有更多的机会被人们所知。[*32]

"盖亚假说"，伟大的研究项目

但是对洛夫洛克、马古利斯和其他"盖亚假说"的支持者而言，"盖亚假说"不仅是一个要实证和用数学模型阐述的假说的名称，而且是一个研究计划或范式的名称，是一门新的学科，是一种新的从事科学、观察和研究世界的方式。他们没有谈 "盖亚科学"，而是尝试用"地球生理学"或"地球认知学"等几个名词。盖亚科学或地质生理学常常与其他既有科学学科的名称——地球化学、生物地球化学、化学海洋学、微生物生态学、生态学、环境科学——进行比较。

这个研究计划提出了明确的方法论主张。第一个主张是：必须承认和考虑生物对地质环境的影响。在20世纪70年代，这一主张是针对地球科学家提出的。他们被指责为只考虑岩石和化学，而忽视了生物的普遍影响。然而，从1983年开始，洛夫洛克开始批评适应的概念。他认为，生命与环境之间存在的契合度可能是生命对地质环境影响的结果，而不是生物适应环境的结果。

第二种方法论的主张是，应该把地球"作为一个系统""作为一个整体"来研究，或者说应该用整体而不是用还原论的观点来研究。洛夫洛克和马古利斯对生物学和地球科学的分离以及将地球科学分割为大气化学、气候学、流体力学、岩石研究等表示惋惜。在许多场合，他们将要盖亚作为一种革命性的科学方法的名称，解决了两个世纪以来生物学和地质学之间的隔阂问题。地球表面的所有这些实体，如岩石、细菌、土壤、海洋和大气层的化学物质，都将作为一门统一科学的各个方面来研究。

这些方法论的主张很快就变成了历史学上的主张，对主张提出者来说，"地球系统科学"其实就是"盖亚假说"的研究内容之一，只是用了别的名字。地球系统科学是在20世纪90年代和2000年出现的，从20世纪80年代美国国家航空航天局和当时的国际地圈-生物圈计划（IGBP）所开展的机构工作中，出现了新的地球系统科学部门、研究所、中心、教席和教科书。地球系统科学与其说是一门新的科学学科，不如说是一种全新的、革命性的观察地球和以跨学科方式组织地球科学的方法。它的中心目标是"描述和理解整个地球系统的交互式物理、化学和生物过程，它为生命提供的独特环境，这个系统中正在发生的变化以及它们受人类行动影响的方式。"有趣的是，即使是那些对盖亚这个假说持怀疑态度的人，或者对洛夫洛克的一些环境和政治主张持警惕态度的人，如施耐德和安·亨德森-塞勒斯（Ann Henderson-Sellers），也认为洛夫洛克使气候学家注意到了生命对地球历史的普遍影响。生态系统生态学家，如与"盖亚假说"共享控制论和系统论框架的尤金·奥德姆，也指出"盖亚假说"在强调生命对行星化学循环的影响和促进全球生态学的出现方面发挥了重要作用。[*34]一个新领域"地球生物学"的创始人也是如此，该领域研究生命历史与其环境之间的相互作用，这一研究进程不同于20世纪70年代的古生物学。[*35]

最重要的是，地球系统科学领域的主要行为者承认"盖亚假说"在呼吁科学家关注一个新的研究对象："地球系统"的存在发挥了决定性作用。[*36]

"盖亚假说"，集自然哲学和环境法则于一体

对洛夫洛克来说，"盖亚假说"还是一种自然哲学学说，他表示：自然具有被征服和去征服的原始力量，而"盖亚假说"则可以成为这种原始力量的替代品。[*37]它也可以替代那种同样令人沮丧的画面：我们的星球就像一艘疯狂的宇宙飞船，永远在绕着太阳的一个内圈飞行，无人驾驶，漫无目的。[*38]

这既推翻了来自培根和笛卡尔的现代自然观，还反对了20世纪70年代非常流行的"地球飞船"比喻，即认为：地球是一艘飞船，环境问题应由专家来处理。[*39]显然洛夫洛克没有被固定在传统哲学中，但毫无疑问，"盖亚假说"的提出融合了生命、自然和环境的概念。可以说他对自然哲学的思考体现并不在于他如何明确定义生命和自然的具体类别，而在于他所建立的验证"盖亚假说"模型的预设条件中，那些预设条件则可以体现出其观点——地球是一个会自我调节的完整有机体。

无疑，人们可以把"盖亚假说"当作一种自然哲学观点来看，在验证假说时，人们需注意不应该用经验式研究对其进行验证。"盖亚假说"的重点在于争论此类新兴科学中不同领域的研究次序，不在于其科学机构的组织方式，是要接受和阐述盖亚的范畴和世界观，或者拒绝和否定它们。

人们可以采取的另一种态度是明确洛夫洛克的形而上学、本体论或范畴，并将其与其他思考自然、生命和世界的方式进行对比。而在这里，"盖亚假说"又找到了重要的呼应。人类学家和哲学家布鲁·拉图尔（Bruno Latour）勾勒出了一种对称性，伽利略推翻了亚里士多德的宇宙概念，使我们同样考虑到了陆地物体和天体的物理特性，而反过来，洛夫洛克则设法使地球在太阳系中保持特殊和受局限，受到生命实体的影响。[40]

对爱德华·戈德史密斯等保守的环保主义者来说，盖亚确实应该被认为是一个有机体的有序整体，不遵循这个有序整体的"自然规则"，应该被看作一件大错特错的事情。

但对洛夫洛克来说，"盖亚假说"不仅是一个宏大的地球生命观，也是一个思考污染概念的框架，他从这个框架中衍生出许多实际而具体的环境和政治处方。当时的洛夫洛克反对"绿色潮流"，反对关于造成臭氧层空洞的氯氟烃的禁令，并长期以来大力支持发展核能。近年来，他因采取激进的立场而受到批评，从中止民主和人权到提出地球工程技术，再到自愿减少世界人口。

洛夫洛克以盖亚的名义制定环境和政治规则并将这些规则视为假说的核心，这开始让不少科学家对其提出批判。不少曾经的支持者，也开始发现本质上作为一种思考自然方式的"盖亚假说"，与洛夫洛克制定规则的用途出现了偏差。

结语

关于"盖亚假说"的文献浩如烟海，爱好者和评论家在不同的领域谈论着复杂的问题。"盖亚假说"最初不是针对进化生物学家，而是针对地球化学家。"盖亚假说"含义的模糊性对盖亚的普遍传播有重要作用，这也是"盖亚假说"如此丰富有趣的原因。洛夫洛克在同样的论文和书籍中，用"盖亚"一词来指代截然不同的东西：它可以是一个假说，关于这个假说，你可以用经验论证和数学模型来论证，处理生命在地球历史上可能对地球地质环境产生的奇特影响；它也可以是一个研究计划，指导和强行规定地球化学和生物学应该如何研究地球的化学、气候和生物；它还可以是一种自然哲学，挑战我们现代的生命和自然观念。虽然"盖亚假说"被当作一个有问题的假说而被否定，但"盖亚假说"在促进新的研究计划（如地球系统科学的研究计划）方面的作用却被地球科学家所称道。

　　"盖亚假说"最具决定性和革命性的贡献当属其在本体论方面的贡献。"盖亚假说"呼吁人们认识到：地球是一个有机整体，其生命系统是由整个生命机器相互作用的地质环境所构成的。这一贡献为地球科学领域的新兴研究奠定了基础，也为人们提供了一个思考自然的新框架。盖亚理应成为当代人所接受的地球观的核心，地球是一个由相互关联的实体组成的行星系统，"她"生机勃勃，但同时是一个"脆弱"的系统，稳定状态也随时可以被人类的行为所破坏、推翻。

备注

1. Exhibition, "Unlocking Lovelock: Scientist, Inventor, Maverick," Science Museum, London, 2014.

2. James Lovelock, *Gaia: A New Look at Life on Earth* (Oxford: Oxford University Press, 1979), 11.

3. Stephen Jay Gould, *The Structure of Evolutionary Theory* (Cambridge, MA: Harvard University Press, 2002), 612.

4. John Postgate, "Gaia Gets Too Big for Her Boots," *New Scientist*, 7 April 1988, 60.

5. James Lovelock, "A Physical Basis for Life Detection Experiments," *Nature* 207 (1965): 568. The most detailed historical account of the constitution of exobiology and of Lovelock's place in this adventure is provided by Steven Dick and James Strick, *The Living Universe: NASA and the Development of Astrobiology* (New Brunswick, NJ: Rutgers University Press, 2004).

6. Lovelock, *Gaia*.

7. James Lovelock and Lynn Margulis, "Atmospheric Homeostasis by and for the Biosphere: The Gaia Hypothesis," *Tellus* 26, nos. 1-2 (1974): 3.

8. Lovelock, Gaia.

9. See Michael Ruse, *The Gaia Hypothesis—Science on a Pagan Planet* (Chicago: University of Chicago Press, 2013), with the important following caveat: Ruse presents Lovelock as a typical Cartesian, yet cybernetics

and systems thinking— Lovelock's disciplinary matrix— have often been considered at odds with typical Cartesian science.

10. Margulis introduced Gaia to Doolittle and encouraged him to publish his review of Lovelock's book in *CoEvolution Quarterly*, which Doolittle did not know (Doolittle, personal communication). Stewart Brand heard of Gaia through Margulis, thanks to her ex-husband, Carl Sagan (Brand, personal communication).

11. Ford W. Doolittle, "Is Nature Really Motherly," CoEvolution Quarterly 29 (Spring 1981): 58; Richard Dawkins, *The Extended Phenotype: The Gene as the Unit of Selection* (Oxford: Oxford University Press, 1982).

12. Oren Harman, *The Price of Altruism: George Price and the Search for the Origins of Kindness* (London: Vintage books, 2011).

13. In his recent book, *The Gaia Hypothesis,* Michael Ruse shows in detail how violent the reaction to Gaia was. But by focusing on Gaia's reception in evolutionary biology, he neglects the scientific disciplines to which Gaia was meant to contribute: geochemistry and earth sciences. See Sébastien Dutreuil, "Review of Michael Ruse, *The Gaia Hypothesis,*" *History and Philosophy of Life Sciences* 36, no. 1 (2014): 149.

14. See Gould, *Structure,* 612; and Richard C. Lewontin, *Biology as Ideology: The Doctrine of DNA* (Ontario: Anansi Press, 1995), 18.

15. James Lovelock, *Homage to Gaia: The Life of an Independent Scientist* (Oxford:

Oxford University Press, 2000), 2.

16. On scientific entrepreneurs, see Steven Shapin, *The Scientific Life: A Moral History of a Late Modern Vocation* (Chicago: University of Chicago Press, 2008).

17. Lovelock, *Homage to Gaia*, 38.

18. Lovelock, *Homage to Gaia*, 192.

19. James Lovelock, R. J. Maggs, and R. J. Wade, "Halogenated Hydrocarbons in and over the Atlantic," *Nature* 241 (1973): 194.

20. Mario J. Molina and Frank S. Rowland, "Stratospheric Sink for Chlorofluoromethanes: Chlorine Atom-Catalysed Destruction of Ozone," *Nature* 249 (1974): 810.

21. James Lovelock, R. J. Maggs, and R. A. Rasmussen, "Atmospheric Dimethyl Sulphide and the Natural Sulphur Cycle," *Nature* 237 (1972): 452.

22. In a letter to Arnold Kotler, he confesses to scarcely read besides fiction, and most of his intellectual debts go to oral discussion rather than to written materials.

23. Frank N. Egerton, "Changing Concepts of the Balance of Nature," *Quarterly Review of Biology* 48 no. 2 (1973): 322.

24. Robert M. Garrels, Abraham Lerman, and Fred T. Mackenzie, "Controls of Atmospheric O_2 and CO_2: Past, Present, and Future," *American Scientist* 64 (1976): 306.

25. Stephen H. Schneider, "A Goddess of the Earth: The Debate on the Gaia Hypothesis," *Climatic Change* 8 no. 1 (1986): 1.

26. William Bryant, "Whole System, Whole Earth: The Convergence of Technology and Ecology in Twentieth-Century American Culture" (PhD diss., University of Iowa, 2006); Fred Turner, *From Counterculture to Cyberculture: Stewart Brand, the Whole Earth Network, and the Rise of Digital Utopianism* (Chicago: University of Chicago Press, 2010).

27. For a review, see Andrew J. Wood, Graeme J. Ackland, James Dyke, et al., "Daisyworld: A Review," *Reviews of Geophysics* 46 no. 1 (2008). For an epistemological discussion, see Sébastien Dutreuil, "What Good Are Abstract and What-If Models? Lessons from the Gaïa Hypothesis," *History and Philosophy of the Life Sciences* 36 (2014): 16.

28. James Lovelock and M. Whitfield, "Life Span of the Biosphere," *Nature* 296 (1982): 561.

29. Robert Charlson, James Lovelock, Meinrat Andreae, et al., "Oceanic Phytoplankton, Atmospheric Sulphur, Cloud Albedo and Climate," *Nature* 326 (1987): 655.

30. James Lovelock, "Hands Up for the Gaia Hypothesis," *Nature* 344 (1990): 100.

31. Timothy M. Lenton and Andrew Watson, *Revolutions That Made the Earth* (Oxford: Oxford University Press, 2011).

32. Toby Tyrrell, *On Gaia: A Critical Investigation of the Relationship between Life and Earth* (Princeton, NJ: Princeton University Press, 2013).

33. This is an iconic statement of the first report of the IGBP, *The International Geosphere-Biosphere Programme: A Study of Global Change. Final Report of the Ad Hoc*

Planning Group, ICSU 21st General Assembly, Berne, Switzerland, 14-19 September, 1986 (p. 3), chaired by the famous Swedish meteorologist Bert Bolin, editor-in-chief of the journal Tellus, which published the iconic Lovelock and Margulis article, "Atmospheric Homeostasis."

34. Eugene P. Odum, "Great Ideas in Ecology for the 1990s," *BioScience* 42 (1992): 542.

35. For a philosophical and historical overview of paleontology and paleobioljames ogy, see David Sepkoski and Michael Ruse, *The Paleobiological Revolution: Essays on the Growth of Modern Paleontology* (Chicago: University of Chicago Press, 2009); Derek Turner, *Paleontology: A Philosophical Introduction* (Cambridge: Cambridge University Press, 2011). No equivalent study exists for contemporary geobiology. On geobiology' s debt to Gaia, see Andrew H. Knoll, Donald E. Canfield, and Kurt O. Konhauser, *Fundamentals of Geobiology* (Oxford: Wiley, 2012).

36. The details of the historical relations between Gaia and Earth system science cannot be fully sketched here—for details see Sébastien Dutreuil, *Gaïa* (PhD diss., Université Paris 1 Panthéon-Sorbonne, Institut d' Histoire et de Philosophie des Sciences et des Techniques, 2016). It would require a detailed history of various separate disciplines in which Earth system science finds its roots from 1950s to the 1970s: ecosystem ecology, climatology, biogeochemistry, and systems theory, but also the geochemistry and Earth history of Robert Garrels and Heinrich "Dick" Holland. On NASA, Earth system science, and Gaia, see Erik M. Conway, *Atmospheric Science at NASA: A History* (Baltimore: Johns Hopkins University Press, 2008). On Earth system science and IGBP, see Chunglin Kwa, "Local Ecologies and Global Science Discourses and Strategies of the International Geosphere-Biosphere Programme," *Social Studies of Science* 35 (2005): 923; Ola Uhrqvist, "Seeing and Knowing the Earth as a System: An Effective History of Global Environmental Change Research as Scientific and Political Practice" (PhD diss., University of Linköping, 2014).

37. Lovelock, *Gaia Hypothesis*, 11.

38. Carolyn Merchant, *The Death of Nature: Women, Ecology and the Scientific Revolution* (New York: Harper, 1980).

39. Sebastian Grevsmühl, *La Terre vue d'en haut: L'invention de l'environnement global* (Paris: Seuil, 2014); Robert Poole, *Earthrise: How Man First Saw the Earth* (New Haven, CT: Yale University Press, 2008).

40. Bruno Latour, *Face à Gaïa: Huit conférences sur le nouveau régime climatique* (Paris: La Découverte, 2015), 105.

EHUD LAMM
埃胡德·拉姆

伊莲娜和尤金
共生体理论

　　尤金·罗森伯格和伊兰娜·齐尔博-罗森伯格提出并发展了共生基因组理论。该理论将共生生物体——由多细胞生物及其微生物共生体组成的整体——视为单一的适应性实体。罗森伯格夫妇认为共生生物体是自然选择的基本进化单位，其进化涉及后天获得特征的遗传。本文将这些观点与早期的超个体概念（如蚂蚁群落）进行比较，以及与描述基于互联网的"社交网络"的现代隐喻进行比较。与传统观点一样，罗森伯格强调生物体的整合性，他们发现生物体与微生物共生；与经典的超个体不同，共生生物体的个体边界模糊，其组成部分始终处于变化之中。将这一理论推至逻辑结论，促使人们重新思考生态学和进化论之间的关系。

引言

　　"我是如何产生这种想法的呢？因为，我的虫子没有做它们应该做的事"。

　　说这话的是80岁的尤金·罗森伯格，一位特立独行、爱抽雪茄、英

图19　罗森伯格夫妇

语流利、美国出生的以色列微生物学家。他正向我们解释是什么促使他和妻子伊莲娜重新思考进化论、生态学以及把它们作为一个整体意味着什么。罗森伯格夫妇一开始研究珊瑚如何应对海水的温度变化，但最终这项研究却阴差阳错地引导罗森伯格夫妇发现了细菌是进化中的重要组成部分，而非仅仅是通常意义上的病原体。他们和同事们进一步提出，通过改变生物体的配偶选择，共生细菌是物种起源的一个重要因素，它们用于细胞间黏附和信号传递的机制使它们成为通向多细胞生物体的有力候选者。看来，与细菌的共生对于理解进化和自我都至关重要。[*1]

罗森伯格夫妇正在引导我们不要把生物个体——比如我们每个人——看成有明确边界的东西。每个个体其实都并非看起来那么独立。比如天空中的云朵，其实与附近的蒸气和环境中的水汽不断地进行交换和融合。如果将个体比作云朵，细菌就类似于水滴。这个场景中的个体是多物种的联合体。如果这幅生命世界的图景属实，那么进化变化和生态变化的边界线将不得不重新划分。

尤金·罗森伯格是一位生物化学家。但他在整个职业生涯中却扮演着微生物学家的角色，并与海洋生物学家合作，致力于海洋微生物的研究，尽管他自己并不是一名海洋生物学家。他最终思考起了进化问题，尽管他职业生涯的大部分时间，并没有过多花费在进化问题上。他整个职业生涯都专注于特定的细菌。他和他的灵魂兼生活伴侣伊莲娜所推广的关于生命世界的新图景，并不源于与先前观点的互动或仅仅是理论推测。它来自一个坚定的信念：如果我们无法感受到细菌存在的意义，我们就无法真正理解生命世界的本质。正是这个信念成就了罗森伯格夫妇作为微生物学家的梦想。而他们的故事，始于尤金·罗森伯格试图理解珊瑚为什么会失去颜色。

珊瑚为什么会失去颜色？

珊瑚是共生的典范。珊瑚本身是一种动物，是水母和水螅[1]的近亲，是一种不动的、石质的水生动物。尤金·罗森伯格研究的是地中海白珊瑚（*Oculina patagonica*），一种相当普通的灰白色珊瑚。珊瑚由珊瑚虫组成，珊瑚虫呈花瓶状，有一个被触角包围的口。这些珊瑚虫中藏有藻类和单细胞浮游生物。藻类是真核生物，每个细胞都有细胞核，不像细菌，细菌没有细胞核。这种由多细胞珊瑚和单细胞藻类组成的共生系统，也寄生了很多重要的细菌。珊瑚礁是其他鱼类和海洋动物丰富的生态系统的基础，它们以共生关系构成了丰富多彩的梦幻水下世界。当环境条件发生变化时，珊瑚往往会失去藻类、白化、死亡，最终导致整个生态系统一起消失。尤金·罗森伯格所关注的正是"虫子"在这个过程中的作用。

尤金·罗森伯格所谓的虫子，其实是细菌而非珊瑚虫。他和他的学生们确定了一种名为卡察夫氏弧菌（*Vibrio shiloi*）的棒状细菌，它大小为 2~4 平方微米。它们是导致珊瑚白化的真凶。珊瑚虫的表面黏液层附着着很多共生藻类，而卡察夫氏弧菌则会通过抑制光合作用杀死珊瑚中的共生藻类，阻断光合作用意味着珊瑚就此没有了能力来源[2]。藻类中的色素正是珊瑚颜色的来源，因此，白化是一种卡察夫氏弧菌导致的疾病。化学家兼海洋学家罗伯特·巴德梅尔（Robert Buddemeier）早前提出了另一种假设。他认为，漂白让珊瑚用另一个更能耐受新温度的共生伙伴取代了一个藻类共生伙伴。这个观点被称为适应性白化假说。这个

1　水螅（*Hydra*），属于刺胞动物门中的水螅纲，多细胞无脊椎动物，包含芽体（bud）、精巢（testes）。最常见的有褐水螅（*H. fusca*）、绿水螅（*H. viridis*）。水螅多见于海中，少数种类产于淡水；常附着于池沼水草枝叶和石块上；通常为出芽繁殖；环境恶劣时表皮上可生出乳头状突起，是卵巢和精巢进行自体的有性繁殖。

2　珊瑚是珊瑚虫和其体内海藻的共生体。健康的珊瑚会出现红、黄、绿、蓝、紫等各种美丽的颜色，而这些颜色其实是海藻体内的颜色。白化的珊瑚会排出体内的海藻，从而显现出白色。海藻通过光合作用为珊瑚带来约90%的能量，而长期失去海藻的珊瑚也会因饥饿产生大面积死亡。而珊瑚具有很高的生态多样性，其仅占海洋面积的1%左右，却提供着海洋中超过25%的鱼类赖以生存的生态系统。珊瑚的破坏与死亡，是对海洋生态系统的巨大挑战。

假说认为由所有伙伴组成的珊瑚系统，可以像单个生物体一样，以适应性的方式作出反应。虽然尤金·罗森伯格对漂白有不同的看法，但这个想法在他的脑海中扎根。[*2]

　　虽然，发现地中海白珊瑚的白化是一种疾病和鉴定出致病元凶卡察夫氏弧菌都是了不起的成就。但我们更感兴趣的故事，发生在尤金·罗森伯格从事珊瑚研究的10多年之后。在确定珊瑚白化以及鉴定出致病菌之后，尤金·罗森伯格和他的学生们，试图弄明白珊瑚白化的机制以及细菌如何释放到环境中。但实验进展并不顺利，他们试图用卡察夫氏弧菌感染珊瑚，让珊瑚生病。但出乎意料的是，他们没法感染珊瑚。实验也一直停滞不前。还记得文章开头尤金·罗森伯格说，这些虫子没有做它们应该做的事情吗？指的就是这个实验中的虫子。为了确保实验操作完全和当初发现珊瑚白化疾病的实验一致，尤金·罗森伯格甚至让当初负责实验的研究生艾瑞尔·库什马洛（Ariel Kushmaro）抓紧回实验室进行指导，以确保感染实验步骤与之前完全一致。而库什马洛此时已经毕业多年。但不幸的是，实验依然没有任何进展。[*3]对很多人来说，遇到这种实验情况，最好的选择就是放弃，但对尤金·罗森伯格来说，这并不是最好的选择。也许是因为他早年热衷于运动的缘故，无论是篮球还是棒球，他都喜欢挑战。他的口头禅是巴克明斯特·富勒[3]（Buckminster Fuller）的一句名言，大意是没有"失败的实验"，只有"意想不到的结果"。

细菌保护了细菌

　　为什么致病菌不再感染了？既然珊瑚不像人类一样具有适应性免疫系统，那么，是什么导致珊瑚产生后天的抗感染能力呢？或者说是"谁"？尤金·罗森伯格在谈到自己时说，他"就像一只虫子"，通过他天生就有的指导天赋以及无私的爱，指导每一个学生，保护每一个学生。因此，他提出是其他的虫子、其他的细菌保护了珊瑚。[*4]细菌并不一定都

3　理查德·巴克敏斯特·富勒，美国哲学家、建筑师及发明家。此处的名言原文是 "There is no such thing as a failed experiment, only experiments with unexpected outcomes."

是坏的，而且珊瑚中的细菌群很可能就像一个器官，一个在需要时可以伸缩的肌肉组织。

很快，尤金·罗森伯格找到了支持上述想法的第一个线索。在位于以色列北部罗斯哈尼卡（Rosh HaNikra）的海蚀洞内，生长着一种健康的、无色的珊瑚。潜水取样、打碎一块珊瑚，然后迅速装袋带到实验室，接着用一种名为硫代硫酸盐-柠檬酸盐-胆盐-蔗糖洋菜的培养基[4]培养细菌，当弧菌存在时，菌落就会变成黄色。然后，对长出的菌落进行测序，以确定细菌的种类。测序结果显示该珊瑚中没有卡察夫氏弧菌。[5]这表明，珊瑚中色彩缤纷的藻类能够影响细菌的数量。第二个线索来自适应性白化假说，即珊瑚和它的共生体形成一个单一的、适应性的实体。如果是这样，为什么细菌群不能成为它的免疫系统呢？

这一新想法的产生，离不开尤金·罗森伯格"虫子式"的思维，但仅仅是这样吗？尤金·罗森伯格的团队由于经常出海，被称为"穿拖鞋的团队"。虽说这个团队是一个紧密的有机单位，但却常常被部门的其他成员认为是一群"异类"，或许这个不起眼的外部因素，也是新提议产生的原因之一。[6]

好了，现在我们把尤金·罗森伯格放一边，来说一说伊莲娜·齐尔博-罗森伯格。多年前，伊莲娜·齐尔博-罗森伯格是尤金·罗森伯格实验室的博士生，在经历了前半生的丰富经历之后，现在是尤金·罗森伯格的人生伴侣。在博士和博士后研究之后，伊莲娜·齐尔博-罗森伯格成为一名临床营养师，试图帮助精神病人解决精神药物造成的消化问题。伊莲娜·齐尔博-罗森伯格并不参与实验室的研究工作，对于这个家庭式的小团体，她仅可以参与的活动不过是定期分享午餐（期间还不允许谈论科学）等日常活动。但她对丈夫的影响却日益深刻。[7]伊莲娜·齐尔博-

---

4　硫代硫酸盐-柠檬酸盐-胆盐-蔗糖洋菜培养基（Thiosulfate-citrate-bile salts-sucrose agar，简称TCBS培养基），也称为弧菌选择培养基，是一种用来检验弧菌种类的培养基。无法发酵蔗糖的细菌，例如肠炎弧菌，在此培养基上的菌落颜色会呈现绿色；而能够发酵蔗糖的细菌菌落则呈现黄色。TCBS培养基的主要成分是硫代硫酸钠、胆酸钠、柠檬酸钠和蔗糖。培养基还包含百里酚蓝和溴百里酚蓝，其作为pH指示剂以显示培养细菌时的酸碱值。

罗森伯格的营养学背景让她接触了益生菌概念。所谓的益生菌即食物中可以促进健康的活微生物，这个概念自20世纪70年代中期以来，越来越被营养学家和酸奶生产商所推广。例如，不到10个沙门氏菌就能杀死一只无菌豚鼠，而杀死一只肠道菌群健康的动物则需要10亿个，肠道中的益生菌功不可没。[*8]罗森伯格夫妇将营养学家的想法扩展到包括从环境中获取有益细菌，并将他们关于珊瑚免疫力来源的想法称为"珊瑚益生菌假说"。[*9]

出于对生物研究和临床工作之外事物的好奇，伊莲娜·齐尔博-罗森伯格曾学习了哲学和社会学。回想起来，关于个人与社会关系的社会学思考，可能使她产生所谓的个人，更确切地说是社会中的嵌合体这一想法。因此，当她提出尤金·罗森伯格的实验失败是益生菌导致的，就不会让人感到意外。

那么，谁先提出这个建议，妻子还是丈夫？罗森伯格夫妇并没有真正说出来，也不清楚他们是否知道这很重要。[*10]正如他们研究的共生系统一样，在这个系统中，一个新陈代谢过程可能涉及几个共生伙伴之间的代谢物传递，为了研究它而分解系统可能会误导人，也可能会启发人。最近一篇关于珊瑚等共生系统的文章简明扼要地说道："去掉一个（部分）来研究个体的还原主义风格，你学到的不是那个部分做了什么，而是现在改变了的（系统）是如何被适应的。"[*11]可能是在他们晚上一起散步的某个时刻，这个想法第一次出现，第二天早上尤金·罗森伯格就把它带到实验室，让他的学生们放开手脚去研究。"珊瑚益生菌假说"于2006年被提出。它"认为共生微生物与环境条件之间的动态关系"让珊瑚能够更快地适应不断变化的环境，而不是依靠通过自然选择积累有利的突变，虽然自然选择是"公认的"对环境产生复杂适应的进化机制。[*12]

从今天的角度来看，尤金·罗森伯格所谓的与生物体相关的微生物集合，现在被称为微生物组。而微生物组对健康的影响，已经成为一个被深入研究的领域。从2000年初开始，识别和测量动物和植物的微生物组的能力有了很大的提高并在不断完善。利用基因组测序来识别不可培养的细菌已经成为常规操作。然而，在尤金·罗森伯格用这些技术来研究珊瑚时，这些技术都是最前沿的。可是，即使今天，大多数实验也都是关注人类的发育和健康，而不是多代际尺度上的进化动态，唉！珊瑚和人类一样，远不是一个理想的实验系统：生命周期太长，结果难以重现，[*13] 这使它们特别不适合进化过程的实验研究。

在21世纪前10年，由于研究进化的模型系统困难重重，所需的技术才刚刚兴起，传统的微生物学概念工具箱不足以解决眼前的问题——罗森伯格夫妇的工作使得这一困难重重的研究领域，免于进入死胡同的悲剧。2007年的一天，罗森伯格夫妇在维也纳，准备向一些对珊瑚感兴趣的微生物学家们介绍他们关于珊瑚的最新研究。报告的前一天晚上，他们坐在一家餐厅里，想到"珊瑚益生菌假说"这一"故事"的下半部分。共生微生物和宿主是否应该被视为独立的生物实体，或者是被作为一个紧密相连的实体来面临自然选择的单一"超级生物"？他们认为，这显然是后者。他们把结合的实体称为"共生"（holobiont）[5]。"共生"这一术语最早由林恩·马古利斯在1981年提出。她用"共生体"一词描述她所认为的细菌共生在真核细胞进化中的作用。[*14]他们把她的理论称为进化的"共生基因组"（hologenome）理论（hologenome就是holobiont和genome的组合）。生物体与多种微生物共存并相互作用，这些微生物可能在整个生命过程中发生变化，这种想法并不新鲜。[*15]使用"共生体"一词来描述珊瑚也不新鲜。[*16]但罗森伯格夫妇将超有机体的观点推得比以往任何时候都更远，他们实际上开辟了一种概念上的新奇视角，并将其作为理解进化的核心。[*17]至少有一个人迅速被此概念所吸引，他就

5　共生体是一个宿主和生活在宿主体内或周围的许多其他物种的集合体，它们共同构成了一个离散的生态单位。共生体的组成部分是单个物种或仿生体，而所有仿生体的基因组组合则是共生基因组。共生体的概念是由林恩·马古利斯博士在1991年出版的《共生是进化创新的源泉》一书中被定义的。共生体包括宿主、病毒组、微生物组和其他成员，所有这些成员都以某种方式对整体的功能作出贡献。目前，研究较好的共生体包括造礁珊瑚和人类。

是《自然评论微生物学》(*Nature Reviews Microbiology*)的编辑。他参加了那次报告并委托罗森伯格夫妇将其写出来,在他的杂志上发表。但是,罗森伯格夫妇没有从事过进化论的研究,以至于他们不得不开始翻阅教科书。

超生物世界

从表面上看,"共生基因组"理论完全不是什么新颖的想法。试想一下蚁群和白蚁丘等不同系统以及人类社会,思想家们长期以来都认为它们是超级有机体。把人类社会看成一个单一的超级有机体,不同的阶级执行不同的任务,所有这些任务都为整体服务,至少可以追溯到柏拉图。托马斯·霍布斯[6]的《利维坦》(*Leviathan*)的封面是这一思想的著名例证。它把国家描绘成一个巨大的、类似人形的国王实体。如果你仔细观察,会发现国王的身体是由成千上万的微小个体组成。

对现代生物学来说,其更直接受到斯宾塞的影响,他与达尔文是同时代的人,也是"适者生存"这个词的创造者。斯宾塞认为人类社会是一个有机体,部分依赖于整体,整体也离不开部分。他认为所有的系统都是朝着相互依赖的部分不断增加异质性和从周围介质中分化出来的方向发展,并通过这种方式实现更大的独立性和一致性的个性。[*18]斯宾塞的思想影响了21世纪早期的昆虫学家们,特别是哈佛大学和芝加哥大学的昆虫学家们,他们很快就重新使用了这个比喻并首先将其应用于蚂蚁和白蚁的群体。这些"集体主义"的观点在两次世界大战之间很常见。但随着第二次世界大战的临近,更悲观的观点登上了舞台,这些观点告诫人们不要让人类社会向着无意识的、具有暴徒心态的个人演变,就像社会昆虫一样。[*19]

---

6 译者注: 托马斯·霍布斯,英国的政治哲学家,创立了机械唯物主义的完整体系,认为宇宙是所有机械地运动着的广延物体的总和。他提出"自然状态"和国家起源说,认为国家是人们为了遵守"自然法"而订立契约所形成的,是一部人造的机器,当君主可以履行该契约所约定的保证人民安全的职责时,人民应该对君主完全忠诚。他于1651年所出版的《利维坦》一书,为之后所有的西方政治哲学发展奠定了根基。

在冷战期间，个人主义盛行，那个时期的个人主义通常被称为"达尔文个人主义"。在世界事务中，这表现为将博弈论模型（如囚徒困境）应用于战略规划问题，如核威慑；并以相互保证毁灭（MAD）[7]等方法为缩影。在这种情况下，自私的行为是通过反复玩游戏来控制的，所以玩家需要考虑到他们行为的长期影响。这一时期生物学的态度——尤其是关于社会昆虫的观点，也多是个人主义的。特别是哈佛大学的昆虫学家、《社会生物学》一书的作者爱德华·奥斯本·威尔逊[8]。他认为当自然选择作用于由家庭关系而共享进化利益的个体时，其作用显然要比作用于独立个体大得多。演化的目标是保存基因，而不是保存个体。亲属选择和自私基因的理论概念将这一推理正式化[9]。这种对人类社会作为一个综合的、功能完善的超级生物体以及类比自然界中超级生物体观念的乐观和悲观，如过山车一般在历史的长河中此起彼伏，并在冷战后逐渐好转。今天的人们显然比过去更少地探索个人主义选择。威尔逊也重新对社会行为理论进行了解释，并认为其源自群落之间集体的生存与选择。巧的是，在威尔逊发表他关于蚂蚁巢穴是超级有机体的修正观点的同时，罗森伯格夫妇也在2007年开始阐述共生体生物的观点。[*20]

然而罗森伯格夫妇似乎是在汲取上述传统之外的传统。斯宾塞传

7　相互保证毁灭（Mutual Assured Destruction, MAD），亦称共同毁灭原则，是一种"同归于尽"性质的军事战略思想，指对立的双方中如果有一方全面使用核武器则双方都会被毁灭，被称为"恐怖平衡"。这是根据战略中的吓阻理论：要避免有人使用强大武器就必须部署这样的武器。此一策略实际上是一种纳什均衡，双方都要避免最糟且有可能会发生的结果——灭绝。该思想主要盛行于冷战时期。

8　爱德华·奥斯本·威尔逊，美国昆虫学家、博物学家和生物学家。他以他对生态学、演化生物学和社会生物学的研究尤为著名。他的主题研究对象是蚂蚁，尤其是研究蚂蚁通过信息素进行通信的问题。

9　译者注：自私的基因理论来源于《自私的基因》一书，该书是英国演化生物学家理查德·道金斯于1976年出版的书，主要是关于演化的，其理论构筑于乔治·C.威廉斯的书《适应与自然选择》之上。道金斯使用"自私的基因"来表达基因中心的进化论观点。这种观点和基于物种或生物体的进化论观点不同，能够解释生物体之间的各种利他行为。两个生物体在基因上的关系越紧密，就越有可能表现得无私。

统关注的是超生物体的分工及其综合发展和成长。该思想对是什么使某一事物成为个体深为敏感。但是，虽然斯宾塞认为系统总是向着更复杂的方向发展，但他明确指出，人们可以罗列系统的各个部分并在每一个时间点上确定哪些东西不是系统的一部分。罗森伯格夫妇所提出的共生生物体的概念，显然与该观点相悖。但这恰恰也是共生生物体理论的创新之处。

罗森伯格夫妇提出共生生物体理论这一新见解，离不开其对动态系统和系统生物学的研究。这两个理论始于第二次世界大战时期的军事研究。[21]麻省理工学院的数学家诺伯特·维纳（Norbet Wiener）从事防空武器的研究。之后，他将理论发现应用于建立"生物系统通过采用反馈回路建立以目标为导向的行动方式行动"这一假说，即"控制论"在生物体的具体体现。[22]他将生物系统和非生物系统统一起来，成为系统生物学的雏形。但是，把自然平衡与动力学联系起来，似乎是一个更加古老的传统思维模式，可以追溯到几个世纪以前。20世纪20年代，生理学领域的沃尔特·坎农（Walter Cannon）和生态学领域的查尔斯·埃尔顿（Charles Elton）分别延续了这一传统，认为生物体和生态系统能够维持稳定的内部条件（稳态）。这种动态的观点似乎比传统的超级生物（如蚁群）更自然地符合共生体生物的观点。共生体生物个体，与其说有一个保护性的边界，不如说是一个不断波动的实体：微生物在环境与共生体之间穿梭，在共生体生物内部竞争。

微生物主义

罗森伯格夫妇在调查了大量数据后，提出了将益生菌假说拓展到其他多细胞生物及其共生微生物上。因为，所有的动物和植物都与微生物有共生关系。共生关系是规则而不是奇怪的例外，但共生关系中的微生物却常常被忽略。此外，正如珊瑚所表明的那样，这种关系可以是有益的，也可以是有害的，也可以是动态地变化的。在这个意义上，关系才是最主要的，它是共生生物体成为一个单位的原因，而关系的性质则是次要的并且可以随着时间的推移而改变。微生物可以从海水中进入共生生物体，也可以出去，然后再进来，并不像其他研究者所认为的那样，存在简单的阈值，超出这个阈值，系统就变成一个个体。事实上，我们对细菌的了解是极不完整的，即使是对研究最深入的系统——人类肠道微生物。[*23]一种细菌可能以相对较少的数量存在——低于我们目前能检测的机体内细菌总数的0.01%——而且不容易产生明显的影响，直到某种变化导致细菌增殖。[*24]人类是松散耦合的联合体这一想法，似乎独特地适合于基于互联网的社交网络的时代，基于自愿和短暂的连接，使用通用术语如"friends"（伙伴）或 "follow"（遵循）来描述这种关系，其中有时会出现具有不同程度稳定性的社区。

动物和微生物的共生体，其最为激动人心的意义来自细菌所具有的独特属性。微生物群落或生态学可以发生改变，正向地或负面地，作为应对环境挑战的结果（回顾一下为什么珊瑚会对卡察夫氏弧菌产生免疫）。这可能涉及每一种细菌的相对数量的变化或从环境中获得新的细菌。共生菌之间也可以由于自然选择而发生变化。这种进化可以比多细胞宿主的进化更快地改变整体菌群组成，因为细菌的生命周期要短得多，而且与宿主种群相比，细菌的种群数量巨大。依靠细菌，共生体能够迅速地对环境作出反应并进行适应性的改变。

从这些开创性的想法出发，罗森伯格夫妇最终提出了三个主流达尔文主义者难以接受的主张。第一，共生，不是简单的自然选择所形成的关系，而是一个动态的发展过程；第二，进化的主要单位不是单个生物体，而是这些共生体；第三，这些共生体是通过近似于拉马克式的适应方式来进化的。这三个主张并非简单地将进化论从个体拓展到共生体，而是从一个特定的生物系统出发，根据切身的亲密感受而建立起的一个愿景，并坚决要求将这一愿景应用于地球上的所有生命。这也不是进化论的补充版本，而是真正的理论创新。接下来，让我们来看看它是如何发挥作用的。

制造事端

在罗森伯格夫妇的共生体理论中，共生体适应环境挑战并不依赖于自然选择。该理论的提出，也为一个长期困惑进化思想家的问题——自然选择是否能够解释所有的适应性——提供了一个否定答案。长久以来，自然选择都被认为是生物进化的一个主要过程，无论是修改其组织或行为能力，都是生物体对环境变化作出的合理反应。但同时，在很长一段时间，这种所谓的发育或行为的可塑性理论，都在一个死胡同里徘徊。因为，生物体的发育变化是无法遗传的。曾有两种主流方法解释可塑性如何在进化中发挥作用。一种是许多支持者多年来辩称的，后天变化在某种情况下可以遗传。这种方法也被称为拉马克主义，以进化论学家让-巴蒂斯特·拉马克的名字命名，因为在拉马克最早提出的进化理论中，他是这么认为的。另外，人们还注意到，短期的变化可以影响自然选择的方向，如通过使生物体迁移到新的、更有利的环境中，或者通过产生有利于生物体适应环境的突变。有人认为，这样一来，基因可能是进化中的"协同者"，协同巩固发育的可塑性变化。21世纪初诞生了2本论证该观点的开创性著作，一本是玛丽·简·韦斯特-埃伯哈德（Mary Jane West-Eberhard）的《发育可塑性与进化》（*Developmental Plasticity and Evolution*），另一本是伊娃·贾布隆卡和马里恩·兰姆合著的《四维进化》（*Evolution in Four Dimensions*）。[25]

珊瑚可以通过其微生物组的生态学和进化来适应环境变化，将共生体作为宿主发育装置的一部分，拓展了生物发育的概念，也非常具有挑战性，着实令人振奋。从这个角度出发，我们很容易得知共生是一种动态关系。在宿主的整个生命过程中，微生物的伙伴会不断变化，例如，随着季节改变而改变。共生系统是一个生态系统，但又可能作为一个规范的发育系统发挥作用。而（自然选择引起的）适应性需要更长时间。

然而，证明微生物组的变化是一个适应性过程的结果，而不是自利个体的随机波动，不是一项简单的工作。批评者很快就指出，气候的变化往往会产生比以前适应性更差的共生生物体——例如，产生更容易感染疾病的类型。[26]罗森伯格夫妇没有回避这些批评，相反，他们迎难而上并通过更深入的研究回击了上述质疑。他们认为，这种适应性变化可以通过遗传传递给下一代，因为，微生物组会"垂直"地从父代传给子代。这是一个公开的拉马克式的主张。这个主张的提出，也引出了另一个进化论学者们长期争论的古老主张。罗森伯格夫妇认为，共生体生物是一个选择单位，甚至可能是进化中的主要选择单位。但对很多进化论学者们来说，有多种选择单位的说法非常离谱。他们要求选择单位是具有凝聚力的实体，以高保真度的方式繁殖并以大量的种类存在，以产生选择压力。在大多数情况下，主流思想都不认可多种选择单位的观点，支持基因作为选择单位的核心地位。理查德·道金斯在1976年的经典著作《自私的基因》中对这一观点进行了概括。

选择单位的大部分争论是关于单一物种单位的生物群体是否是选择单位。如果它们是，那就可以解释那些有利于群体但不利于执行它们的个体的行为。这是关于利他主义进化的核心难题。一个在20世纪60年代提出的建议认为，群体之间的竞争可以解释利他行为，然而，多年来，群体选择在理论上和经验上都被认为是有问题的。其中一个问题是，典型的群体并没有将其群体属性复制和传递给子群体。然而，如果群体选择不是群体有益行为的原因，那么什么才是呢？[*27]第一种方法是亲属选择，第二种方法是进化博弈论，第三种方法是互惠利他，即"你挠我的背，我挠你的背"的科学版本。后两种观点适用于多物种共生。关于利他主义进化的激烈讨论，掩盖了伴侣双方都受益的互利关系的选择。进入21世纪之后，可能是受地缘政治断层松动的影响以及理论和严格实验的发展，多级选择和互利主义都变得不那么被忌讳了，即使它们仍然值得怀疑。由于共生体基因组理论强调宿主和微生物以及微生物本身之间的共同利益，进化论者必然会产生怀疑。[*28]然而，珊瑚白化的故事表明，这建立在一个误解之上：共生体可以是有益的，也可以是有害的，一切都取决于环境。

因此，共生生物体的观点至少提供了三个基础性论点：共生体在发展上是可塑的；进化的主要单位超越了单个生物体；通过适应的微生物组的遗传，是活生生的拉马克式的遗传。它们共同为核心信念提供了一个戏剧性的挑战，也为进化论提供了一个新的视角。

学界的反应

大约过了5年时间，生物学家们才开始对共生生物体的想法作出反应。[29]共生生物体的想法由来已久，但罗森伯格夫妇致力于将共生生物体视为进化过程中一个完整的选择单位，而其他共生生物体的支持者则更倾向于从生态学的角度来看待。他们认为，宿主和共生体之间的关系比共生体理论所预言的要多变，也更受环境的影响。[30]这种争议可以通过研究多种共生生物体和宿主物种，看微生物群落是否与条件、宿主的物种或两者都不相关，以经验的方式来处理。这是评估微生物群落遗传程度的间接方法。[31]根据最近的一项研究，大多数共生体都在迁入和迁出，而只有一小部分稳定的核心伙伴持续存在。研究人员认为，如果共生体的主要来源是环境而不是母体，那么选择很可能是对每个成员的单独操作，而不是对共生体的整体操作。

另一种批评来自著名共生体研究者南希·莫兰（Nancy Moran）和她的同事丹尼尔·斯隆（Daniel Sloan），他们在一篇题为《共生基因组理论：有用还是空洞？》(The Hologenome Concept: Helpful or Howllow)中指出，[33]微生物可以与宿主建立亲密而长期的关系，对双方都有利，但要说在进化上对宿主有利可就过于牵强了。他们的结论是，在某些情况下，共生生物体是选择的单位，但这并不是一般情况。他们认为，如果一个单位，不太可能是共生体，因为各方的利益本来就有分歧。对此，罗森伯格夫妇和13位同事指出，选择的单位有很多，共生体就是这样一个单位（尽管如此，他们坚持认为共生体的方法与群体选择不同）。莫兰和斯隆提出的反对意见似乎呼应了达尔文主义者对强调平衡、均衡和整合的超有机主义观点的历史不安。关于这种"有机主义者"，哲学家迈克尔·鲁斯（Michael Ruse）写道，他们看到了"自然界中在选择之外或超越选择而运作的整合性方面。[34]如果……他们被迫用进化论的观点来看待事物，那么群体选择就会发挥作用，但对自然的基本方式来说，它是次要的。"[35]他的结论是，对他们来说，"自然界有一些健康的东西，是强硬的达尔文主义者所忽略的。"[36]罗森伯格夫妇认为个体是生态上流动的，但却又是进化的个体，这与标准方法是不一致的，标准方法仍然致力于稳定的个体。然而，矛盾的是，来自顶尖研究者的反对意见，基于主流观点的复杂版本，却在帮助完善罗森伯格夫妇的新理论。

一个更根本的反对意见是，共生体基因组理论是以基因为中心的。[*37]罗森伯格夫妇将共生物体定义为共生生物体中遗传信息的总和，认为通过在共生生物体体中进行选择来塑造遗传信息的总和。共生生物体类似于生物体，而共生体基因组类似于生物体的基因组。这种基于基因的进化理解的类比并非没有反对者。回顾一下"基因即协同者"方法所强调的发育可塑性可以影响进化变化的观点。如果自然选择能够对个体之间的变异源起作用，而这些变异源不是遗传的，但对发育的影响同样强大，那么，自然选择就会对发育产生影响。[*38]

如果选择是垂直地从父代遗传到子代，就像罗森伯格夫妇所强调的那样，选择可以作用于微生物群落的构成。此前，我们已经看到罗森伯格夫妇整合了新思想，这仍处于前沿，而将基因变化作为进化中重要的内容，则是比较传统的观念。基因中心论远不是他们工作中的一个奇特之处，它可能会削弱非遗传进化史在解释全息动物构成中的作用，并加强各种反对该理论的论点。在最近对批评的答复中，罗森伯格夫妇和他们的同事坚持认为，共生体基因组的变异所产生的共生体表型的变异，并非进化直接作用于微生物组的变异。[*39]

虫子满天飞

尤金·罗森伯格发现自己主张一种生命观，这是生物学家们的大忌。在大学生涯接近尾声时，他带着局外人的观点闯入了进化论和海洋生物学等领域。同时，他带着微生物学方面的名气闯了进来。多领域的知识背景对创新的产生大有裨益。另外，有一个可靠的"煽动者""传声筒"或"犯罪伙伴"也是有帮助的，他的妻子出色地扮演了这个角色。同时，如果你有新奇的想法，受到其他学科的启发并且像他的妻子一样喜欢把它们推到极限，那么你就有一个具有扎实经验技巧的犯罪伙伴，可以让"犯罪"变得完美。不仅如此，详尽仔细的实验工作也是必须的，而且尤为重要，共生体基因组理论是尤金·罗森伯格和他的学生们所做的实证工作的概括。为了探索更多的理论，尤金·罗森伯格在不得不关闭实验室后，在80多岁时还能和他的妻子继续工作。他们的理论成功了吗？我想成功的标志是他们的想法在很大程度上点燃了新的、可被检验的问题，并产生了对具体生命系统的新见解。现在开始的关于这个观点到底需要什么的辩论，是使它成为可严格检验的必要步骤，而不仅仅使其令人回味——也许这是一个梦想，不是幻想。

在生物学这个以"迷恋"特例而著称的学科中，有几种方法可以提出一般性的主张。一种方法是引用通用的概念，比如选择单位，这可能会变成适用于各种生物系统。另一种方法是寻找类似的过程，虽然彼此有很大的不同，但可能会产生类似的结果。这可以说是一些拉马克主义者在非常不同的领域找到后天性格遗传的证据的方式，例如附着在DNA上的分子标记的复制（表观遗传学）和人类通过语言进行的社会学习。这些通向普遍性的途径都不是这里的共生体基因组理论所要做的。它之所以具有普遍意义，是因为虫子无处不在，就像我们呼吸的空气一样。这不是自然选择逻辑的必然结果。它是一个经验性的事实。[*40]这类似于观察到一个普遍的事实：在这个星球上，遗传物质由核酸组成。正如尤金·罗森伯格喜欢指出的那样，当真核生物开始进化的时候，细菌已经存在了，之前20多亿年的进化教会了它们如何做许多重要的事情。他提醒我们他最初在生物化学方面的训练，他指出，微生物是"世界上最好的生物化学家"。

上面概述的辩论内容，虽然对目前的共生体基因组理论意义重大，但可能会掩盖最终的利害关系。罗森伯格夫妇敦促，他们的观点首先要拒绝标准的个体性概念。它并不是简单地改变个体边界的位置，也不是把它们变成一个程度的问题。但这还不是全部：共生体生物体内部发生的事情可能是自然选择，而共生体生物体层面的进化可能涉及发展和获得拉马克式的遗传继承，并将取决于生态因素。[*41]因此，生态变化和进化变化，它们在哪里和如何发生以及发生在什么实体上，都被重新调整。

备注

I thank Ilana and Eugene Rosenberg, Omry Koren and Gil Sharon for generously answering my questions and sharing their thoughts.

1. Eugene Rosenberg, Gil Sharon, Ilil Atad, et al., "The Evolution of Animals and Plants via Symbiosis with Microorganisms," *Environmental Microbiology Reports* 2, no. 4 (2010): 500-506; Gil Sharon, Daniel Segal, John M. Ringo, et al., "Commensal Bacteria Play a Role in Mating Preference of Drosophila Melanogaster," *Proceedings of the National Academy of Sciences* 107, no. 46 (2010): 20051-56.

2. Robert W. Buddemeier and Daphne G. Fautin, "Coral Bleaching as an Adaptive Mechanism," *BioScience* 43, no. 5 (1993): 320-26, doi: 10.2307/1312064; author interview with Ilana and Eugene Rosenberg, 9 February 2016.

3. Author interview with Omry Koren, 15 March 2016.

4. Author interview with Omry Koren, 15 March 2016.

5. Author interview with Omry Koren, 15 March 2016.

6. Author interview with Omry Koren, 15 March 2016.

7. Author interview with Gil Sharon, 13 March 2016.

8. Michael de Vrese and J. Schrezenmeir, "Probiotics, Prebiotics, and Synbiotics," in *Food Biotechnology,* ed. Ulf Stahl, Ute E. B. Donalies, and Elke Nevoigt, Advances in Biochemical Engineering / Biotechnology 111 (Berlin: Springer , 2008), 1-66, online at springer.com/ chapter/10.1007/10_2008_097.

9. Author interview with Eugene and Ilana Rosenberg, 11 April 2016.

10. Author interview with Ilana and Eugene Rosenberg, 9 February 2016.

11. J. Gordon, Nancy Knowlton, David A. Relman, et al., "Superorganisms and Holobionts," *Microbe Magazine* 8, no, 4, 2013, 152-153; online at asmscience.org/content/ journal/microbe/10.1128/microbe.8.152.1.

12. Leah Reshef, Omry Koren, Yossi Loya, et al., "The Coral Probiotic Hypothesis," *Environmental Microbiology* 8, no. 12 (2006): 2068-73, doi: 10.1111/j.1462-2920. 2006. 01148.x.

13. Author interview with Gil Sharon, 13 March 2016.

14. Lynn Margulis, *Symbiosis in Cell Evolution: Microbial Communities in the Archean and Proterozoic Eons* (New York: W. H. Freeman, 1993).

15. Forest Rohwer, Victor Seguritan, Farooq Azam, et al., "Diversity and Distribution of Coral-Associated Bacteria," *Marine Ecology Progress Series* 243 (November 13, 2002): 1-10, doi: 10.3354/meps243001.

16. Rohwer, Seguritan, Azam, et al., "Diversity and Distribution."

17. Rohwer, Seguritan, Azam, et al., "Diversity and Distribution."

18. Herbert Spencer, "Transcendental Physiology," first published as "The Ultimate Laws of Physiology," in *National Review,* October 1857; Michael Ruse, *The Gaia Hypothesis: Science on a Pagan Planet* (Chicago: University of Chicago Press, 2013), 102.

19. Ruse, *Gaia Hypothesis,* 107; Oren Harman, *The Price of Altruism: George Price*

348

and the Search for the Origins of Kindness (New York: W. W. Norton, 2010), chap. 5.

20. Ruse, *Gaia Hypothesis*, 116.

21. Ruse, *Gaia Hypothesis*, 113.

22. Ehud Lamm, "Theoreticians as Professional Outsiders: The Modeling Strategies of John von Neumann and Norbert Wiener," in *Biology Outside the Box: Boundary Crossers and Innovation in Biology*, ed. Oren Harman and Michael R. Dietrich (Chicago: University of Chicago Press).

23. For example, on the notion of an *aboluta iunctio* [sic] (absolute linkage) raised in Eric R. Hester, Katie L. Barott, Jim Nulton, et al., "Stable and Sporadic Symbiotic Communities of Coral and Algal Holobionts," *ISME Journal*, 10 November 2015, doi:10.1038/ismej.2015.190.

24. Author interview with Ilana and Eugene Rosenberg, 9 February 2016.

25. M. J. West-Eberhard, *Developmental Plasticity and Evolution* (New York: Oxford University Press, 2003); E. Jablonka and M. J. Lamb, *Evolution in Four Dimensions: Genetic, Epigenetic, Behavioral, and Symbolic Variation in the History of Life* (Cambridge, MA: MIT Press, 2005).

26. William Leggat, Tracy Ainsworth, John Bythell, et al., "The Hologenome Theory Disregards the Coral Holobiont," *Nature Reviews Microbiology* 5, no. 10 (2007), doi:10.1038/nrmicro1635-c1.

27. E. Sober and D. S. Wilson, *Unto Others: The Evolution and Psychology of Unselfish Behavior* (Cambridge, MA: Harvard University Press, 1998); Mark E. Borrello, *Evolutionary Restraints: The Contentious History of Group Selection* (Chicago: University of Chicago Press, 2010); David Sloan Wilson,

Does Altruism Exist? Culture, Genes, and the Welfare of Others (New Haven, CT: Yale University Press, 2015).

28. The claim that the theory was rendered uninteresting to evolutionists by the belief that there is no conflict is made in Hester, Barott, Nulton, et al., "Stable and Sporadic Symbiotic Communities."

29. Author interview with Eugene and Ilana Rosenberg, 11 April 2016.

30. Author interview with Eugene and Ilana Rosenberg, 11 April 2016.

31. See also Edward J. van Opstal and Seth R. Bordenstein, "Rethinking Heritability of the Microbiome," *Science* 349, no. 6253 (2015): 1172-73, doi:10.1126/science.aab3958.

32. Hester, Barott, Nulton, et al., "Stable and Sporadic Symbiotic Communities."

33. Nancy A. Moran and Daniel B. Sloan, "The Hologenome Concept: Helpful or Hollow?," *PLoS Biology* 13, no. 12 (2015): e1002311, doi:10.1371/journal.pbio.1002311.

34. Kevin R. Theis, Nolwenn M. Dheilly, Jonathan L. Klassen, et al., "Getting the Hologenome Concept Right: An Eco-Evolutionary Framework for Hosts and Their Microbiomes," *bioRxiv* 2 (February 2 2016), 038596, doi:10.1101/038596.

35. See Ruse, *Gaia Hypothesis*, 100.

36. Ruse, *Gaia Hypothesis*, 118.

37. Hester, Barott, Nulton, et al., "Stable and Sporadic Symbiotic Communities."

38. For influential development of this line of thought, see Susan Oyama, Paul E. Griffiths, and Russell D. Gray, *Cycles of Contingency: Developmental Systems and Evolution* (Cambridge, MA: MIT Press, 2003); and Jablonka and Lamb, Evolution in

Four Dimensions.

39. Theis, Dheilly, Klassen, et al., "Getting the Hologenome Concept Right."

40. For discussion of related issues, see Ehud Lamm, "Conceptual and Methodological Biases in Network Models," *Annals of the New York Academy of Sciences* 1178, no. 1 (2009): 291-304, doi: 10.1111/j.1749-6632.2009.05009.x.

41. Author interview with Ilana and Eugene Rosenberg, 9 February 2016.

JOAN ROUGHGARDEN
琼·拉夫加登

后记

科家路上的追梦人

　　抛开那些科学家们晚年或身后获得的成功和荣誉，是什么造就了一个梦想家呢？这本书里通过汇集一些人的生平简介，展示了科学家具有的各种各样的才能和动机。有些人可能被简单地描述为独立思考者，有些人则是追随内心深处的激情，也有些人是雄心勃勃的企业家，还有一些人是慈善家。那么，到底是哪些特征铸就了"科学家式梦想家"呢？又或者说是，不仅仅是普通的梦想家，而是一类独特与有科学追求的特殊梦想家？

　　的确，人们可能会说，梦想或许只是业余爱好者、艺术家和音乐家的专利。科学家不应故弄玄虚、塑造证据或将自我实践与理论融合，去提出"莫须有"的理论假设。但事实是，创造力始终都是科学的重要组成部分。否则，作为一个人类的科学家，如何去构想一篇论文、如何设计和进行一个全新的实验，又如何去创建一个模型？科学，任何时候都没有计划性和方向性；科学家也并不总是知道下一步要做什么、怎么做。否则，科学创造完全可以外包给今天编程明天就能读出实验数据、分析结果和构建模型的机器人。然而，科学家并不能像小说家在构思情节或对话时那样享有创作自由。科学家讲述的故事必须建立在客观事实的基础上。而科学家的梦想也不能简单地被当作幻想。因为它真切地表达着一个个至少部分准确的愿景。

这里，我总结并提出我认为的科学式梦想家的7个特征，以及给未来科学式梦想家提出的一些建议。本书中涉及的科学家，符合所有7个特征的科学式梦想家，包括拉马克、克鲁泡特金和洛夫洛克等人。

1.最重要的一点是，科学式梦想家能敏锐地察觉到当代科学中存在的严重问题。他们察觉到一些重要的东西并不存在或被可耻地歪曲。科学梦想是由对科学现状发自内心的不满，甚至是愤怒构思出来的。任何不如改革的结果都是裁剪现有的科学以适应新的信息。相反，科学梦需要从本质上重塑现有的理解。

2.同时代的人总是质疑梦想家的理智，怀疑梦想家是否生活在另一种现实中。对同时代的人来说，根本不需要一个全新的解释——为什么要考虑天空是绿色的理论，它明明就是蓝色的？

3.科学式梦想家面临的困境是避免自欺欺人，避免生活在虚幻之中。毕竟，与现有科学背道而驰的选择本身很可能就不正确。就像天空是蓝色的，不是绿色的。当代的共识可能也是正确的，而与之相反的选择很可能就是错的，虽然并不总是如此。职业道德要求梦想家要谨慎地对自己的梦想进行严格的自我批评。

4.科学式梦想家必须要尊重分歧，不要贬低怀疑者，认为他们太愚笨，无法欣赏摆在他们面前的"闪光"的真理。即使一个梦想所阐述的要点被证明是真的，也不是所有的要点都能成真。谦虚是必要的。即使梦想的主要观点最终被证明是真实的，也不是所有的观点都会是真实的。需要谦逊。小心不要轻率地将自己比作伽利略，仿佛所有的反对都是对真理的压制，也不要英勇地把自己描绘成向权力说真话的人，同时贬低对手是政治正确的奴隶。

5.科学式梦想家不能自我孤立。游离在现实之外，很难成为科学派对上的座上宾。当然，科学式梦想家也不应该期望占据科学引文网络的中心节点。尽管如此，梦想家仍然要寻求科学的互动。科学式梦想家不可能是隐士。与其他科学家的交流，无论多么尴尬和不愉快都十分必要，尽管这还不足以确保一个科学梦想的实现。

6.科学家式梦想家要有自筹资金的能力。科学式梦想家与那些艺术创作者不同，他们需要的不仅是维持生计的工资，而且是用于支持旅行、设备和助手等的资金。因此，他们必须向政府机构或基金会寻求支持。一旦他们这样做，科学家式梦想家就会遇到同行评审。同行评审确保机构或基金会的资金被负责任地分配——同行评审永远不会消失。资助人员经常宣称他们打算冒险，支持成功机会很小但前景巨大的项目。然而，冒险项目有两种类型——扩展型和颠覆型。当一个扩展型项目成功时，每个人都是赢家。评审专家感到自己的选择得到了验证，项目官员向国会或捐赠者吹嘘他们的资金花得很值。相比之下，科学家式梦想家的项目承诺是颠覆型的，而不是扩展型的，赢家很少，输家很多。梦想家的项目在攀登同行评审的悬崖时总是不断地坠落和燃烧。一个人怎么能期望同行评审者违背自己的利益，通过支持一个削弱他们自己的教学和研究的项目？项目官员怎么能告诉国会或他们的捐赠者，"记得我们在感谢你们过去的支持时告诉你们的吗？嗯，那可能都是错的，嗯，我们想要更多的资金来看看我们是否犯了错。"这是不可能发生的。所以梦想家变成了挨饿的科学家，就像挨饿的艺术家一样。

7.梦想家是天生的还是后天造就的？也许有些是天生的。有时小孩子被认为特别好奇、独立或不守规矩，可能注定成为科学家式的梦想家。而其他科学家式的梦想家可能是后天造就的，他们经历了改变人生的事件，走上了一条新的道路。

如果你是一个科学家式梦想家，就顺其自然吧，不要抗拒。真的，你别无选择。这就是你。最终，你可能是对的。但是要记住，做一个有纪律的梦想家。科学家式梦想家必须旨在讲述一个真实的故事，而不是幻想。

如果你不是一个科学式梦想家，但如果你刚好认识一个，那就请对他们友好一些。

感谢对本书提供帮助的贡献者们:

1. 马克·博雷洛, 生态学、进化学和行为学系, 明尼苏达大学, 圣保罗, MN 55108, 美国

2. 珍妮特·布朗, 科学史系, 哈佛大学, 剑桥, MA 02138, 美国

3. 理查德·W.伯克哈特二世, 历史系, 伊利诺伊大学-厄巴纳-香槟, 香槟, IL 61820, 美国

4. 路易斯·坎波斯, 历史系, 新墨西哥大学, 阿尔伯克基, NM 87131, 美国

5. 迈克尔·R.迪特里希, 科学与哲学史系, 匹兹堡大学, 匹兹堡, PA 15217, 美国

6. 塞巴斯蒂安·杜特鲁伊, 科学与技术史哲学研究所, 巴黎第一大学潘太翁-索邦, 75006 巴黎, 法国

7. 柯尔斯滕·加德纳, 历史系, 德克萨斯大学圣安东尼奥分校, 圣安东尼奥, TX 78249, 美国

8. 里克·格鲁什, 哲学系, 加利福尼亚大学圣地亚哥分校, 拉霍亚, CA 92093, 美国

9. 奥伦·哈曼, 科学、技术与社会项目, 巴尔-伊兰大学, 拉马特甘, 52900, 以色列

10. 蒂姆·霍德尔, 生理学、解剖学和遗传学系, 牛津大学, 牛津 OX13DW, 英格兰

11. 菲利普·胡内曼, 科学与技术史哲学研究所, 法国国家科学研究中心, 巴黎第一大学索邦, 75006 巴黎, 法国

12. 夏洛特·德克罗斯·雅各布斯, 医学系, 肿瘤学部, 斯坦福大学, 斯坦福, CA 94305, 美国

13. 埃胡德·拉姆, 科学与思想史哲学科恩研究所, 特拉维夫大学, 拉马特阿维夫, 特拉维夫 69978, 以色列

14. 劳拉·洛维特, 历史系, 马萨诸塞大学阿默斯特分校, 阿默斯特, MA 01003, 美国

15. 莫琳·A.奥马利, LaBRI, 波尔多大学, 33076 波尔多, 法国; HPS, 悉尼大学, NSW 2006, 澳大利亚

16. 戴尔·彼得森, 美国

17. 安雅·普卢京斯基, 哲学系, 华盛顿大学, 圣路易斯, MO 63130, 美国

18. 罗伯特·理查兹, 历史系, 芝加哥大学, 芝加哥, IL 60637, 美国

19. 琼·拉夫加登, 生物学系, 斯坦福大学, 斯坦福, CA 94305, 美国

20. 布鲁诺·J.斯特拉瑟, 日内瓦大学, 1211 日内瓦, 瑞士

21. 马克·博雷洛, 生态学、进化学和行为学系, 明尼苏达大学, 圣保罗, MN 55108, 美国

22. 珍妮特·布朗, 科学史系, 哈佛大学, 剑桥, MA 02138, 美国

23. 理查德·W.伯克哈特二世, 历史系, 伊利诺伊大学-厄巴纳-香槟, 香槟, IL 61820, 美国

24. 路易斯·坎波斯, 历史系, 新墨西哥大学, 阿尔伯克基, NM 87131, 美国

25. 迈克尔·R.迪特里希, 科学与哲学史系, 匹兹堡大学, 匹兹堡, PA 15217, 美国

26. 塞巴斯蒂安·杜特鲁伊, 科学与技术史哲学研究所, 巴黎第一大学潘太翁-索邦, 75006 巴黎, 法国

27. 柯尔斯滕·加德纳, 历史系, 德克萨斯大学圣安东尼奥分校, 圣安东尼奥, TX 78249, 美国

28. 里克·格鲁什, 哲学系, 加利福尼亚大学圣地亚哥分校, 拉霍亚, CA 92093, 美国

29. 奥伦·哈曼, 科学、技术与社会项目, 巴尔-伊兰大学, 拉马特甘, 52900, 以色列

30. 蒂姆·霍德尔, 生理学、解剖学和遗传学系, 牛津大学, 牛津 OX13DW, 英格兰

31. 菲利普·胡内曼, 科学与技术史哲学

研究所，法国国家科学研究中心，巴黎第一大学索邦，75006 巴黎，法国

32．夏洛特·德克罗斯·雅各布斯，医学系，肿瘤学部，斯坦福大学，斯坦福，CA 94305，美国

33．埃胡德·拉姆，科学与思想史哲学科恩研究所，特拉维夫大学，拉马特阿维夫，特拉维夫 69978，以色列

34．劳拉·洛维特，历史系，马萨诸塞大学阿默斯特分校，阿默斯特，MA 01003，美国

35．莫琳·A.奥马利，LaBRI，波尔多大学，33076 波尔多，法国；HPS，悉尼大学，NSW 2006，澳大利亚

36．戴尔·彼得森，美国

37．安雅·普卢京斯基，哲学系，华盛顿大学，圣路易斯，MO 63130，美国

38．罗伯特·理查兹，历史系，芝加哥大学，芝加哥，IL 60637，美国

39．琼·拉夫加登，生物学系，斯坦福大学，斯坦福，CA 94305，美国

40．布鲁诺·斯特拉瑟，日内瓦大学，日内瓦，瑞士

图书在版编目（CIP）数据

天才的回响：生命科学大师与他们塑造的世界／
（以）奥伦·哈曼（Oren Harman），（美）迈克尔·R.迪
特里希（Michael R.Dietrich）编著；吕瑞清译.
--重庆：重庆大学出版社，2025.8. --ISBN 978-7-5689-
4346-8

Ⅰ.Q1-0

中国国家版本馆CIP数据核字第2024NV4476号

天才的回响：生命科学大师与他们塑造的世界

TIANCAI DE HUIXIANG：SHENGMING KEXUE DASHI YU TAMEN SUZAO DE SHIJIE

〔以〕奥伦·哈曼，〔美〕迈克尔·R.迪特里希　编著

吕瑞清　译

责任编辑：杨　扬

责任校对：王　倩

责任印制：张　策

封面设计：Moo Desing

重庆大学出版社出版发行

社址：（401331）重庆市沙坪坝区大学城西路21号

网址：http://www.cqup.com.cn

印刷：重庆市正前方彩色印刷有限公司

开本：890mm×1240mm　1/32　印张：11.375　字数：335千
2025年8月第1版　2025年8月第1次印刷
ISBN 978-7-5689-4346-8　定价：79.00元

版贸核渝字（2019）第139号